Innovation and Transformation of New Research and
Development Institutions： Practice and Case Studies

新型研发机构创新变革：
实践与案例

龙云凤　任志宽　段　飞　著

科学出版社
北京

内 容 简 介

本书基于新型研发机构典型事实和发展实践，从管理体制、开放合作、技术研发、人才引培视角切入，研究新型研发机构从成长到壮大的发展过程，为相关领域的管理者和研究者提供参考借鉴，进而推动我国新型研发机构持续健康发展。本书将"二元三层四维分析法"贯穿始终，尝试在多案例研究中总结共性规律，分析发展经验，阐明新型研发机构为什么能依靠"三无四不像"的体制机制创新实现行业领先，探讨新时期培育和发展新型研发机构的重要意义。

本书关注新型研发机构管理者、决策者和科研工作者的个人成长历程，探究他们在科研事业发展和产业化过程中，如何依托新型研发机构这一平台实现自身价值，以及面对困难挑战时所展现的创新思维与解决策略。

图书在版编目（CIP）数据

新型研发机构创新变革 ：实践与案例 / 龙云凤，任志宽，段飞著. --北京：科学出版社，2024. 11. -- ISBN　978-7-03-078759-0

Ⅰ. G322.2

中国国家版本馆 CIP 数据核字第 2024MK7631 号

责任编辑：郭勇斌　杨路诗 / 责任校对：任云峰

责任印制：徐晓晨 / 封面设计：义和文创

科 学 出 版 社 出版

北京东黄城根北街 16 号
邮政编码：100717
http://www.sciencep.com

北京建宏印刷有限公司印刷
科学出版社发行　各地新华书店经销
*

2024 年 11 月第 一 版　　开本：720×1000　1/16
2024 年 11 月第一次印刷　印张：20
字数：336 000

定价：168.00 元

（如有印装质量问题，我社负责调换）

本书是国家自然科学基金面上项目（72173034）、国家自然科学基金青年科学基金项目（72303043）的研究成果

作 者 简 介

龙云凤，研究员，一级科技咨询师，广东省科技创新监测研究中心首席研究员，北京大学材料科学与工程学院在读博士，获得 2022 年度广东省科技进步奖二等奖（排名第一）、中国科学技术情报学会青年情报科学家奖和中国产学研合作促进奖。长期从事科技政策与规划、科技情报、人才政策与战略和新型研发机构等研究工作，主持国家自然科学基金面上项目、科技部"十四五"规划项目、广东省自然科学基金项目等 30 多项，参与广东省委、省政府、省科技厅多个重大、重点创新政策的研究起草和制定工作，获副省级以上领导批示 10 余次，撰写科技调研报告 50 多篇，在国内外重要期刊发表论文 30 多篇，出版专著 4 部。

任志宽，副研究员，广东省科学技术情报研究所综合研究中心部长，广东省科技创新"十四五"规划编制小组核心成员，广东省重大创新政策法规（新型研发机构）宣讲专家，主要从事科技战略、科技政策和科技规划等研究工作。曾获得广东省科技进步奖 1 项、广东省科学技术情报学会优秀科技情报成果奖 1 项，主持或参与国家自然科学基金项目、中国科协高端科技创新智库青年项目、广东省自然科学基金项目、广东省软科学研究计划项目等省部级以上科研项目共 10 余项，参与起草科技政策 20 余项，起草的决策咨询报告获得厅级以上领导批示 30 余人次，出版专著 1 部，在行业内重要期刊或媒体上发表论文 30 余篇。

段飞，研究员，高级信息系统项目管理师，广东省科技创新监测研究中心主任、党支部书记，广东省科学学与科技管理研究会秘书长，硕士学位，原广州军区司令部处长、副部长，大校军衔，曾 3 次荣立三等功，多次获评广州军区司令部优秀专业技术干部、优秀机关干部、优秀共产党员。长期从事科技情报、科技项目管理及信息系统管理等研究工作，主持省部级科研项目 6 项，在国内重要期刊发表论文 6 篇，出版专著 1 部，主编科普书籍 2 部。

序　一

　　回顾我国科技发展历程，新型研发机构的创建无疑是一个重大创举。作为科技体制改革的成果，它们自诞生之初便承载着众多的期待与使命。作为这一领域的探索者，我有幸在广东创建了南方工程检测修复技术研究院，并在河南参与了黄河实验室的建设，这两个机构分别获得了广东省和河南省省级新型研发机构的认定。这些经历使我深刻认识到，新型研发机构的建设对于深化各地科技体制改革、推动地方科技进步与产业发展具有重要意义。我及我的团队始终致力于将我们的科学知识、技术能力融入新型研发机构的建设之中，以期为广东与河南两地的经济社会建设提供坚实的科技支撑。

　　我深知，新型研发机构的发展机遇与挑战并存。在科技迅猛发展的今天，它们如同科技进步的催化剂，对推动科技创新与产业升级具有举足轻重的影响。广东，作为创新的热土，是新型研发机构发展的先驱。广东省政府及其科技职能部门具有前瞻性，率先出台了支持新型研发机构发展的政策和专项，为全国树立了典范，引领了全国范围内新型研发机构的创立与发展。

　　在这样的背景下，龙云凤、任志宽、段飞三位作者精选了 14 个广东新型研发机构的典型案例，聚焦材料、生物医药等广东主导产业，关注技术工程化、科技成果转化等难题，从材料等产业工程化与科技管理创新的交叉视角出发，不仅生动地总结了它们的成功经验，还运用独创的"二元三层四维分析法"深入剖析了这些机构的组织架构、体制机制和运营模式。这些案例展示了如何精准地将政府战略意志落地生根，打破传统科研的束缚；如何解决科技成果转化的难题，促进产学研深度融合；如何在新时期的科技浪潮中，凭借自身优势，发展成为战略科技力量的后备军，彰显新型举国体制的发展优势。

　　通过我亲身的实践探索，我认为每个新型研发机构都是在特定的地域、政策和产业环境下成长起来的，它们都有独特的发展模式和经验教训。《新型研发机构创新变革：实践与案例》所选取的广东案例，如同多面镜子，从不同角度折射出新型研发机构在创新变革道路上的探索与实践，为全国同行提供了宝贵的经验和启示。

尽管该书力求及时呈现最新案例与成果，部分内容可能存在进一步完善的空间，但这并不影响其作为一本深入探究广东新型研发机构发展的价值之作。它凝聚了作者及其团队的集体智慧，是他们辛勤付出的成果。希望这本书的出版，能为全国同行提供丰富的实践参考，助力大家在各自的地域环境下，更好地推动新型研发机构的创新发展，为我国加快实现高水平科技自立自强注入新的动力。

中国工程院院士

2024 年 11 月

序 二

在科技创新的汹涌浪潮中，新型研发机构宛如熠熠生辉的璀璨明珠，为我国科技体制改革之路照亮了前行的方向。作为长期投身于新型研发机构建设与发展的实践者，我于 2006 年在深圳创办了中国科学院深圳先进技术研究院。在担任院长期间，我带领团队摸索出契合粤港澳大湾区发展的新型研发机构模式，搭建起科研、教育、产业、资本"四位一体"的创新平台，并收获了一系列重大研究成果。我深刻领悟到，新型研发机构在推动科技创新、人才培养及服务经济社会发展方面发挥着举足轻重的作用。

中国科学院深圳先进技术研究院作为全国新型研发机构的标杆，充分发挥了中国科学院母体优势，为深圳市、广东省乃至全国的创新发展输送了技术、人才和创新服务。尤其值得一提的是，我们在建院过程中，在顶层设计上，深刻把握新型研发机构建设的本质需求和发展规律，把科技、教育与人才三位一体化贯彻其中，发现、挖掘、培养了以中国科学院郑海荣院士为代表的一批高潜力、高层次人才，得以在核心技术攻关、孵化育成优秀企业方面取得显著成果。当前，中国科学院深圳先进技术研究院仍在发展壮大、不断蜕变，依托其成立的深圳理工大学，我也期望它能像先进院一样，在新质生产力背景下，把科技、教育、人才深度融合与协同，探索出一条符合自身发展的新型研究型大学之路，在"科教融汇、产教融合"的教育理念指引下，构建国际人才汇聚、紧密贴合大湾区需求的卓越人才培养体系，为大湾区的科技创新事业注入强大力量。

《新型研发机构创新变革：实践与案例》一书通过丰富的案例分析，描述了新型研发机构的发展历程，深入探讨了其在体制机制、运营模式等方面的创新之处，展示了新型研发机构的成功实践。该书的作者们基于深厚的理论研究和广泛的实地调研，从多个角度对新型研发机构进行了全面而深入的剖析，不仅为我们理解新型研发机构的本质和特点提供了宝贵的视角，也为其他地区和机构在推进科技创新、促进经济发展方面提供了重要的参考和借鉴。这本书既有理论，也有实践，不只是一扇能让我们全面洞察新型研发机构发展现状与趋势的窗户，更是一份极具价值的实践指南。该书的出版，既是对新型研发机构建设经验的梳理总结，更是对未来发展的展望。它为我们搭建了一个学习与交流的优质平台，有助于我们相互学习、共同进步。我衷心期望，这本书能够点燃更多年轻人的创新热情，激励他们积极投身于新型研发机构的建设发展事业，为我国科技创新事业添砖加瓦。

在此，我要向三位作者表达诚挚的感谢，感谢他们的辛勤付出和卓越贡献，是他们将中国科学院深圳先进技术研究院的经验模式广泛传播给更多读者。我坚信，这本书将成为广东乃至全国新型研发机构发展的优秀参考资料，对推动我国科技创新和产业升级发挥积极的促进作用。

中国科学院深圳先进技术研究院创院院长

深圳理工大学校长

2024 年 11 月

前　言

　　新型研发机构是我国科技体制改革的产物，是聚焦科技创新需求，主要从事科学研究、技术创新和研发服务，投资主体多元化、管理制度现代化、运行机制市场化、用人机制灵活的独立法人机构。一般认为，国内新型研发机构起步于 20 世纪末，源自深圳清华大学研究院提出的"三无"和"四不像"的组织形态："三无"指无行政级别、无财政拨款、无事业编制的运营模式，"四不像"指既是大学又不完全像大学，文化不同；既是研究机构又不完全像科研院所，内容不同；既是企业又不完全像企业，目标不同；既是事业单位又不完全像事业单位，机制不同。"四不像"理论的提出，是新型研发机构进入公众视野和公共政策话语体系的开端。在此之后，社会各界对新型研发机构高度关注，对新型研发机构"四不像"理论进行探讨和完善，提出新型研发机构"有人才集聚、有技术源头、有创业流量、有产业组织、有科技金融、有科技服务"等特征，总结出新型研发机构自筹资金、自由组合、自主经营、自负盈亏的发展特点，在理论体系与发展模式上对新型研发机构开展全方位研究实践。

　　当前我国正深入实施创新驱动发展战略，加快实现高水平科技自立自强，通过新型研发机构培育和发展新兴产业与未来产业，成为推动新质生产力发展的重要手段。经过十多年的探索发展，新型研发机构在推动我国传统科研机构体制机制改革中很好地解决了"破"与"立"难题，在储备国家战略科技力量、优化科技创新布局、促进科技成果转化、服务经济社会高质量发展等方面发挥了重要作用。但是，新型研发机构在发展中仍然存在一些瓶颈和深层次问题，比较典型的是新型研发机构的体制机制改革"破"得不够、"立"得也不够，一定程度上抑制了总体创新效能的充分发挥。

　　本书选择 14 个比较典型的机构作为案例，其中，广东粤港澳大湾区国家纳米科技创新研究院、深圳市万泽中南研究院有限公司、东莞材料基因高等理工研究院等机构专注材料产业研发、成果转化、共性技术支撑和产业人才引进培养。一是希望本人就读博士期间的研究与工作实践相结合，二是因为材料是工业的基础，材料产业是广东传统产业和新兴产业的关键支撑，体量大，影响面广，希望能尝试总结过去的成功经验，研究它们如何体现政府战略意志，推动体制机制创新；如何解决科技成果转化难题，促进产学研合作；如何在新时期发展成为战略科技力量培育后备军、发挥新型举国体制优势等方面发挥关键性作用，为其他类型研发组织的创新发展提供模式参考和实践指引。本书所选取的机构大部分为先进典型，在某些体制机制创新上特色鲜明，在探索创新路径上做出了一定贡献，对研究新型研发机构动态演化过程意义重大。本书是集体智慧的结晶，是团队共同努力的结果，特别要感谢朱九香、杨忠山、李玉晗、吴婕洵等人的参与，他们协助完成了资料收集、文稿编辑和撰写等任务，同时要感谢 14 家案例机构对本书提出的意见和建议。如今世界各国在科技创新方面的发展速度越来越快，建设情况也日新月异，由于时间紧迫，本书的部分案例内容或许还不尽如人意，疏漏之处也在所难免。衷心希望广大读者能予以批评和指正，及时反馈意见，以便我们不断改进。同时，本书案例材料大部分来自公开材料，如涉知识产权问题，请联系我们。

龙云凤

2024 年 10 月于广州越秀山

目　　录

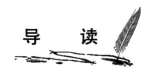

导　读

第一篇　管理体制创新：新型研发机构的体制机制和管理模式

深圳清华大学研究院：校地产学研合作的开创者

从清华园到深圳湾，深圳清华大学研究院开创了校地共建新型研发机构的新模式，建立了产学研资结合的科技创新孵化体系，成为高校促进地方经济社会高质量发展的典范。作为华南地区科技创新的引领者，它率先提出"四不像"模式，不但成为广东首家综合创新体，而且还成为高科技上市公司的摇篮以及高层次人才培养的重要基地，取得了丰硕的成果。这家综合创新体是如何做到在短时间内迅速崛起并成为区域创新的引领者的？它是如何将科学技术转化为实实在在的生产力的？又是如何将高校科技成果与地方产业发展需求相结合的？让我们一探究竟。

广东华中科技大学工业技术研究院："苹果理论"的创立者与践行者

广东华中科技大学工业技术研究院以市场需求为导向，以体制机制创新为抓手，充分发挥"三无三有"的组织优势，提出并实践"青苹果—红苹果—苹果园"的"苹果理论"，践行了"近亲—远亲—远邻"引才模式，有效推动创新能级的不断跃升，创下多项东莞乃至广东第一。一路走来，它如何走出一条独特的创新道路，让创新成果走出实验室，培育出一片"苹果园"？它又如何根据市场环境和外部需求快速反应，推动技术创新和成果转化，解决科技和经济"两张皮"的难题？未来，它又将剑指何方，走向何处？

深圳华大生命科学研究院："三发三带"创新机制引领行业跨越式发展

深圳华大生命科学研究院已成为我国生物研究机构发展的标杆。成立二十余年来，深圳华大生命科学研究院通过"三发三带"创新发展模式建成了国际一流的产学研一体化研究院。这家研究院是在什么背景下成立的？"三发三带"创新发展模式是什么？它的发展对于其他新型研发机构又有哪些启示？

广州工业技术研究院："1+1+N"发展模式的探索与实践

广州工业技术研究院自成立以来，经过多年实践探索，形成了自己独特的"一院多所共存"创新发展模式。广州工业技术研究院以技术研发和成果转化为使命，推动优势产业结构调整和技术升级，目前已成为我国新型研发机构的优秀代表之一。

第二篇　开放合作创新：新型研发机构的创新网络和生态营造

中国科学院深圳先进技术研究院：如何依托微创新生态系统形成创新优势？

有这样一家新型研发机构：它是我国科技体制改革的先行者，是中国科学院与地方政府深化产学研合作的重要载体，同时还是微创新生态系统的开创者。它就是由中国科学院、深圳市政府以及香港中文大学联合组建的新型研发机构——中国科学院深圳先进技术研究院。经过十多年的科技体制创新探索，它是如何跃居新型研发机构领头羊的？如何运行自己的微创新生态系统的？如何在汇聚高精尖人才中发挥自身优势的？又是如何实现战略性基础研究能力遥遥领先的？在我国面临产业"卡脖子"困境时，又会如何重拳出击呢？这一系列问题值得我们深入思考与研究。

"港科技+粤产业"：广州市香港科大霍英东研究院如何打造粤港科技合作成功典范？

广州市香港科大霍英东研究院，这家独具粤港特色的新型研发机构，依托香港科技大学科技成果积累，围绕新一代信息技术、智能制造、新材料、节能环保与新能源等领域，将香港科技大学先进技术转化为市场化产品或服务，在推动地方产业高质量发展方面做出了重大贡献。作为香港背景的广东省首批新型研发机构，广州市香港科大霍英东研究院怎样推动"港科技"和"粤产业"深度融合，又如何凭借联合创新成长壮大，成为粤港科技合作的成功典范？

"孵化成功率 80%+"：东莞松山湖国际机器人研究院搭建机器人产业学院派创业生态系统

东莞松山湖国际机器人研究院有限公司成立于 2016 年 2 月，是一家以学院派创业为特色的新型研发机构。这家研究院如何在短短数年，由大学教授通过筹建集孵化创业平台、加速平台、人才培养、公共平台建设于一体的全功能性新型研发机构，实现孵化成功率的较大跃升，达到全球鲜有的水平？又如何走学院派创业之路，搭建机器人产业学院派创业生态系统，打造一流机器人产业集群，成为具有全国影响力的产业集聚区？

中国科学院广州生物医药与健康研究院：以构建生物医药创新链重构行业发展新生态

中国科学院广州生物医药与健康研究院是中国科学院与地方共建、共管、共有的新型研究机构。它在不断的创新改革中探索出"四个创新、两翼驱动"发展模式，通过重塑生物医药领域创新生态链，走出了一条独具特色和优势的发展道路，逐渐发展成为国际一流的生物医药研发机构。本案例重点介绍了中国科学院广州生物医药与健康研究院的创新管理体系及发展模式。

第三篇　前沿技术研发：新型研发机构的研发模式和突破路径

北京理工大学深圳汽车研究院：新能源汽车工程科技的中坚力量

北京理工大学深圳汽车研究院成立于 2019 年，是广东省认定的高水平新型研发机构。研究院围绕新能源汽车和智能网联汽车发展方向，开展了包括技术研究、试验检测、成果转化、技术咨询、教育培训、学术交流等在内的多项业务，着力打造先进技术输出高地和高端人才聚集高地，重点建设科学研究与技术创新平台、成果转化与产业孵化平台、实验验证与公共服务平台、人才引培与国际合作平台，助力粤港澳大湾区国际科技创新中心建设，推动我国新能源汽车产业发展。

广东粤港澳大湾区国家纳米科技创新研究院：抢占未来纳米技术产业发展制高点

广东粤港澳大湾区国家纳米科技创新研究院成立于 2019 年 9 月，是由国家纳米科学中心和广州高新技术产业开发区共建的新型研发机构。它聚焦纳米技术创新链，持续开展纳米前沿技术的研发与成果转化，解决制约产业发展的关键核心技术问题，推动重大科技成果产业化，为广东抢占未来纳米技术产业制高点提供技术支撑。作为成立不久的纳米技术创新平台，广东粤港澳大湾区国家纳米科技创新研究院为何发展迅速？成立以来推动高质量发展的举措有哪些？未来发展愿景是什么？

广东大湾区空天信息研究院：打造中国太赫兹科学技术发展高地

广东大湾区空天信息研究院是由广州市政府、广州高新技术产业开发区管委会、中国科学院空天信息研究院三方共同出资建设的研发机构。研究院围绕制约人类利用太赫兹频谱资源的主要科学问题和技术瓶颈，开展太赫兹量子电磁学理论研究，创建了太赫兹频段"光子-电子-准粒子"多物理场相互作用的理论框架与方法体系，用于系统性地研究太赫兹频段特有的准粒子元激发特性及其操控方法。那么，它的发展历程又有什么精彩的故事？

从入行到顶尖：深圳市万泽中南研究院有限公司探索高温合金技术领域研发新路径

深圳市万泽中南研究院有限公司，一家瞄准航空发动机产业技术瓶颈的企业类新型研发机构，以"4+1"发展战略为抓手，致力于攻克"一盘两片"技术难关，打造一流的高水平研发机构。在成立初期，这家企业类新型研发机构竟是两个"门外汉"的智慧转型结晶。那么，深圳市万泽中南研究院有限公司为何瞄准航空发动机领域，攻坚克难，进军高温合金市场？短短数年内，又如何通过自主创新，从入行到顶尖，最终撕下"门外汉"的标签，获得市场和社会的认可，不断推动企业实现技术追赶，成为技术跨界融合的佼佼者？

第四篇 科技领军人才引培：新型研发机构打造人才集聚强磁场

深圳市中光工业技术研究院：打造高层次创新人才集聚地

深圳市中光工业技术研究院成立于2016年，是深圳市的一家新型研发机构，由2014年诺贝尔物理学奖获得者"蓝光之父"中村修二担任理事会荣誉理事兼学术委员会主席以及实验室主任，致力于研究全球领先的激光照明技术。作为一名诺奖科学家，中村修二为何选择加入研究院？他的加入会产生怎样的"化学反应"？在深圳的创新氛围下，深圳市中光工业技术研究院又将发出怎样的光芒？

"预知优化"：东莞材料基因高等理工研究院拓展大科学装置应用之路

大科学装置是国家为解决重大科技前沿、国家战略需求中的战略性、基础性和前瞻性科技问题，谋求重大战略突破而投资建设的大型研究设施。大科学装置的出现是科学发展的必然趋势，是开展高尖端技术研发的利器。东莞材料基因高等理工研究院作为一家新型研发机构，如何用好中国散裂中子源这一大科学装置，让其"沿途下蛋"催生多项应用成果？这些值得我们一探究竟。

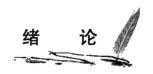

绪　论

随着科技革命与产业发展的加速演进，创新组织模式不断变革，新型研发机构越来越成为组织模式变革的典型代表，充满了独特的发展魅力和实践优势。新型研发机构作为一种全新的研发组织类型，通过市场化的运营模式和管理机制，成为新时期促进科技成果转化、推动创新创业、建设高水平人才队伍的重要创新平台，在推动科技成果从形成、发现、转化，再到流向市场的整个过程中发挥着其重要的作用。新型研发机构最初建设即采取了企业化运营模式，采用理事会领导下的院长负责制，具有强烈的产学研融合导向，地方政府与学界从管理实践视角，对这种新业态的体制创新展开了探索，对这种新的组织模式进行研究。如今新型研发机构已经获得了国家层面的高度关注，成为推动我国科技体制机制改革的"试验田"，成为激发人才创新创业活力的重要载体，成为我国国家战略科技力量培育的后备军。

一、研究方法

本书采用"二元三层四维分析法"，深入分析新型研发机构由小到大，由弱到强，由低级到高级，由旧组织到新业态的演化过程，总结其成功之道，为变革时代后进者"加速赶超"提供经验借鉴。"二元三层四维分析法"是从状态和过程两个方面，组织架构、体制机制和运营模式三个层面，主体、制度、技术和人才四个维度进行分析的一种研究方法，是贯穿本书开展新型研发机构创新变革研究的研究范式（图1）。

基于宏观视角，可以从"状态"和"过程"两个方面对新型研发机构进行分析。

新型研发机构作为一种全新的组织类型，具备了"状态"和"过程"二元属性特点，即在人们对其进行类别划分、组织及测度的过程中，它具备了实体状态的特征；但在人们对其实施培育、发展的动态过程中，它则具备了虚拟过程的特征。另外，新型研发机构的创新发展进程也是充满活力和方向性的，在发展演进的过程中，新型研发机构同时具备状态性和过程性，可以说，"状态"是对新型研发机构的静态描述，"过程"是对新型研发机构发展的动态反映。

　　基于这个分析视角，我们对新型研发机构的"状态"研究从五个维度进行，分别是：发展动力维度的利益驱动力、外部推动力、协同创新力，组织属性维度的实体性、开放性、独立性、专业性，构成要素维度的行业领军人才、创业投资基金、科研基础设施、成果转化体系，功能定位维度的原创性技术研发、科技成果转化、创业孵化育成、高端人才引进和培养，发展特征维度的投资主体多元化程度、管理机制市场化程度、创新资源平台化程度、研发服务公益性程度、人才评价柔性化程度。

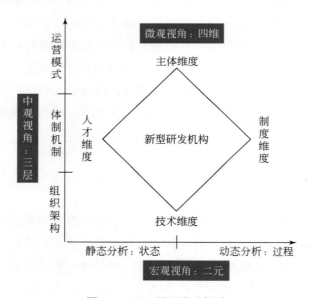

图 1　二元三层四维分析法

　　新型研发机构作为多主体共建的研发组织，演变的"过程"包括种子阶段、萌芽阶段、成长阶段，从成长到壮大体现为产学研合作的深化过程，以及从不协调到协调的自适应过程。这里，我们提出一个分析工具"不协调曲线"，认为新型研发机构三阶段形成过程就是沿着不协调曲线向前发展的，即围绕着协调曲线上下波动。这里的"协调"发展建立在新型研发机构组织内在关系的基础上，这种发展并非简单的发展，而是一种多元的发展，其重点在于整体性、综合性和内在性的发展聚合。新型研发机构的协调发展所期望的状态，是在总体发展基础上的全局调整优化、组织结构完善与个体共同成长的理想状态，是实现各主体相互合作、多方共赢的状态。

这里所提出的"状态"和"过程"分析视角也不是独立存在的，新型研发机构体制机制创新能自发地推动状态子系统和过程子系统协调发展，这种协调促进彼此目标的实现，并同时实现新型研发机构系统整体的最优效应。如果采用的体制机制和内在条件相适应，在某一时点或某几个时点，新型研发机构的演化发展会落在协调曲线上，达到制度和体制最优，如图 2 所示。

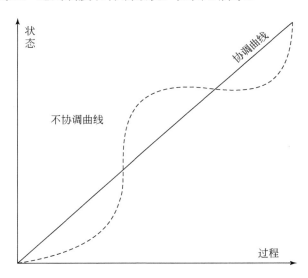

图 2　新型研发机构创新过程的二元属性

基于中观视角，可以从"组织架构""体制机制""运营模式"三个层面对新型研发机构进行分析。这三个层面是分析新型研发机构创新模式的常用视角，组织架构决定内部结构，体制机制决定资源配置，运营模式决定监管模式。

一是组织架构，这是新型研发机构管理结构的外在体现。不同的组织架构代表了其资源配置偏好存在差异，组织职能的划分可以让创新资源在不同的转化效率下对于新型研发机构可持续发展能力产生影响。组织架构不仅影响创新资源的配置，也是机构运行和管理实施的组织方式，它不仅是新型研发机构的运营思想、业务宗旨以及经营范围的反映和体现，通常也会涉及新型研发机构的研发管理制度、风险管理体系、财务管理制度、人力资源管理体系、行政管理制度和技术运行体系等。打个比方，组织架构就类似于新型研发机构的"经脉"，是事关机构运作与管理的十分关键的要素。组织架构设置得合理且科学，直接关乎着机构核心竞争力的形成以及盈利能力的增强。

二是体制机制，这是新型研发机构管理创新的具体体现。许多新型研发机构尽管拥有事业单位法人证书，但并没有行政级别，也没有固定的人员编制，缺乏稳定的财政资金支撑，然而，科研自主权、经费使用自主权、人事自主权却可以由机构自行把握。这些"三无三有"的现象和一般常规科研事业单位有着根本的差异，但新型研发机构与科研事业单位的目标都是期望推进科技与产业的密切结合，全面释放科研人员的创新潜能，在技术市场化过程中，让科研人员与创业者或企业家"坐上"同一艘船，从根源上关注真正意义的技术创新需求。

三是运营模式，也是新型研发机构动态发展的内在逻辑。新型研发机构突破了以往传统科研单位项目审批的运作模式，创新性地选择国际化管理架构和市场化运作制度，实现高校、行政单位、科研机构、龙头企业等各方主体的创新资源的有机融合，推动产业链、创新链、资金链"三链"共同发力。新型研发机构的发展宗旨就是要结合各方的优势资源及力量，构成产业链生态，实现由创新研发到应用试点再到大规模生产的产业桥梁功能。企业化运作、市场化导向是新型研发机构最鲜明的特征，也是与传统科研机构的最本质区别。新型研发机构只有面向经济发展主战场，对接市场需求，发展成为区域公共研发平台，才能破解科研与市场对接"两张皮"痼疾。

基于微观视角，可以从"主体""制度""技术""人才"四个维度对新型研发机构进行剖析。这四种维度相互之间并非分立，而是一体两面的联系，通常情况下，主体能够决定管理架构，制度能够决定运行逻辑，技术能够决定资源配置，人才能够决定成长动力，因此主体上的多元化创新必然需要制度上实现突破，而制度上的创新必然需要技术和人才要素作为保障，而要增强技术和人才的集聚力，又必须在主体维度上实现紧密配合。

一是主体维度，不同的建设主体对新型研发机构发展来说有着较大的不同，因此应关注新型研发机构建设主体的差异化。一般来说，新型研发机构建设主体包括高校、科研机构、企业、政府等，两方合作、三方合作或者多方合作共建是新型研发机构的常见合作模式。

二是制度维度，应从新型研发机构所采取的科研管理制度、人才管理制度、项目管理制度、风险管理制度等作为切入点分析，这些制度反映了新型研发机构在发展过程中所拥有的常态化要素驱动，形成相应的体制机制。制度经济学理论认为，一个组织的竞争优势受到制度因素的影响，制度是推动组织可持续发展的主要动力。新型研发机构创新能力构建不能脱离与它相联系的制度，离不开潜移默化形成的文化。

三是技术维度，具体范围为新型研发机构所拥有的科技成果，既反映为专利、论文、标准、产品等物化的东西，也包括科研人员所掌握的潜在的或隐形的知识。新型研发机构作为科技和市场之间的中介和桥梁，相对于高校和科研机构是技术需求方，相对于市场则是技术供给方，这种双面角色使得新型研发机构能打通技术流通的渠道。

四是人才维度，由于新型研发机构把优秀的高素质研发人员视作机构的关键资源，因此应重点关注新型研发机构的人才制度变革，探究其如何激发科研人才的创新动力，以使他们投入更多精力及时间，实现更高的成果产出。新型研发机构在人才机制层面的市场化改革，往往以建立市场化激励制度为目的，例如通过实施以全面持股孵化模式为代表的员工持股计划，在机构内进行统一管理，用机构效益来有效调动科研人才的科研热情，并激发其创造力。

二、新型研发机构创新画像

新型研发机构一般以高校科研机构原有创新成果为基础，以企业的市场化服务为导向，形成"市场—研发—转化—市场"的发展模式，这一发展模式需要同时考虑市场需求、科学研究、技术开发、科技成果转化、企业孵化和产业熟化等各个环节的特点，突破了传统"技术超市型"的科技成果供给，构建了科技与产业高效对接的科技成果产业化直通平台。如果要对新型研发机构进行画像，可以用几个关键词来描摹。

关键词一：新业态

相对于传统科研机构而言，新型研发机构是采用新型体制机制运作的研发组织，运用了无行政级别、无事业编制、无财政拨款这种"三无"组织形态。这里的"新型"体现于该类型研发机构在形态上具有传统科研机构所不具备的"四新"

特性，即新型投资主体、新型法人体系、新型运作模式与新型用人机制。

关键词二：科改试验田

新型研发机构是在科技体制改革浪潮中涌现出来的全新的组织类型，是通过"突破"原有科研院所体制机制、面向社会市场而重塑形成的新业态；这种变化主要表现在，新型研发机构建立了政府部门、母体高校科研机构、民营企业之间的合作渠道。新型研发机构在其成长过程中将产生一个特殊的组织功能，即在技术研发及产业化过程中，完成科研支持、项目投资与孵化等各种功能的统筹与集成。

关键词三：产学研合作

新型研发机构最显著的特征是聚焦高校、科研院所和企业等多方优势，从创新链整合和优化角度打通科技到经济的通道，不断深化产学研合作。这一特征也要求新型研发机构必须坚持遵循以下三条规律：科技规律、市场规律和产业规律。因此新型研发机构必须走创新发展、创业自强、创造求生的路线，应大力推进体制机制创新、技术及产品创新、管理模式创新。

关键词四：技术中介和桥梁

若将科技到市场看作"从 0 到 10"的完整链条，目前"从 0 到 1"的原始创新主要在高校、科研院所，"从 6 到 10"的产业化、市场化过程主要由企业完成，中间"从 1 到 3"的前沿技术筛选及"从 3 到 6"的工程技术中试、熟化则需要新型研发机构进行补位布局，充当科技和市场之间的中介及桥梁。

关键词五：多主体共建

新型研发机构由高校、企业、地方政府等多主体联合创建。高校是知识创新的主体，它可以通过提供优质的课程与人才培养环境等优良条件，吸纳和培育一大批高素质的基础及应用研究人才、技术研发人才等，为新型研发机构发展提供了人才保障；企业作为技术创新的主体，与市场紧密相连，可以推动高校院所的科学研究与现实中的产业需求精准衔接，打破信息壁垒，避免高校院所的科技成果与产业因存在壁垒而难以转化；地方政府作为制度创新主体，可以从资金、用地、税收和项目资助等领域为各方创新主体提供政策扶持，从而推动各类型生产要素向新型研发机构集聚。

关键词六：一轴多功能

新型研发机构应以人才为轴心，实现技术研发及熟化、企业孵化培育、成果转移转化、科技金融以及科技服务等功能，实现硬科技研究与高新技术产业的有机结合，促进产业投资与财政资金的融合，推进企业家与科学家、工程师合作，推动新兴产业组织与科技服务机构协同创新。

关键词七：混合型组织

新型研发机构作为一种全新的组织业态，具有其独特的制度创新内涵。主要体现在：新型研发机构通过建立政府部门、母体高校科研院所、民营企业间的合作渠道，建立微创新生态，为各方创新要素的融合提供了混合型的制度空间，并在机构建设及成长过程中实现科研支持、项目投资、孵化等不同职能的整合，形成一种综合性的组织能力，从而实现研究和产业化相互促进。

关键词八：微创新生态系统

新型研发机构建立了一个集科研、孵化、融资等功能于一体的微创新生态系统，这个系统把所有创新要素都整合于同一家新型研发机构之内，从而减少了不同主体间的交易成本，实现了由一家机构覆盖创新链所有环节的目标。新型研发机构的微创新生态系统的建立既是基于研发能力的模式选择，也是对于技术创新能力的发展。

三、新时代下新型研发机构创新管理的战略选择

新型研发机构通过技术创新、产品开发等手段在市场中求生存、求发展，并秉承源头性创新的宗旨，全力挖掘科学技术的巨大市场动能，真正踏上了一条高端技术研发的创新求生和发展之道。

作为新型研发机构管理层与决策层，在实践中需要认真解答这三个问题：新型研发机构是什么？新型研发机构做什么？新型研发机构怎么做？这里所说的"是什么"解决的是观念上的问题，"做什么"解决的是发展定位问题，而"怎么做"解决的是路径手段的问题。

第一，新型研发机构"是什么"？回答这个问题的关键在于解释清楚新型研

发机构的使命宗旨与组织体制是什么。国家正在持续推动事业单位的体制机制改革，从目前来看，很多领域的机制改革依然"破"得不够，依然存在"官本位"、行政化的传统思维，体制机制僵化的问题未能得到改善，管理方式仍然简单套用以往的通用模式，未能根据科研人员的特征进行变革，从而严重扼杀了科研人员的创新创业活力；同时"立"得也还不够，新型研发机构社会公益属性未能明确确定，尤其是以国家财政投入为主、政府支持建设的新型研发机构，这严重制约了创新创业改革的探索，也更严重束缚其支撑引领能力。

第二，新型研发机构"做什么"？回答这个问题的关键在于要解释新型研发机构如何解决各类研究机构职责主业范围，以及机构章程中的有关问题。"新型"是体制机制创新，"研发"是内涵、是核心、是主线，建立人才成长与科技创新规律相适应的体制机制是"新型"要义之所在。目前有的新型研发机构没有聚焦"研发"主责主业，而是利用政策提供的财政支持以及其他优惠支持，去做一些与研发无关的工作，如项目投融资、人员培训，甚至利用政策性住房做"二房东"等。

第三，新型研发机构"怎么做"？此问题的关键在于路径方式的选择，指的是新型研发机构管理机制和运行模式，新型研发机构采用的创新路径往往针对技术创新，但也容易出现管理机构职责和运营方式不清等问题。目前，有些新型研发机构的"四不像"已经成"四不管"。党委不健全、章程不履行、决策不民主、工作不专业等问题仍然存在，新型研发机构也未能履行好主体责任，未能用好自主管理授权，也未能对履职不到位的人员追踪问责。

为深入洞悉新型研发机构创新管理的过程与逻辑，本书提出了新型研发机构创新管理的"三角模型"（图3）：战略、动力、环境，为审视新型研发机构发展提供视角。

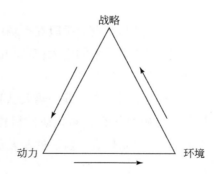

图3　新型研发机构创新管理"三角模型"

　　新型研发机构作为一种新业态，"战略"选择和实施是管理者首先要考虑的问题。一般来说，新型研发机构发展战略包括发展目标、发展模式、组织架构和发展路径等多个方面，这些战略制定和实施得科学与否，直接关系到集体行为的决策和成败。在战略选择上，管理者需要处理好智力资本开发、技术研发源头、科技创业原点、资本杠杆作用、科技服务集成、产业组织促进等各功能的关系，将核心由"单打"转变为"组合拳"，从而找到最利于组织发展的方式与路径。在创新链管理上，管理者们需要处理好基础研究、应用研究、科技成果、中试孵化、产业化等之间的相互关系，将发展重点由中端逐渐向前端、后端延伸。不仅需要结合新型研发机构突出重点和优势，同时还需从正向的链式创新，向反向资源配置的逆向创新，再到垂直型的创业式创新的方向进行转变。在方向定位上，不同性质的新型研发机构在享受到的政策支持和所承担的职责上存在一定的不同之处，新型研发机构主要有登记为事业单位法人的、民办非企业和企业三种类型：事业单位法人类型，一般由政府主导推动创立，经费上以财政经费为主；民办非企业类型，通常由高校院所、企业以及社会牵头成立；企业类型则由企业担任主要建设者与投资者。在建设模式上，一部分新型研发机构采用了多方单位共建共管的合作建设模式，其中最典型的是"政府+高校+企业"的合作模式，即由所有共建单位共同投入创新资源以支持平台的建设和发展，各自承担各主体所负责的工作、履行相应义务，从而形成了各方在全方位的优势互补与合作赋能。这种共建模式中主导方的选择是关键，关系到后续利益分配和目标定向，是明确新型研发机构发展战略的重要环节。

　　新型研发机构的发展"动力"是形成竞争力的根本。新型研发机构在运营中面临的问题在于无法深入到市场竞争中，容易出现"等、靠、要"的观念，在市场竞争的过程中处于下风。同时，因为科研机构中长期存在着立法依据缺失、法律地位模糊的痼疾，对新型研发机构这类所谓"四不像"的科研机构，其"第四种"独立法人更加难以清晰认定，也导致其后续发展受阻。发展动力足不足，主要看有没有合适的机制引导。新型研发机构运营机制本质上在于处理好政府、市场、产业、企业以及机构之间的关系，关键在于解决好由政府"输血"到产业"造血"的转换问题，也就要求管理者在决策中厘清几个问题：哪些是政府解决市场失灵，哪些是政府培育市场，哪些由市场来配置资源，哪些由产业群体突围，哪些由龙头企业重点突破，哪些由高校院所主导。进而建立适合新型研发机构的发展格局，形成"产业导向、市场牵引、政府引导、企业运作、院所支撑、个体加持"的动力机制。

新型研发机构作为社会网络中的一个节点，不可避免会受到外部环境的影响，"环境"对推动新型研发机构管理至关重要。新型研发机构在完成注册登记以后便取得了独立自主经营的权利，各建设方也不应过快放手，应当在前期引导机构逐步走上自主发展、自我管理的企业化路线，保证机构能专注于发展高科技研发的主业，强化举办者责任，并引导新型研发机构的规范运作。地方政府参与共建的新型研发机构大多带有公益属性，需要经过市场化发展运转扩大其规模，实现国有资产稳步增值。企业方的运营者也应从新型研发机构的利润中获得部分合理的收益，明确高校和运营者之间的合理利润比例，保证各方在运营中保持责任心，履行好各项职责。

四、面向政府管理的新型研发机构治理模式

2021 年 9 月 27 日，习近平总书记在中央人才工作会议上提到，应集中国家优质资源重点支持建设一批国家实验室和新型研发机构，发起国际大科学计划，为人才提供国际一流的创新平台，加快形成战略支点和雁阵格局。这意味着，党中央已经将新型研发机构与国家实验室放在同等位置予以重视，赋予了新型研发机构所承担着的重大历史使命。2021 年 12 月，中央经济工作会议要求，"强化国家战略科技力量，发挥好国家实验室作用，重组全国重点实验室，推进科研院所改革"，贯彻落实的关键在于应采用新的科研组织模式来运营与管理国家战略科技力量，这也是赋予新型研发机构在新时代科技体制改革中的新任务与新期望。

2019 年，科技部发布的《关于促进新型研发机构发展的指导意见》从政策角度上对新型研发机构进行了界定：新型研发机构是聚焦科技创新需求，主要从事科学研究、技术创新和研发服务，投资主体多元化、管理制度现代化、运行机制市场化、用人机制灵活的独立法人机构。在新时期，新型研发机构的发展离不开好政策供给、好政策环境的支持。例如，在新型研发机构当中，不乏有些机构属于高校异地设立，只有灵活的扶持政策才能打破地区壁垒，更好地为这些机构提供便利与支持。在价值创造方面，新型研发机构所承接的是高端前沿的科学技术，相对于一般价值创造手段而言，这些科学技术对于社会生产力具有更大的带动作用，当新型研发机构将这些新技术产品与服务成功推向市场，将能为社会贡献比

普通产品和服务高出数倍、数百倍乃至数千倍的经济效益与社会附加值，利用创新技术开拓出更大的市场。总而言之，政府推动新型研发机构创新治理最重要的是"活"，在监管方式上注重"放"，给予新型研发机构较大的自主决策权，但自由也必须有"度"，新型研发机构也要严格坚守底线思维和极限思维，不可违反各项规章制度，应当采取负面清单来进行管理，把握好自由的度。具体来说，政府管理包括以下几个方面。

在发展定位上，政府要调节好新型研发机构市场化运作、企业化运作、事业化运作的关系，平衡好纯公共产品、准公共产品和市场化产品的程度，实现市场价值和公共利益的最大化。

在治理模式上，政府应当合理顺应市场需求，要敢于放权，对于主导的新型研发机构，政府应当赋予其更大的市场主导权与成长决策权，尽可能推动高校科研机构交叉合作共同建设新型研发机构，减少以往由单一高校院所主导建设的情况，从而实现产学研合作的效益最大化。

在融资支持上，政府应当在资本筹集与利用方面坚持多元化，推动成立创业基金、风投基金、转化基金和培育基金等，根据不同社会资本的特点，用国有资本激发社会资本的活跃性，调动各方参与新型研发机构建设的积极性。

在方向选择上，政府应当重视对新型研发机构共性技术和中试加速中前端环节的支持，而把商业应用、转移转化、产业化等中后端环节尽可能多地交给企业、产业和市场，促使企业与高校院所的结合更加紧密，形成强有力的股权纽带、商业关系与生态关系。

在财政投入上，政府在新型研发机构的发展前期应加大投入支持"扶上马"，在发展中期，应当实现财政资金、产业资本与社会资本平衡"送一程"，到了后期，则应以机构自主发展为主，形成自给自足的能力。对于新型研发机构的投入，政府应采取"退坡"机制，尽可能遵循公共财政培育市场的宗旨和规律，依照科技发展规律和组织发展规律来进行扶持。

在监督管理上，政府应当重点处理好新型研发机构外部监管、院所治理、项目管理间的关系，应当从原先的"管控"向"治理"的方向转变。此关系的核心在于主管部门与机构之间的外部监管关系、机构本身的院所治理以及项目管理的关系。

在创新激励上，政府必须把研发放在重中之重，应坚持将其视作价值实现的原点和价值增值的重点，应将科技投入看作提升新型研发机构持续发展力的关键点，从各个角度排除科研人员的利益顾虑，全方位为科研人员着想，以保证科研人员专注于研发工作，同时也应确保科研人员在产业转化过程中不被边缘化。

五、新型研发机构成功经验总结

经过对广东 14 家新型研发机构的成功经验进行总结，发现以下 20 条比较典型的做法。

（1）新型研发机构必须始终坚持与产业需求结合，坚持政府"输血"与产业"造血"相结合，尊重市场，正确引导，不可悬空架桥，不可盲目追求技术先进性，要充分认识到创新活动本质上也是经济活动。

（2）新型研发机构要实施精准化考核的激励政策，明确及细化每一项目标，让想干事、敢干事、真干事的人能够干成事。要敢于创新、大胆放权，坚持务实化、可持续化的理念。

（3）新型研发机构应采取企业化运营模式，建立更加符合现代市场的管理体制，形成更有利于创新资源高效循环及配置的机制。对于科研基础或人才吸引力薄弱地区，新型研发机构采用"一院两制"，即在整体上实施市场化运营、企业化运营制度，在局部则保持事业化运作模式。

（4）新型研发机构应当重视组织架构的设计，组织架构的合理科学与否，对于机构的发展具有重大影响。在决策层面，应坚持采用理事会领导下的院长负责制，下设专家委员会或战略咨询委员会。在执行层面，则可以设置技术研发平台、产业创新平台、服务和职能管理机构作为架构中的三个要件。

（5）新型研发机构要始终坚持技术竞争力导向，尊重科学家，尊重知识，发挥产业技术委员会和战略咨询委员会的作用，保障技术研发方向的正确性和科学性。

（6）新型研发机构应当积极探索多维度的运营管理、实行多尺度的考核机制，例如在完善新型研发机构法人治理结构的情况下，在理事会领导下的院长负责制的基础上进行创新，以激励科研人员创造积极性为目标，全力探索科研人员现金入股、项目经理人利益绑定等成果转化模式，最终实现新型研发机构的"造血"功能良性循环。

（7）新型研发机构要坚持以人为本，在选人、用人、激励人方面，应当发散创新性思维，打破惯常理念，重视真才实学，以诚恳的态度来聚才留才，爱惜人才、尊重人才，用全方位的关怀与帮助，让科研人员能够扎根当地，避免琐事干扰，专注于科研，让新型研发机构成为高端人才的聚合器，在人才的支持下真正成为高校院所打通科技成果向市场化转化"最后一公里"的通道。

（8）新型研发机构必须强调实体地位，即经营实体、经济实体、法人实体、研发实体，促使其自主经营、自主发展、自负盈亏、自我约束，不断强化独立法人管理体制。

（9）新型研发机构应当深化实施理事会领导下的"研究院+有限公司"双轨运行模式，即采用同时注册"三无"事业单位和有限公司的方式来运营，该模式可以让研究院来主导科研工作，有限公司则负责推进产业化市场运营任务，从而实现研究院与有限公司的同步一体化。

（10）新型研发机构在完善与优化制度设计的过程中，可以采用"一家多制"的策略，为研发机构中的每一个部门、研发过程中的每一个环节打造有助于推动各方面高效发展的政策体系配套。

（11）对于新型研发机构的产品供给，通常在纯公共产品供给上，可以采取局部事业化运作的措施；而在准公共产品以及成熟产品供给上，则应当坚持企业化运作、市场化运作机制。

（12）新型研发机构应给予专家较大的决策权，包括技术路线决定权、项目经费使用权、科研团队管理权等。科研项目管理非常重要，涉及选题机制、研发机制、分配机制、激励机制、转化机制、盈利机制等各个方面。

（13）新型研发机构面向产业技术、抢占科技前沿，实现前中后端的贯通，尽管不同的阶段有不同的做法，但是也可以概括为用"四尖经济"（针尖产业、尖端科技、拔尖人才、顶尖平台）带动"四新经济"（新技术、新模式、新业态、新产业）的发展。

（14）新型研发机构要把握好"根技术、干技术、茎技术"之间的关系，即对应着前端的基础研究与基础共性技术、中端的关键共性技术与瓶颈技术、后端的一般共性技术与工程技术。根据不同技术的特点及重要程度，合理进行创新资源的配置，在服务供给上应当有所侧重。对于"前端根技术"的投入，应当以政府投入为主，"中端干技术"的投入应以政府和企业双重投入为主，"后端茎技术"的投入则应以企业和市场投入为主。

（15）新型研发机构要实现技术跟着人走，而不能让技术跟着资本走，要实施技术与人员向企业方整体转移和流动的机制，搭建起研发、储备、流转相结合的发展结构。

（16）新型研发机构应采用市场驱动，而不能完全以科学家兴趣作为驱动力。最高决策机构理事会不仅仅要囊括学术界的一流学者，还应该拥有熟悉市场需求的产业界重量级专家。在此结构下，新型研发机构才能根据产业需求的变化确定研发创新的方向，在技术方向的决策及转变上才能兼具科学性。

（17）新型研发机构应坚持开放式创新，要重视与学术界、产业界错位进行创新，尽可能多地在以往共性技术研发组织的基础上向前端与后端延伸，实现技术创新前端、中端、后端的贯通。

（18）新型研发机构要采取清晰明确的知识产权管理制度，该知识产权管理制度应当以促进技术向企业转移和产业化为目标，在既尊重自身的知识产权，也不侵犯他人知识产权的基础上，制定明确的知识产权的归属和转移办法。

（19）新型研发机构进行的大都是前瞻性和共性技术研发，研发成功以后再通过各种方式向企业转移，强调集中引进和研发技术，强调技术整体扩散而非单一技术转移，转移方式比较多元互化，包括成立衍生公司、孵化创新企业和技术合作开发等。

（20）新型研发机构可以采用混合所有制形式组建，由人才团队持有大部分的股权，政府性基金和平台等多方参与，并持有其余股权，同时通过转让、授权、确权等方式明确好各方的知识产权归属关系。

第一篇

管理体制创新：新型研发机构的
体制机制和管理模式

深圳清华大学研究院：校地产学研合作的开创者

摘要：深圳清华大学研究院作为国内较早采用新型体制机制组建的研发机构，已经成为我国高校在异地建设研究院的典范。它构建了"四位一体"综合创新体，建立了创新研发平台，通过推动技术、成果从"书架"走向"货架"在产业中顺利落地，成为科技创新引领产业创新的加速器，形成集研发、孵化和创业投资于一体的完整创新链。它开创了异地办院的先河，主动对接区域产业发展需求，积极寻求科技成果的转化路径，形成了优势突出的成果转化路径，成为引领区域创新发展的重要力量。

关键词：校地合作；异地办院；产学研合作；科技成果转化

深圳清华大学研究院（简称"深清院"）是深圳市政府和清华大学于1996年12月共建的、以企业化方式运作的事业单位。作为全国第一家新型研发机构，深清院率先提出"四不像"创新发展模式，在高校和企业之间、科研成果和市场产品之间建设桥梁，成长为国内实力强大的具有科技孵化器特色的综合创新体，还成为高科技上市公司的摇篮以及高层次人才培养的重要基地。

深清院的创立，开创了校地共建新型研发机构的新模式，实现了产学研资结合的科技创新孵化体系，成为高校促进产学研合作的代表。

首创"四不像"创新体制

"四不像"创新体制是这样一种体制：既是大学又不完全像大学，既是研究机构又不完全像科研院所，既是企业又不完全像企业，既是事业单位又不完全像事业单位。由创新体制形成创新体系，深清院建成了概念验证、中试工程化、人才支撑、科技金融、孵化服务和海外合作六大功能板块，发挥体系的力量，在探索把科研成果转化融入企业孵化的新途径中，做到了把科技成果转化转变为企业创业孵化，把破解科技和经济"两张皮"赋予企业载体上，把科技成果的价值写在企业财务报表上。

体制机制创新焕发"新生命"

深清院的校地共建模式，一方面致力于服务清华大学科技成果在粤转移转化，另一方面致力于促进深圳经济社会发展。

深清院在投入机制、用人机制、激励机制等方面进行了大胆探索，将体制机制的创新视作生命，建立了一种产学研资深度融合的科技成果转化模式，旨在创建一个全方位的创新创业生态系统。在研发平台方面，深清院建立了多个国家级或省级科研平台，为科技创新提供尖端研究设施和资源，有效促进科技成果的商业化和产业化。在人才培养方面，深清院致力于通过多种途径，包括学术教育、专业培训和创业项目等，设立了多个培训项目，培养创新人才，让学生有机会向业内领先专家学习，提升创业技能。在投资孵化方面，深清院建立了多个投资孵化平台，为创新型初创企业提供资金支持，帮助初创企业获得资金、组建团队和创新创业。在创新基地方面，深清院建立了多个创新基地，如深圳清华未来城市创新中心和深圳清华创客空间，提供全方位的创新创业服务，包括办公场地、设备、技术支持、导师指导和人脉资源等，为创新创业提供良好的环境和条件。在科技金融方面，深清院建立了多个科技金融平台，如深圳清华科技创新基金和深圳清华科技贷款等，为科技创新提供金融服务，包括提供研发资金、专利申请和市场拓展等。在国际合作方面，深清院在海外建立了深圳清华以色列创新中心和深圳清华硅谷创新中心等多个中心，为初创企业提供国际资源、网络和市场。

深清院通过"公司+研发中心"的模式运作多个关系国计民生的重大项目，如"智慧城市"和"智能交通系统"等，取得了显著的成效。深清院还在实验室建设、项目投入、用人激励和规范机制等方面进行了创新探索，为深圳的科技产业发展做出了显著贡献。

这种校地共建模式是一种独特的科技成果转化模式，为深圳的科技创新和经济发展做出了重要贡献。深清院通过建立全方位的创新创业生态系统，促进了科技成果的商业化和产业化，培养了创新型人才，推动了深圳的科技产业发展，也为中国经济的转型注入了新活力。

"四个结合"充分释放创新活力

深清院以深圳市为依托，将学科实力与产业发展相融合，服务于深圳市的科技创新发展，是校地相融合的结果，在"引领"、"示范"和"孵化"中起到了不可忽视的作用。深清院主动与地区经济发展相结合，通过引入一批国家重点实验室，加快发展战略性新兴产业；为满足深圳市发展需要，它通过引入高层次、高水平的创新型人才，配合深圳"把人才战略作为城市发展的核心战略"，推动了深圳经济快速增长和深圳高新技术产业发展进步。深清院还开展了多项科研成果的转换，把科研成果变成了切实可行的生产与服务，为当地的经济发展注入了新的动力。同时，也汇聚了一批有才华有抱负的青年学子，为深圳吸引了一批来自于清华大学的著名专家，为学术研究与师资队伍建设奠定了良好的基础。这些成绩的取得，离不开"四个结合"的发展模式。

一是学校与地方相结合。把高校的科研成果、科技资源与珠三角经济发展的需求相结合，始终是深清院一直在坚持的初心和使命。深清院成立以来带动了哈尔滨工业大学、香港理工大学、香港城市大学等一大批知名高校在深圳建立分校或研究院，为深圳市科技创新提供源源不断的人才支撑。深清院充分对接区域发展需求，为深圳引进若干国家重点实验室。在电子信息、先进制造、新材料等领域，集聚了若干重大科技项目，加速战略性新兴产业培育。在人才引进培育方面，深清院以广博的胸怀和灵活的机制聚集有才华、有抱负的学者，为深圳引入大量的清华大学知名教授，不断为深圳注入人才动力。

二是研发与孵化相结合。深清院一直秉承着"以市场需求为导向，以技术成果产业化为目标"的理念，致力于为珠三角聚集创新资源，引进高端项目和高层次人才队伍。深清院不但构建出了一套完整的科技创新孵化体系，而且还构建出一条科技成果产业化的孵化链，一条支持创业公司的资金链，一条将科技成果反映在报表上的价值链。深清院已有 105 个研发中心、8 个央企国企联合研发平台，拥有包括国内外院士 8 名、国家重点基础研究发展计划（973 计划）首席科学家 6 名在内的庞大的研发团队，申请发明专利 398 项。部署"概念验证平台"支持原始成果工程化、"中试工程化平台"支持创新成果中试放大、"应用示范平台"支持成果迭代发展。

三是科技与金融相结合。以"专注于金融辅助的科技成果转化，借力于科技特色的金融体系创新"的理念为基础，深清院实现了自有资本、社会资本、金融资本与科技资源的全方位对接。2013 年，深清院的高技术财务部门已经初步建立起了一个综合性财务管理平台。这个平台将科技信贷与科技投资作为其业务的主要内容，为中小微科技企业提供多层次、多元化、全方位的金融服务，涵盖了融资担保、小额贷款、融资租赁、创业投资、咨询服务等业务，逐渐发展成为一个完整的科技金融综合服务平台，陪伴科技企业快速成长，并为其分担经营风险。

四是国内与国外相结合。深清院充分利用清华大学在海外的资源，面向世界，汇聚世界上最优秀的人才与研究成果。主要包括以下三个方面：第一，从世界知名高校和研究院所引入世界领先的创新技术和人才；第二，从国外引入一些已经度过了初创阶段的高科技小公司，这些公司具有国家急需的高科技，并且已经实现了产业化；第三，对留学归来的高层次人才进行全方位的服务和扶持。目前，已经在北美、欧洲、俄罗斯等地建立了研发机构，并成功并购了国内领先的技术转让公司，进一步强化了国内外在创新资源方面的全面融合，为深圳的科技创新事业添上了一抹亮丽的色彩。

深清院的成功更在于取得的突出科研成果。深清院的科学家们在各自领域进行了大量的研究，取得了许多突破性成果，其中，有些成果已经进入了实际应用阶段，为国家和地方的经济社会发展做出了重要贡献。例如，深清院的科学家们在新能源、信息技术、生物医药等领域取得了多项重要成果，揽获了多项国家级科技奖，为清华大学和地方发展做出贡献。

深清院的成功历程，其实就是一次大胆创新、打破桎梏的历程：从创办初期的"四不像"机制探索，到确立"四个创新"的办学理念；从创办初期的"校园建设"，到"企业运营"的"技术平台"；从"支撑体系"的构建，到"投资体系"的构建，再到"创新体系"的构建，再到最后的突破。这些年来，深清院所取得的一切成就，都离不开"创新"两个字，而"创新"正是深清院存在与发展的先决条件。

除此之外，由于国家和社会每年都在加大对大学的科研支持，大学的科研成果也在不断地增长，然而，大学的科研成果大部分都还处于实验室阶段，与其实际应用相比，还差得很远。如何更好地利用有现实意义的研究成果，推动经济社会发展，成为大学亟待解决的课题。一方面，科技成果转化是一项非常专业的工作，所需的经费非常庞大。另一方面，大学也缺乏将科技成果直接用于科技成果转化的途径，因为大学的使命是以人才的培养和科技创新为主。深清院的成功经验为大学与其他社会组织共建"科技孵化中心"提供了更多的可能性。

校地产学研合作的引领者

在国家与地方政府的规划与战略引导下，深清院也进入二次创业的发展阶段，它践行了学校与地方相结合、研发与孵化相结合、科技与金融相结合、国内与国外相结合的"四个结合"理念，在创新资源配置与整合上更加灵活、创新、高效、务实，推动深清院从清华园到深圳湾的华丽转身。

从清华园到深圳湾

时任深圳市市长的李子彬是清华大学 1964 届化工系校友，他首先提出希望清华大学在深圳搞一个研发机构，帮助深圳高新技术产业发展。作为当时主管科研工作的校长助理，冯冠平也非常积极地促成这件事。现实中，要在深圳办研究院，学校领导层有很多不同看法。他们认为，清华大学多年来在外地办学校以及各种机构，尚未成功过，况且深圳距离远，能否成功谁都无法保证。最后是当时的王大中校长、贺美英书记力排众议，促成了深清院的成立。1996 年，清华大学与深圳市政府签订协议，创办深清院。如今，深清院在深圳科技创新领域的作用和地位已无须多言，在 20 多年的发展过程中孵化了 3000 多家公司，上市公司就有 20 多家，为深圳高新技术产业发展做出了重大贡献。

基于深清院的成功经验，2018 年教育部批复成立清华大学深圳国际研究生院。在深圳 20 多年扎根与深耕，深清院成为清华大学在探索高等教育改革、服务地方经济与社会发展方面的典型样本。

冯冠平的新材料创业之路

2012 年 2 月 27 日，光明日报刊登了《"知本家"冯冠平》一文，对冯冠平在深清院 15 年的贡献做了全面总结：从一座空楼，到 600 多家企业入驻接受孵化，发展速度是社会上同类公司的 6 倍；深清院获得国家技术发明奖二等奖等多项奖励，申请专利近 200 项，与 200 多家企业签订技术合同 300 多项，科技成果转化 150 多项，技术创新产值 100 多亿元，约 20 多家企业成功上市等。

离任以后，冯冠平依然投身科研事业，他的目标是：要为国家再引进孵化出两个在全球范围内最领先的高科技项目，使它们的总产值超过 1000 亿元，也就是后来的石墨烯和超材料。当时，石墨烯和超材料正处于前景不明朗的发展阶段，很多人对此都颇有意见，质疑的声音不断，而就在这种情况下，他做出了大胆的判断。

超材料的发明人是一位只有 26 岁的年轻人，叫刘若鹏，他的团队在美国研究超材料并在 *Science* 杂志上发表了文章。2010 年决定回国创业时他们找到了冯冠平，希望他投资支持。而冯冠平有一套选择投资项目的理论，那就是"大家都看好的项目不投，没有争议的项目不投"，因为他认为"都看好、没争议"说明前瞻性不够。

冯冠平说道："说实话，这个项目创新的东西太多，我也看不懂。但我干过多年科技处长，可以想出办法去搞懂。我就建议他们先做一个产品出来。一个月之后，他们通知我去看，我看到的演示效果确实非常神奇，我判断这项技术用于国防一定会解决大问题。"之后，冯冠平联合几位投资界朋友一共投了 3000 万元支持创业公司，并亲自担任董事长。

2014 年，领导人来深清院视察时，冯冠平特意安排把这个项目的演示搬到了一楼展示大厅的旁边。果不其然，领导人离开后不久，冯冠平就接到了电话，让刘若鹏尽快去向有关部门汇报。按常理，一项新技术应用于国防装备要经过漫长的过程，而这个机会可谓从天而降。后来，这项技术逐渐进入我国最重要的重大尖端装备领域，在隐身技术方面反超各军事强国。如今，这家企业已经申报了数千项技术专利，在世界超材料产业化竞争中抢占了先机，成为行业引领者。

2020 年 8 月 1 日建军节之际，刘若鹏给冯冠平写了一封充满激情的致谢信，感谢他支持他们"从基础研究、基础实验室建设开始，一点一滴地构筑起我国超材料技术的工业体系和工业能力，建立起了一支属于共和国的跨代隐身技术创新队伍，为国家重点型号装备的跨代创新、批产交付做出了贡献"。

从 2008 年第一次接触石墨烯这种材料，冯冠平就看好其良好的应用前景，他陆续投资了相关的创业企业和团队，随后一批石墨烯企业在江苏、深圳涌现。如今，这些企业已经成为中国石墨烯产业的中坚。2010 年，石墨烯材料因其发现者荣获诺贝尔奖而在全世界受到广泛重视，我国在其产业化方面已经走在世界前列。在全球石墨烯产业综合发展实力排名中，我国紧随美国、日本之后，位列前三。

一个人成就一段科技产业发展史。从清华园到深圳湾，冯冠平一路走来，中流击水，涉险闯关，他的脚步踏实而稳健。身兼学者与技术专家、实业家、投资人三重身份，他始终不忘自己的初心，锁定目标去干好的就是一件事——推动科技成果的转化。2015 年，冯冠平在深圳创办烯旺新材料科技股份有限公司，那年他已经 70 岁了。这次创业让他领教了石墨烯材料"远红外波"的巨大威力，他带领团队率先申请了一批石墨烯产业国际专利，并开拓石墨烯红外热应用技术的应用研发和生产。如今这家公司已经发展成为全球首家实现石墨烯从上游技术研发、原材料生产到下游产品研发应用、行业合作、品牌运营、渠道销售等全石墨烯产业生态链的高科技企业。

微型能源器件的颠覆性技术创新

随着微纳米制造技术的飞速发展，不断微型化的分布式器件正在物联网、传感器网络、大数据、私人健康系统、人工智能等领域大量应用，但相关的传统供电方案始终存在"小尺寸与大输出不能兼顾""摩擦磨损导致寿命极低"等的技术难题。深清院、清华大学航天航空学院暨微纳米力学与多学科交叉创新研究中心（CNMM）郑泉水院士研究团队基于结构超滑技术——使得两固体表面接触相对滑移时，出现持久的近零摩擦、零磨损滑动状态的技术——设计和制造的超滑微发电机，能够在极其微弱、不同频率的外界激励下，高效能地将激励能量转化为电能，能够同时具备高输出密度（比传统微发电机高 2—3 个量级）、近乎无限寿命、体积微小（约 1 毫米 ^{3} 以内）和无须更换的优势，为微型分布式器件的供电问题带来了颠覆性的解决方案，具备极其广阔的应用前景。

2012 年，郑泉水院士团队在石墨单晶非公度界面首次实现了微米尺度的结构超滑，开创了结构超滑技术。结构超滑作为一项跨越多个学界、直面物理世界最基本现象——运动的底层技术，不仅可以通过解决摩擦磨损造成的技术瓶颈，带来大量前所未有的颠覆性产品，更有望与海量技术领域相互链接，催生了许多"从 0 到 1"的创新技术。

在深圳市和深圳坪山区两级政府的资助和清华大学的支持下，郑泉水院士领衔建立了全球第一个结构超滑技术研究机构——深圳清华大学研究院超滑技术研究所暨深圳清力技术有限公司（深圳清力技术有限公司于 2019 年 10 月正式成立），由深圳市力合科创股份有限公司投资孵化。目前除超滑发电机之外，超滑技术研究所在基于结构超滑的微机电系统（MEMS）、电接触关键元器件、光学器件、精密轴承、下一代存储技术等应用领域均已展开研发攻关，并取得大量的成果，推动结构超滑技术研究实现了快速发展。

综合创新体的发展模式

独特的滚动盈利模式

深清院基于深圳市的创新创业需要，紧密结合深圳产业创新和发展需求，采取了企业经营的模式，从"租股"到风险投资，再到科技投融资等多种形式的增值服务，形成了"以租为本"的经营理念。在深清院内，入驻的企业有三种：一是自主技术产业化孵化的新创企业，二是投资培育的技术型企业，三是招租引入的企业。前两类是高风险、高收益的公司，是一种对科技成果转化、技术转移和科技投融资进行研究的公司，而最后一类是一种能够为深清院发展带来稳定的收入来源的公司。

针对三种不同类型的企业，根据其都处在科技成果转化链条的不同阶段这一特征，深清院为其配置了个性化的创新要素，并及时提供资金支持，提高资源的利用效率，保证科技成果转化链条上的衔接。与传统的孵化器相比，深清院以"以租赁换股权"、风险投资、科技投融资等方式，来满足各种类型企业对创新要素、创新资源方面的配置需求。

以租金、股权分红和投资收益为支撑，形成了深清院的生存、造血、发展的滚动盈利模式。对于那些本身有一定发展潜能，但是未来还不明朗的小型企业，采用以租金作价入股的方式，来扶持和促进这些企业的发展。对于具有较高技术含量和较好发展前景的企业，可以通过自有资金和相关的风险资本等来扶持这些企业的成长。而对于那些已具有一定规模，市场拓展预期良好的企业，则采用科技投融资的方式予以支持，目的是满足企业发展中面临的资金需求，从而能够快速拓展市场，并充分发挥在市场领域中的先发优势。

高校协同创新成果转化的典范

作为新型研发机构的典型代表，深清院为珠三角区域经济发展和科技创新做出了卓越贡献，成为我国首个"四不像"理论和模式的提出者和践行者。

深清院是校地产学研结合的先行者，在多年来的科技创新实践中，凭借着在科技、人才、融资、管理等领域积累的丰富经验和自身特有的优势，紧密地依靠深圳市政府和清华大学，对学校和地方的创新资源进行了全面的发掘和利用，将高新技术产业发展所需的各种因素进行了整合，最终构建出了一个科技创新孵化体系。

深清院以"技术项目—创业公司—成长公司"为核心，建立起了专业化的创新孵化体系，逐步实现了从单个科技成果转化孵化公司到培育完整的产业链条的转变。在投融资体系中，利用各种支持方式，对在孵化企业进行参股、并购以及重组等，一方面，实现了对技术资源、资金资源以及人才资源的最优配置；另一方面，也扩展了科技孵化器、风险投资、科技金融、科技园区等多种商业模式，从而更好地推动科技与金融的良性互动和深度融合，建立起较为完善的、协同创新的科技创业及产业投资平台。

探索科技创新孵化体系的"领跑者"

以创新为先导的战略定位

深清院之所以能够迅速发展并壮大起来，关键在于在创立之初就确立了正确的战略定位——以创新为先导的战略定位，在创新和创业上下功夫。这种战略定位在深清院接下来的发展过程中，显示出了强大的优越之处。

深清院建立的公司与一般公司有着明显的差异，而这种差异的核心是公司的战略创新，其"产品"有其独特之处，也就是将"人"与"物"融合在一起，实现人才与技术相结合。在此过程中，依托清华大学优秀的教师资源，深清院致力于创造一种充满浓郁人文气息的孵化器环境，通过短期培训、继续教育、论坛讲座等方式，为孵化器中的公司培养出了一批优秀的创新人才。与此同时，还帮助孵化器中的公司进行了人才招聘，并做好与之有关的人才储备工作，确保公司有蓬勃的发展动力。它以孵化高新技术企业为主要目标，致力于科学技术的开发和科技成果的转化，在自身实现成功以后，还把这种先进模式推广至全国。

深清院的经营创新是其战略创新中的一项关键内容，基于产业结构的特性，从深圳这个具有朝气的城市特性，结合深圳近年来大部分公司的成长与创业状况，融合了清华大学的高科技实力与创新的经营思想，从而确定了经营创新的方向。深圳是一座新兴的城市，也是最早被列为经济特区的地方，当初在深圳建立的许多公司，都是依靠着政府的扶持，如今回过头来看看，那些扶持的公司早已不复存在。新时期，公司要发展壮大，唯有走出一条属于自己的创新之路。

深清院的战略性优势在于高新技术与运营理念。高新技术能够帮助公司解决老技术或已有技术无法解决的问题，并能够通过更低的投资成本来解决问题。在运营理念上，通过对公司的运营理念进行更新，使公司的管理能力得到持续提升，为公司节约了运营成本。

推动创新链与产业链双向融合

近年来，深清院越来越重视创新链与产业链双向融合，把科技成果产业化作为推动研究院与地方产业发展同频共振的动力源泉。

嵇世山不仅担任深清院院长，还兼任深圳市力合科创股份有限公司董事长，肩负了创新链和产业链融合双重责任。深清院利用产学研深度融合的优势，着眼科技赋能高质量发展，着力构建创新生态链，促进创新要素高效转化，推动创新链与产业链双向融合，为产业科技融合创新做出先行示范。

在创新链布局方面，深清院吸引了国内国际电子信息、生命科学、先进制造等领域的多位领军人物携团队来深发展：胡海博士、戴宏杰院士、田晖博士、龙威博士、温江涛教授、朱程刚博士、张振中博士、刘河洲教授、李亚博士、孙晓明教授等，他们带领的团队大多得到深圳市"孔雀计划"及广东省"珠江人才计划"的大力资助。

2014 年起，深清院承担了科技部国际合作科研项目"单晶蓝宝石纤维规模化制备技术及其关键装备的合作研究"，与西班牙科研机构合作，利用 VLS 生长机理首创具有一定长径比的单晶蓝宝石（α-Al_2O_3）纤维（晶须）可规模化制备技术。该材料可增强陶瓷基、金属基和高分子基复合材料的综合性能。经验证，添加 5% 纤维的氧化铝基陶瓷复合材料强度及韧性提高一倍以上，对于高端装备等领域突破核心技术具有重要意义。

与此相关，深清院引进了芬兰国家技术研究中心首席科学家杨云峰博士团队，推动精密喷射成形（PSF）技术产业化。这种高效增材制造技术是目前唯一能使金属制品的成本、寿命、生产周期三要素同时成倍改善的解决方案，对"两机"（航空发动机和燃气轮机）专项同样具有重要意义。2016 年在深圳举办全国"双创"周期间，李克强总理听取了嵇世山的汇报后，对于打破国外技术垄断给予高度肯定和鼓励。

深清院面向国家重大需求，大力推动粤港澳大湾区国家技术创新中心建设，将国家技术创新中心资源引入深圳设立分中心，推动深清院融入国家战略。2021 年 4 月，粤港澳大湾区国家技术创新中心正式揭牌，嵇世山任副主任。

深清院大力推动清华大学科技成果在粤转移转化。在清华大学重大成果"利用燃煤烟气脱硫废弃物大规模改良和综合利用碱化土壤"的转化中，深清院主导成立"华清农业"，并组织力量投资、孵化、推广应用。该项目对于我国守住"18 亿亩耕地红线"、把饭碗牢牢端在中国人自己手里，以及城镇化改造中的占补平衡意义重大，曾受到国家最高领导人的关切，现已在吉林、宁夏等地区进行大规模应用。

科技企业运行模式的创新

在推动产业化进程中，深清院不但推动技术创新进入了更高发展阶段，更是积累了对科技企业丰富的运营经验。深清院的服务对象主要是中小型科技企业，在发展过程中逐渐累积起了对科技企业的一种深刻的认识，在开拓研发服务、孵化器运营的同时，还展开了以风险投资为核心的各类科技金融业务，并持续探索科技园区运营等新的商业模式。而这一点，也成为深清院区别于一般科研机构的独特优势。

深清院在不断创新中小型科技企业运行模式的过程中，也参与了创新价值的创造，并分享这部分价值。除此之外，在新的业务开展过程中，深清院不断解决新出现的问题，进一步提升技术能力和服务能力，积累成为更大的知识资本，并在不断的创新循环模式下继续参与价值创造与分享。

在研发服务上，深清院要为技术产业化活动提供研发支持，与外部企业合建研发中心，帮助企业产业升级。同时，以研发管理为核心，整合资源孵化企业，为持股企业的中试研发提供支持。

在运作管理上，深清院不断提高自己的产品开发能力，寻找有技术需求的相关公司，增强研发管理和产业化能力，形成对技术项目的判断，该技术项目为研发力合传感器、建立万裕工业电化学研发中心、创建深圳力合环保技术有限公司等提供基础的支撑。

在孵化运营上，深清院为创业公司提供办公场所和租金，同时也为创业公司提供附加的孵化服务，并以股份的形式对创业公司进行孵化。在为中小型科技企业提供的服务中，深清院逐步拥有了搜寻技术项目的能力、判断技术项目的能力、搜寻科技企业的能力和判断科技企业的能力。

深清院本身既具有科学研究与教育的功能，也与工业资本形成了一套完整的投资机制，所以，其"孵化"技术实际上就是一个将官产学研资等多领域的资源高效整合起来的"孵化"技术平台。这一平台将深清院作为沟通政府、企业和高校的"纽带"，同时也利用深清院在科技、资金和人才上的调配能力。

在科技型融资上，深清院以创业资本的形式，设立创业资本基金，为科技企业融资，并给予科技企业保证。同时，对中小型科技企业的成长也有很大的促进作用。

高科技上市公司的摇篮

互补互助的协同创新模式

深清院通过与众多初创企业进行紧密的协作，为产业化进程中的研发工作提供了市场信息和技术支撑。这种系统模式的本质是：一家实验室的主要服务对象是某一企业，而这一企业的最大研发力量来源于这家实验室，这样一种互补互助的合作模式，对于增强技术研发活动的专业化程度，从而共同致力于研发机构与企业之间的协同创新，具有很大的好处。

早在 1999 年，深清院就派出光电研究的技术人员，协助深圳清华力合传感科技有限公司（简称"力合传感公司"）开展传感技术研究，共同研制出了一套以此为基础的人体脂肪测量仪和人体水分测量仪，顺利打入欧洲、美国、日本等地区和国家的市场。

在 2003 年非典（严重急性呼吸综合征，又称传染性非典型肺炎，简称"SARS"）时期，深清院在开发非接触红外体温快速筛检仪的过程中，将新材料实验室与孵化企业融合起来，协同开展测温仪技术研发和应用。其中，光机电实验室负责测温仪技术研发、人体温度曲线标定等技术工作，力合传感公司负责生产、安装和售后等环节。最后，该项产品于一周内出样机，10 天量产，并迅速销往全国各地，成功形成了一种产学研结合的发展模式。

市场导向的合作创新模式

深清院通过与外界合作建立研发机构，与万裕科技合资成立万裕工业电化学研发中心，为企业创新发展提供稳定的科技力量。

从 2004 年开始，万裕科技在双方的合作中，每年拿出 200 万元的研发资金，随着双方的合作越来越深入，研发资金也逐步增加到了每年 350 万元。曾经担任过实验室主任的深清院副院长刘伟强总结了一下他们的合作路线：一开始，他们只会帮公司解决一些暂时的技术问题；随后，他们会一起努力提升公司的技术能力，让公司的产品升级；最后，他们会为公司制定一个新的目标，为公司规划下一个五年的技术发展规划，确定公司新的发展方向。

在实验室技术改造的支撑下，经过技术革新，万裕科技产品的产能、效益均达到了双倍以上。通过这样一种"双赢"的方式，既能为科研提供足够的资金保障，又能为未来的发展提供一个清晰的方向。由此，这种协作方式逐步发展成为一种高效的技术转让方式，既促进了万裕科技的发展，又促进了电容行业的进一步发展。

在所持公司需要进行实验探索和技术验证时，深清院也给予相关支持。深圳达实智能股份有限公司（简称"达实公司"）创建于 1995 年，初期主要从事建筑节能方面的研发工作，尚未寻找到一个中试实验平台。因此，达实公司在 1999 年决定进驻深清院，并得到力合风险投资基金的注资，为公司的发展提供了新的动能。在达实公司进驻后，深清院将办公楼以"示范工程"的形式交付给了达实公司，让达实公司在该项目上进行实验，从而加速了达实公司的技术走向成熟期，也成为达实公司在市场上获胜的一个关键因素，2010 年，达实公司正式在中小板挂牌。

我们可以清楚地看到，研发服务业与一般的生产服务业有着非常显著的区别。就比如上面的这个例子，建筑节能是一种典型的服务行业，不可能简单地在实验室里做个小试，然后马上进入量产，而是要跟顾客一起，在实际情况下做个中试，然后再进行工业化量产。问题是，怎样才能拿到首个试验性课题呢？该问题已成为制约该类技术走向工业化进程的主要瓶颈。在这种关键时刻，深清院的优点就显露出来了，它的研究实力很强，凭借着研究实力，可以判断出该项目的风险在不在控制范围之内，在确定了结果之后，它就敢于将自己的办公楼委托给达实公司进行实验。这也是深清院一项"特殊"的研究与开发业务，是达实公司在"用中学"的基础上进行知识革新的动力，同时也是科技服务向商品化发展的一个主要途径。

战略支持的孵化创新模式

深清院不断创新已有的投融资模式，在高科技成果转化过程中投入大量资源，开创了科技发展领域内的创投业务模式，将孵化器功能逐步延伸至风险投资，并形成围绕科技成果转化的整体解决方案，目前已经获得了显著成效。

1999 年 10 月，哈尔滨工业大学刘建伟教授研发的家用电器控制技术，得到了深清院的青睐，两家签订了合作协议，成立了深圳和而泰智能控制股份有限公司（简称"和而泰公司"）。和而泰公司创业初期，由深清院所属的深圳清华力合创业投资有限公司（简称"力合创业公司"）出资 100 万元作为初始资本，持有20%股权，由于这批种子资本的不断注入，和而泰公司的科技创新速度加快，科技创新的成果很快就被转换为新的商品并投放到了市面上，从而获得了较高的经济回报。

随着和而泰公司的进一步发展，企业扩张，力合创业公司又增加了一笔 198 万元的注资。除此之外，力合创业公司还为和而泰公司提供了融资信用保证，帮助和而泰公司获得发展资金。深清院对和而泰公司的扶持并不局限于经济上的扶持，而是从财务、品牌到发展策略等多方面给予专业的辅导，使和而泰公司在发展道路上克服了一次又一次的困难，走上了快速发展的轨道。和而泰公司于 2010 年在深圳证券交易所顺利挂牌，实现了事业的跨越性发展，同时力合创业公司亦取得了可观的资金收益。

深清院是怎么在没有任何资本的前提下，创造出一批又一批的创投项目，并且与孵化中心形成了良好的互动关系的？我们发现，项目搜寻能力、项目判断能力和项目培养能力是影响项目绩效的主要因素。

深清院搜寻项目的能力非常强大，其创投对象大量来自于深清院之外，甚至清华大学之外，它有自己独特的搜寻项目标准。在深清院投资的众多公司中，有一家被投资的企业创始人曾这样说道："我们公司最初的技术并不是清华大学的，但公司的创立得到了深清院的投资，我觉得清华做得比较好的地方就是，投资不限于清华，也不限于地域，它看得清领域，成功率也比较高。"除了对本地的研究，深清院对于世界各地的研究，也有着极高的影响力。例如，北美的清华校友会，就是一个非常有技术含量的社会资本，在深清院的帮助下，建立了一个北美创新创业中心，这帮助它寻找到了许多有才华的人才和项目。

深清院的技术力量，让下属风投公司在挑选投资的时候，拥有了一双"鹰"一样的眼睛，它不但有雄厚的技术力量，更有清华大学等顶尖研究机构的资深专家，对它的投资有着极高的评价。力合创业公司的副总经理程国海曾经表示：深清院目前在孵的公司有三四百个，能够发掘并培育出一批有潜力的公司，除了有丰富的投资管理经验外，还要靠深清院雄厚的研究实力。

由于个体的经历和水平的限制，他们对于投资项目的价值判断也受到了限制。"当我们决定投资一个新的项目，我们会邀请最顶尖的专业人士，他们会给出最准确的答案，让我们快速投资，从中发现最有价值的东西。"而在前期投资的过程中，这样的判断是一种技术上的积累，因为前期投资不仅要具备一定的远见，还要具备一定的技术基础和一定的知识储备，对全产业链都有一定的认识。深清院的成员和力合创业公司的职员，大部分都是工程专业出身，他们是深清院的高科技人才。

与普通私募股权投资相比，深清院的创业投资最大的差异就是它除了提供传统的顾问服务外，更多的是为创业公司寻找和建立适合自己的创业模式。在深清院的支持下，力合创业公司不仅具备了对项目的敏锐和精确定位，而且还具备了大量的科技成果和优质等待投资的公司，因此很容易就能拿到发展所需要的资金。

在力合创业公司的基础上，深清院又组建了一家专门从事风险投资的深圳清研创业投资有限公司，另外还组建了一家小额科技贷款公司，以及一家以融资担保、科技小额贷款、科技银行等为主业的深圳市力合智通融资担保股份公司，从而逐步发展出了一种集创投投资、股权投资、科技小额贷款、科技银行等多种科技和金融于一体的运作方式。"将研究结果转化为商业，然后从商业中获取利润，这就是深清院的核心力量。"深清院副院长刘伟强表示，深清院在进行科研成果的转化与孵化的过程中，科研工作者亦因其科研投资而受益，如"以科研创造价值，以价值反哺科研"的过程，形成一个以科研为根本、以产业为领先的良性循环。

深清院不但在科研上提升了自身的科技实力与孵化实力，更在科技成果上实现了自身的工业化，为自身的发展提供了一股"巨大内力"。在探索科技创新运营模式的动态过程中不断优化为中小型科技企业的服务能力。高校和科研院所具有的多元技术能力，主要包含了核心技术能力、技术产业化运营能力，以及将科技成果与资本结合、打通科技成果转化"最后一公里"的能力，而深清院正是利用自身多元的技术能力拓展了研发服务，发展了风险投资、科技金融、科技园区以及培训等多项业务，为高科技公司的迅速发展提供全方位的保障。

大事记

1996 年 12 月，清华大学与深圳市政府合作创办中国首家新型研发机构——深圳清华大学研究院。

2003 年 10 月，基于深圳清华大学研究院先前的成功探索与实践，清华大学深圳研究生院入驻深圳大学城。

2011 年 9 月，中组部、科技部主导，胡锦涛总书记亲笔作序，深圳清华大学研究院作为产学研合作创新典型案例列入"科学发展主题案例"丛书。

2012 年 1 月，清华大学港澳研究中心落户深圳研究生院。4 月，清华大学医院管理研究院落户深圳研究生院。

2014 年起，深清院承担了科技部国际合作科研项目（2014DFA53020）"单晶蓝宝石纤维规模化制备技术及其关键装备的合作研究"。

2015 年 2 月，"深圳清华大学研究院产学研深度融合的科技创新孵化体系建设"项目获广东省科学技术奖特等奖。

2016 年，在中央党校省级干部研讨会上，嵇世山就新型研发机构"产学研深度融合"经验做了分享。

2016 年 11 月，清华大学与深圳市政府在广州签署协议，在清华大学深圳研究生院、清华-伯克利深圳学院的办学基础上，共建清华大学深圳国际校区。

2018—2019 年，数十家央媒在中宣部组织下就改革开放 40 周年、推动高质量发展主题开展集中采访，嵇世山分享了"产学研深度融合"的创新经验，在全国产业界、科技界中产生了巨大影响。

案例小结

视角	维度	机构特征
二元	过程	深圳清华大学研究院自 1996 年建立以来，以创新体制推动发展，具有建设早、起点高、发展快、体制活等特点，主要分为三个发展阶段。 ①建设阶段（1996—2003 年）：深圳清华大学研究院成立；清华大学深圳研究生院入驻深圳大学城。 ②成长阶段（2004—2011 年）：清华大学深圳研究生院成立生命科学学部；将五个学部整合调整为生命与健康、能源与环境、信息科学与技术、物流与交通、先进制造、社会科学与管理六个学部。 ③发展阶段（2012 年至今）：成为广东省新型研发机构的创新典范，作为产学研合作创新典型案例，列入"科学发展主题案例"丛书的《自主创新》分册；"深圳清华大学研究院产学研深度融合的科技创新孵化体系建设"项目获广东省科学技术奖特等奖；与其他单位共同创建清华-伯克利深圳学院等。
	状态	构建了包括支撑体系、技术体系、孵化体系、资本体系的"四位一体"综合创新体，形成集研发、孵化和创业投资于一体的完整创新链。
三层	组织架构	采用理事会领导下的院长负责制，聚焦技术、人才、资金、载体四个方面，形成了概念验证、中试工程化、人才支撑、科技金融、孵化服务和海外合作六大功能板块。
	体制机制	采用无固定财政拨款事业单位、企业化管理、全员聘用、自收自支、滚动发展的体制机制。
	运营模式	新型研发机构为体系统领，控股上市公司为市场主平台，科技服务业为领域主战场。采用"四个结合"运营模式，即学校与地方相结合、研发与孵化相结合、科技与金融相结合、国内与国外相结合。践行国家战略，加速产业转型创新，与大型央企、国企合作探索科技创新新模式。
四维	主体	深圳清华大学研究院是由深圳市政府和清华大学合作共建，以企业化方式运作的事业单位。
	制度	建立覆盖科研、人才、成果转化等多层次的制度体系，构建适应于无行政级别、无事业编制、无财政拨款特征的新型研发机构管理制度。
	技术	围绕先进制造、生命健康、新一代信息技术等领域，成立了面向战略性新兴产业的 130 多个实验室和研发中心，引进培育重大科研项目团队，为国家解决重大关键领域"卡脖子"问题。
	人才	实行市场化薪酬，以人为本，采取股权激励的用人机制，先后创立北美（硅谷）、英国、俄罗斯、德国、以色列、美东（波士顿）、日本七个海外中心，引进海外人才和高水平科技项目，提供优质人才服务。

参 考 文 献

［1］深圳清华大学研究院官网（https：//www.tsinghua-sz.edu.cn/）.

［2］深圳清华大学研究院荣获得广东省科学技术奖特等奖. 清华信息港公众号，2015 年 3 月 11 日.

［3］力合科创孵化企业|深圳清华大学研究院超滑技术研究所"无限寿命"的微型能源器件斩获全国颠覆性技术创新大赛优胜奖！力合科创公众号，2022 年 4 月 18 日.

［4］陈劲，阳银娟. 协同创新的理论基础与内涵. 科学学研究，2012，30（2）：161-164.

［5］定了！清华一研究院落地深圳. 软科公众号，2020 年 9 月 27 日.

［6］深圳清华大学研究院简介. 华校地经纬公众号，2018 年 5 月 15 日.

［7］清华大学深圳国际研究生院召开 2021 年培养工作研讨会. 清华大学研究生教育公众号，2021 年 3 月 17 日.

［8］清华大学深圳国际研究生院第一届理事会第三次会议召开. 清华大学深圳国际研究生院公众号，2021 年 3 月 27 日.

［9］华润置地与深圳清华大学研究院成立合作科技创新联合研究院. 华润置地公众号，2021 年 9 月 9 日.

广东华中科技大学工业技术研究院："苹果理论"的创立者与践行者

摘要：广东华中科技大学工业技术研究院于 2007 年联合建设，2010 年在上海世博会上闪耀亮相，2012 年牵头承担国家"数控一代"示范工程，2018 年获批国家创新人才培养示范基地，2022 年正式获批成为粤港澳大湾区国家技术创新中心分中心，取得了一系列丰硕的研究成果。本案例将介绍广东华中科技大学工业技术研究院如何在短短十几年内披荆斩棘，创下多项东莞乃至广东第一，怎么践行自己的"苹果理论"，如何让高校的"青苹果"转化为企业追捧的"红苹果"，进而培育出一片"苹果园"，为东莞制造业转型升级助力？面对新形势，它又将向哪些方向发起冲击？

关键词：全能冠军；苹果理论；两院一城

十几年前，号称"世界工厂"的东莞正面临着产业低端化锁定困境，传统制造业转型升级需求极其迫切，产业发展急需从内到外进行科技赋能。但是，那时候技术交易市场还不够健全，国内很多高校将大量科研成果束之高阁，科技和经济"两张皮"问题很突出，出现了所谓的"陈果魔咒"[①]。

面对这种现象，广东华中科技大学工业技术研究院（简称"华中工研院"）创造性地提出了"苹果理论"：很多高校的科研成果就像"青苹果"，好看不好吃，而企业希望得到的是可以创造经济效益的"红苹果"，对于政府来说，一个"红苹果"还不够，需要形成产业，变成"苹果园"。这个比喻非常恰当，很好地揭示了当时我国高校科技研发与成果转化之间存在的问题，也明确了政府在这个过程中应扮演的角色和担当。

作为一种新业态，华中工研院自诞生起就致力于促进科技与产业相结合，创造和激发市场需求。回顾它十几年的发展历程，华中工研院可谓成长迅速、成果丰硕、模式灵活、机制高效，这背后是什么支撑它迅速崛起，走向成功？它又是怎样践行"苹果理论"，让科技创新走出实验室，让科研成果变成生产线上的产品？如何培育出一片"苹果园"，将更多创新成果推向产业化应用？这一系列问题值得我们深入探讨。

诞生：一弯新月出东山

"世界工厂"的哭诉

早在 20 世纪 70 年代，东莞便抓住了"亚洲四小龙"产业转移和升级的机遇，充分发挥其土地面积大、劳动力廉价的优势，吸引了大量的外贸加工企业，逐渐成为全球加工制造业中心，实现了经济的快速起飞，摇身一变成为"广东四小虎"之首，被誉为"世界工厂"，"中国制造"逐渐深入世界各国消费者的心。

但随着经济全球化和科技浪潮的到来，欧美国家感受到了"中国制造"的竞争压力，贸易摩擦逐渐增多，广东彩电、家具、纺织品等行业先后遭受到美国的反倾销、"特别保障"等限制措施，让原来享受"中国制造"红利的企业压力倍增，东莞曾经的全球加工制造业中心优势一度锐减，"世界工厂"地位受到撼动，东莞

---

① 陈果魔咒：陈果是指"论文发表之后未能及时转化为应用技术的科技成果"，"陈果魔咒"是一个形象化的表达，主要是指成果数量不断增长，但成果转化率始终较低，大量成果被"束之高阁"，无法及时实现产业化，仿佛陷入停滞不前的"魔咒"。

急需寻找新的发展动力。

这种阵痛反映到企业层面尤其沉重。当时，我国主要为国际众多厂家提供最终产品的组装和低端零部件的配套生产，加工贸易较长一段时间处于国际产业的价值链低端，存在劳动密集度高、技术含量较低等显著特点，这使得我国众多靠传统加工业生存的企业遭受到严重危机。

在那个特殊的历史背景下，"科技"一词在国内尚未流行，很多先进的技术大多来自于身边的"洋玩意儿"，偶有新闻会对国内高校的某项新技术进行报道，但是人们的感触并不深刻，企业从技术创新中的获利也不多。

就在东莞传统加工制造企业遇到瓶颈之时，出现了一家新型研发机构——广东华中科技大学工业技术研究院（成立初期称为"东莞华中科技大学制造工程研究院"），该研究院以市场需求为导向，决心把华中科技大学的科研成果转化为新的生产技术，为东莞传统制造业探寻新的生存之路，推动传统产业转型升级。

一种新业态应运而生

2012 年 7 月，科技部部长万钢在央视《焦点访谈》中说："企业的创新能力离不开科研院所、高等学校的大力支持，产学研结合是我们国家在创新实践当中得出的一个很好的经验。实现了产学研用结合，可以使我们的创新体系整体效用快速提高。"

其实早在 2006 年，广东在全国范围内大规模推动高校、科研机构和企业合作，从此拉开了中国科技史上产学研合作的帷幕。到 2010 年短短五年间，全国上百所高校、科研机构的上万名科技人员在广东开展了多样化的产学研合作。东莞松山湖也积极响应国家和广东省委省政府的号召，大力建设新型研发机构，开展科技成果转移转化工作，为当地传统制造业探寻转型升级之路，为企业创新发展提供技术支持。

2007 年，东莞市政府、广东省科技厅、华中科技大学联合共建东莞华中科技大学制造工程研究院（2015 年更名为"广东华中科技大学工业技术研究院"）。华中工研院坚持"把学问做在车间里，把文章写在大地上"的信念，致力于打造一个科技创新、技术服务和产业孵化平台。在创建初期，东莞市政府出资 1.2 亿元用于初期筹建，华中科技大学负责以技术、设备和无形资产作价投资，双方各持华中工研院 50% 股权。

至于华中工研院成立的初衷，时任常务副院长张国军曾公开提及，华中工研院是要满足现实的生产需求，而非单纯追求学术的最高水平。这表明华中工研院从诞生起，便以打造工程技术创新平台为目标，帮助高校将"青苹果"转变为货架上的"红苹果"，实现科技成果产业化，解决科技和经济"两张皮"的问题。

创新赛道时势造英雄

华中工研院的创立与"科研干将"张国军密不可分。他出生于 1972 年，2002 年博士毕业后直接留在华中科技大学任教。因其能力非常突出，表现十分优异，2003 年便晋升成为副教授；两年后，他又破格晋升为教授，这时年仅 33 岁。对他来说，象牙塔里的生活如鱼得水，然而，他与导师李培根院士的一次谈话，使他决定放弃学术，投身到产业实践中，也从此与华中工研院结缘。2008 年，在金融危机肆虐全球之时，张国军虽然年纪轻轻，但已经是学校的教授，年仅 36 岁的他临危受命，接受华中科技大学校领导的委派任命，前往东莞松山湖主持创建华中工研院。

对于很多人来说，放弃学术或许可惜，但对张国军而言，倘若能将众多高校成千上万的科研成果落地开花，开辟一片创新创业的蓝天，无疑是一项更伟大的事业。因此，筹建一所面向市场，体制机制更加灵活，将高校科研成果转化为技术创新，进而变成货架上的产品的新型研发机构——华中工研院对他极具吸引力。

张国军怀揣着梦想投身于华中工研院的筹建工作。然而，梦想很美好，现实却往往很残酷。张国军深知，在特殊的历史背景下，像华中工研院这样的新事物，未来能走多远，其实面临着巨大的考验。如若没有创新血液的注入，缺乏创业资金的支持，也必将铩羽而归，无功而返，那些美好的设想，也难以真正成为现实。因此，他开始思考像华中工研院这样一家新型研发机构该如何起步，又该如何谋求进一步的发展？

创新血液从哪来？

在当今社会，人才是第一资源。只有汇聚各行各业的精英翘楚、顶尖人才，才能突破体制机制瓶颈，实现真正的产学研结合，让人才、技术、资本等创新要素充分活跃起来，加快科技成果的推广应用和转移转化。对于华中工研院也是一样的道理,要有创新血液的注入,要有人才的支撑发展。

要有创新血液,头等大事便是留人育人。创新人才是发展的根本,对于华中工研院这个新事物来说,也一样。没有人才输入就没有创新血液,没有创新血液的华中工研院创新发展将严重受阻。

"最开始我们整个团队也就三十几个人。"张国军刚来到松山湖的时候,眼前是即将建设完工的办公楼,而旁边,只有零星的树木以及规划出来的大片空地。此时团队的一些人认为这个项目前途渺茫,着急想回去。外面的人,看不到成效,也不愿意做第一个"吃螃蟹"的人。这时,如何留住人才、引进人才就成为张国军的当务之急。他认为,华中工研院这个项目想要成功,就要先稳定军心,要想稳定军心,首先要想办法让大家对这个项目燃起希望。

经过集思广益,三句简短有力的表达成为日后指导华中工研院各项工作的主轴——创新是立足之本,创造是生存之道,创业是发展之路。华中工研院立足东莞,用科技助力地方产业发展,为服务区域乃至国家制造业发挥重要作用。

后来,事实证明,这并不是空话,他做到了,华中工研院做到了。现如今,华中工研院已拥有一支百余人的研发与技术服务团队及千余人的产业化团队,吸引了一批长江学者、国家杰出青年和海外创新人才,建成了"院士牵头、专职队伍为主、海外团队补充"的创新人才体系。

短短十九年,华中工研院凭借着对人才的高度重视,针对制约区域制造业发展的关键核心技术问题,自主开发出数十类核心功能部件及高端智能装备,在"卡脖子"领域做出突出贡献。究其原因,正是华中工研院在人才汇聚方面探索出了一套独具特色的"近亲—远亲—远邻"的发展模式。

华中工研院在建设初期,充分发挥华中科技大学高校人才优势,向下设创新平台引入"近亲"——华中科技大学的老师和研究生。而华中工研院作为开放式新型研发机构,随着规模的不断壮大,逐渐吸引各大高校和科研院所系统的"远亲"人才来此发展,如华南理工大学、中国科学技术大学、哈尔滨工程大学、西安交通大学等各大高校的优秀人才。同时,华中工研院还积极引进"远邻"——美国、中国香港等地的境外创新团队,让它们共同为地方经济服务,比如引进佐治亚理工学院终身教授、华中科技大学教授李国民为智能感知创新团队学术带头人,以香港科技大学李泽湘教授为带头人的运动控制创新团队,这两个团队均获得广东省创新团队支持。这种"近亲—远亲—远邻"的人才引才模式,与华中工研院当时的发展阶段相适应，与华中工研院"学院派"特色相吻合，是在实践中探索出来的一条行之有效的模式。

创业的第一桶金从哪来？

作为东莞乃至广东产业转型升级的重要科研力量，华中工研院勇于改革，在科技体制机制方面探索出科技、产业、金融三链融合的创新之路。在发展初期，华中工研院大多数研发项目或孵化企业处于种子期，规模小、成立时间短、缺乏融资渠道，不具备成果产业化所需的资本规模，这成为华中工研院初期面临的主要问题之一。

为此，华中工研院在创办初期就发起设立东莞市第一只专门面向高端制造业在孵企业的基金——华科松湖基金，基金首期规模3亿元，之后发起设立3个科技成果孵化平台（东莞市华科制造工程研究院有限公司、东莞松湖华科产业孵化有限公司和东莞华科工研高新技术投资有限公司），并与一批金融机构建立长效合作关系，投资在孵企业，帮助获得融资，有效拓展了在孵企业的融资渠道。

启航：第一次登台亮相

多媒体融合设备闪耀上海世博会

2010年4月，在上海世博会北京馆竣工典礼上，华中工研院崭露头角，用创新实力惊艳全场。华中工研院研制的机电控制及多媒体融合系统成为上海世博会北京馆最大的亮点，为现场观众带来了视觉奇景：程控机械臂在典礼主持人发出指令后，神奇地带动80块LED大屏幕，使得北京馆在众人面前依次呈现天坛、国家大剧院、鸟巢等多种造型，同时配上大屏幕中的影像和音乐，令在场的观众受到了强烈的感官冲击，出席典礼的领导、嘉宾以及众多媒体记者无不啧啧称奇。因为这样新奇的玩意儿在当时还是第一次见，传统的LED大屏幕均属于静态展示形式，华中工研院的智能化系统使北京馆成为上海世博会唯一具备"变形"功能的展馆。

据张国军介绍，在完成上海世博会北京馆项目的过程中，华中工研院在技术创新和工程实施等方面创造了一系列奇迹。

在技术创新方面,用轻量化结构设计来保障重达数十吨的 80 条机械臂能够在钢结构建筑物上可靠运行。又用分布式控制技术来实现机械臂在十几秒内同步完成自由快速移动,进而快速改变建筑物的整体外观。还自主研发了多媒体融合技术,使得超宽屏大流量视频数据的实时处理成为现实,有效保障画面在 80 块 LED 大屏幕上的裁剪和拼接。这一桩桩、一件件,在当时来看,都是一连串的技术难题,而华中工研院却都一一实现,以最好的状态将其呈现在大众的眼前。

在工程实施方面,华中工研院展现了快速响应、奋勇拼搏的精神。据了解,由于当时得到消息比较晚,在时间紧、任务重的情形下,华中工研院仅用了不到三天时间就拿出了设计方案,在一周内便制作出了模型样件,经过多轮答辩和现场考察,最终从众多竞标单位中脱颖而出,赛过了两家上市公司。整个施工周期比原定计划提前了一周,彰显了华中工研院的速度。从最初的合同签订,到设计完成,再到加工制造和装配几千个零件,最后打包发货,仅用了一个月时间,上海世博会北京馆的安装施工也仅用了三周多时间。

这技术、这速度,让许多了解技术难度和施工难度的参展商折服,华中工研院让这项被大众认为"不可能按期完成的任务"神奇地完成了,保证了北京馆成为最早竣工的场馆之一,这一成就让华中工研院在上海世博会拔得头筹。

承担国家"数控一代"示范工程

华中工研院在上海世博会上的卓越表现并非昙花一现,后续的持续创新更是引来了全国的广泛关注。

2012 年 2 月,科技部党组成员、副部长陈小娅一行来到华中工研院考察,广东省委、东莞市政府、松山湖管委会等机构主要负责人陪同考察,考察团阵容庞大,充分体现了国家及广东省对华中工研院的关心和厚爱。

在考察过程中,华中工研院得到了陈小娅的充分肯定和高度评价,她指出,华中工研院留给她"印象很深的是与产业的紧密结合","工研院是科技与教育结合很好的典范"。参加考察的广东省科技厅主要负责人也明确表示,广东省将在科技部的领导下着力打造"数控一代机械产品创新应用示范工程"示范省,广东省科技厅将在"数控一代"示范工程方面每年投入 2 亿元,提升华中工研院的数控技术能力。

随后，在上级部门的支持下，东莞承担了"广东省数控一代机械产品创新应用示范市（东莞）"项目，华中工研院也凭借着自己的实力，成为全国首批国家科技支撑计划"数控一代机械产品创新应用示范工程"实施单位，发起全国"数控一代"示范工程——广东省产业共性技术重大科技专项数字化制造装备产业共性技术。

全国"数控一代"示范工程是"十二五"期间的重要实施内容。华中工研院作为主要实施单位，能依托该项目深入开展数控技术研发，在机械行业全面推广及应用新一代技术，协助东莞以及大朗、厚街、横沥、寮步、万江等镇街建设广东"数控一代"示范市和示范镇，推动东莞乃至全国机械工程的科技进步，增加工业产品附加价值。

后来事实也证明，华中工研院有能力完成项目既定目标，较好地展现了新型研发机构所应具备的技术实力和责任担当。2017年3月2日，广东"数控一代"示范工程项目顺利地通过了验收，专家组一致认为，建设计划任务书中所规定的各项任务均已完成，预期建设目标已实现，验收通过。

一跃成为大众眼里的"香饽饽"

经过初期的技术沉淀和发展，华中工研院的创新故事相继出现在各大报刊媒体上，得到社会各界的广泛关注。

2012年7月7日，全国科技创新大会期间，在《焦点访谈》专题报道中，华中工研院被树立为"全国新型研发机构的典型代表"。当月，华中工研院作为高新区唯一代表机构参加国家高新区建设二十年成就展，刘延东、马凯、万钢等党和国家领导人莅临华中工研院展位并给予高度评价。国务院副总理刘延东在刊登有华中工研院建设成效和体制机制创新工作的《2011计划简报（2012年第五期）》上做出重要批示："华中科大面向区域重大需求与广东、东莞合作，推进高端制造业发展，这些经验值得推广。"

2014年3月，中共中央政治局委员、广东省委书记胡春华在考察时勉励华中工研院继续研发出更多更好的科技成果并在广东实现产业化。

2022年2月，广东省工信厅副厅长吴东文率队，省工信厅相关处室、省中小企业服务中心产业人才部、广州市工信局人事处相关负责人组成专题调研组，在华中工研院开展产业人才综合调研工作，充分肯定了华中工研院作为新型研发机构代表在人才引进方面所做的努力和搭建人才平台的工作成效。

外部的广泛关注引起了大家的深刻思考，是什么原因成就了华中工研院模式的成功？它究竟有何过人之处？

一是"苹果理论"的提出与实践。原来，张国军提出了一个"苹果理论"，这一理论在全国范围内得到广泛宣传和实践，而华中工研院就是这一理论的提出者和践行者。

所谓"苹果理论"，就是将高校科研成果比作"青苹果"，好看不好吃，"青苹果"需要经过一系列的产业孵化，才能走出实验室，变成货架上的"红苹果"，随后才能进一步发展成系列化、多元化的产品，进而形成一棵棵"苹果树"，最终转化为一系列科研成果，逐步形成一片"苹果园"。

2012 年 7 月，在华中工研院，《焦点访谈》记者注意到一群年轻员工驾驶着一种非常新颖的交通工具——易步车，这就是华中工研院转化的一个"红苹果"。这易步车虽小巧，质量不到 20 千克，但确实是件高科技产品。它由蓄电池驱动，充一次电能跑 30 千米，最快速度能达每小时 15 千米，还能上坡下坡。易步车的发明人是当时年仅 26 岁的周伟，这是他在华中科技大学读硕士研究生时的一项科研成果。他说，他的小发明变成产品，正是得益于"苹果理论"。

华中工研院一直践行着"苹果理论"。时任华中科技大学副校长、华中工研院院长邵新宇也多次强调，他们认为大学的很多科研成果之所以好看不好吃，就是缺少像华中工研院这样的平台来将成果进行产业化。

易步车的发明，得益于华中工研院为当时还是学生的周伟提供平台，帮助他组织了一个 20 多人的科研团队，经过近两年的反复攻关，一位东莞投资者看中了这个成果，出资 500 万元和华中工研院一起成立了东莞易步机器人有限公司，最终在多方努力下将"青苹果"转变为了"红苹果"。

二是围绕产业发展开展技术创新。华中工研院相比传统科研机构更加贴近产业，因为它从诞生之初的目标便是打造新型研发机构，实现产业化。

2008 年前，东莞市大朗镇有 90 多万台手工和半自动织机，每年出口毛衣超过 12 亿件。金融危机的爆发使得大朗镇的毛织产业受到冲击，急需转型升级。华中工研院瞄准这一市场需求，挖掘华中科技大学技术来源，将先进成果落地转化。

2012 年 7 月 7 日，《焦点访谈》报道了一种全自动数控编织机，这台机器可以将一件毛衣的生产时间缩短至半小时。这种全自动数控编织机由华中科技大学国家重点实验室的一名研究员李海洲研发，当时研发这个机器主要是为了助力东莞大朗镇的毛织产业升级。

在大朗镇已经有一家规模较大的毛织服装厂采购了 500 多台华中工研院研制的全自动数控编织机。毛织服装厂厂长何志军介绍说，有了全自动数控编织机，一个人的产值相当于以前一个人产值的 60 倍。

三是以体制改革激发创新活力。在科技成果转化过程中，从"青苹果"到"红苹果"再到"苹果园"，这个过程并不简单。张国军坦言，最难的是对成果转化价值肯定不够，研发"青苹果"的人追求的是学术制高点，而对喜欢"红苹果"的企业来说，它的价值取向是经济效益，怎么解决呢？"这就需要通过激励政策的制定、科研项目的扶持、新型研发机构创立成果转化的环境来解决。"

为了实现上述目标，华中工研院采取"事业单位管理、企业化运作"模式，这种模式突破了传统科研机构的体制机制障碍，建立了"创新、创业、创富"相结合的人才激励机制，将获得知识产权评估价值的 50%—70%奖励给团队，最大程度保证研发人员利益，提高其积极性。

同时，华中工研院实行理事会决策机制和院长负责制，拥有相对独立的财权和人事权，这使得华中工研院具有较大的自主性和灵活性，体现在研发方向、学术自主、科研人员的配置、研发团队的组织、仪器设备的调配等方面。这种体制机制上的自主性和灵活性也让这个无行政级别、无财政拨款、无事业编制的"三无"单位，在开展基础研究、工程化与中试、产业化推广等方面独具优势。

为最大限度地激励研发团队的研发创新积极性，华中工研院积极推动体制机制改革先行先试，在松山湖率先出台无形资产评估激励制度，在孵化企业时，给予研发团队一定比例由知识产权形成的无形资产价值。华中工研院给予研发人员技术设备和资金扶持，以及额外的奖励和回报，在其创新项目转化为科技成果后，研发人员还能获得知识产权评估激励。李海洲团队就凭借知识产权技术入股获得了相关公司超过 60%的股份，周伟团队也以同样的方式获得了 40%的股份。

华中工研院凭借独特的创新机制在不到 5 年的时间里孵化出 8 家科技公司，创造经济效益超过 10 亿元，创新成果转化率高达 80%，但它的目标远不止于此，它希望用科技创新来引领市场需求，围绕创新链布局产业链。在华中工研院，一批批具有前瞻性的高新科研项目正在加紧研制，等待着早日成为引领未来发展的"红苹果"。

蝶变：集聚创新势能

松湖华科跻身"国家队"

东莞松湖华科产业孵化有限公司（简称"松湖华科"）成立于 2010 年 7 月，由松山湖管委会和华中工研院合作共建，旨在聚集世界一流的科技和产业资源，重点发展高端装备制造及现代服务业等产业，为科技企业提供优越的孵化场所、专业化的管理技术服务，推动打造成上市企业的摇篮。

自 2007 年松山湖留创园被认定为国家级科技企业孵化器后五年多，东莞没有再出现过新的国家级科技企业孵化器。2013 年 12 月，科技部下发《关于认定北京亦庄国际生物投资管理有限公司等 69 家单位为国家级科技企业孵化器的通知》（国科发火〔2013〕703 号），松湖华科被认定为国家级科技企业孵化器。松湖华科以完整的"创业苗圃—孵化器—加速器"创业链条孵化体系以及优质的技术服务证明了自己的实力，自此东莞市也再添一名国家级"大将"。

在华中工研院的支持下，松湖华科也小有成就，不仅建立了设计服务中心、激光技术中心、检测技术中心、物联网技术中心四大集中式公共技术服务平台，大幅度提高服务效率，节约企业成本，还曾连续 3 年被科技部和财政部认定为具有免税资格的国家级科技企业孵化器，连续 5 年被科技部评价认定为优秀（A 类）国家级科技企业孵化器。也获得了工业和信息化部（简称"工信部"）认定的国家小型微型企业创新创业示范基地资质。

另一方面，创建东莞首只针对高端制造业的股权投资基金——华科松湖基金。为了帮助在孵企业拓展融资渠道，松湖华科于 2013 年发起设立了华科松湖基金，这是东莞首只面向高端制造业的股权投资基金。华科松湖基金规划募集 20 亿元，前期规模 3 亿元，通过与风投机构、证券公司等建立合作关系，对在孵企业开展股权投资。

松湖华科主要通过持股孵化来打造上市企业，持股孵化的方式多样，包括种子资金、基金、房租折股等。截至 2015 年，松湖华科累计已经通过持股孵化投资了 30 多个项目。

除了华科松湖基金，华中工研院投融资模式在创投基金建设方面，也颇具特点：一是功能多样化，创投基金扮演着天使投资者、风险投资者、基金管理人、融资载体、创业导师等多重身份。二是建设模式多元化，采用全资创建、控股组建、合作基金发展模式组建创投基金。三是运行机制复合化，实施"市场化管理团队+技术专家团队"二元决策机制，是"研发载体+投融资平台"的综合体。

此外，华中工研院的技术成果 RFID 标签制造核心装备获得国家技术发明奖二等奖。RFID——射频识别，是一种物联网核心技术，在制造、医疗和国防等诸多领域广泛应用，在实现智能制造和智能医疗中发挥着关键作用，自应用以来就深刻改变了人类的生产与生活方式。

推动 RFID 技术应用的关键是 RFID 标签制造装备，而 RFID 标签的性能、可靠性和成本在极大程度上受 RFID 芯片与柔性基板可靠互连的影响，其中涉及点胶、翻转、贴片、热压等工艺。RFID 标签制造装备涵盖了微薄芯片精密操作、柔性基板卷到卷输送、多物理量精确控制等关键技术，是光机电一体化高端装备，也是构建 RFID 及物联网产业链的核心装备。

2013 年，我国第一台自主研制的高性能 RFID 标签封装装备诞生，成功实现了产业化、系列化、抗金属、长寿命的高性能 RFID 标签高效高精制造。这项伟大的成果正是由华中科技大学、华中工研院联合武汉华威科智能技术有限公司、中山达华智能科技股份有限公司共同设计研发，目前已经成功应用在机械制造、石油开采、生物防伪、国家安全等领域，产生了巨大的经济社会效益，获得了2013 年度国家技术发明奖二等奖。

东莞注塑机节能改造市场占有率从 0 到 70%

张国军曾表示，华中工研院为东莞的产业转型升级主要做了两件事情，一个叫节能，一个叫节人。所谓节能，就是采用华中工研院所开发的数控系统、伺服电机进行注塑机的节能改造，在当时所有的中标单位中，全东莞注塑机节能改造，华中工研院一家做了 70%的市场。所谓节人，就是采用华中工研院开发的各种自动化设备代替原来劳动密集型产业（如木工、家具、纺织等）中的人工。

2014 年 12 月，2014 年全国电机能效提升工作会议在东莞召开。参加会议的有中国工程院院长周济，工信部副部长苏波，广东省委副书记、省长朱小丹，副省长刘志庚,东莞市委副书记、市长袁宝成。袁宝成介绍东莞落实电机能效提升计划的主要做法,华中工研院是这次会议的一个重要参与方。会前,参会代表参观了华中工研院注塑机节能改造现场,在过去的一年,华中工研院注塑机节能改造成效显著。它孵化的东莞华数节能科技有限公司,对其原有的 84 台高能耗的传统液压机进行分批改造并已改造完成,均通过 SGS 测试:设备工况良好,实施伺服改造的 46 台注塑机改造效果同样良好,平均节能率高达 51.6%。

在广东省注塑机伺服节能改造试点城市中,东莞挑起大梁,承担了 5000 台注塑机节能改造和 155 万千瓦电机能效提升的任务,任务艰巨,但完成情况却居于广东省前列,项目总体节能率在 50% 以上。其将"电机能效提升""注塑机节能改造"列入重点示范项目,并大力推进,在注塑机伺服节能改造或淘汰更新方面,已有 3730 标准台,所涉及总功率高达 7.46 万千瓦。

据了解,在东莞注塑机节能改造工程中,有一大半功劳是属于华中工研院的。它凭借着自主研发的高性能数控系统,成立了东莞华数节能科技有限公司,从事注塑机节能改造工作,目前已经为各大龙头企业改造传统注塑机数千台,在东莞中标单位中市占率超过 70%,被列为东莞市首批注塑机伺服节能改造服务备案单位,节约电能消耗可达 40%—80%,为东莞市推动落实电机能效提升计划做出突出贡献。

从"东莞"升格为"广东"

2015 年,经广东省机构编制委员会办公室批准,东莞华中科技大学制造工程研究院正式更名为广东华中科技大学工业技术研究院,地域名称从"东莞"直接升格为"广东",服务领域也从"制造工程"拓展到"工业技术",华中工研院迎来了一场华丽变身。

够格升级的底气来自哪里?时任东莞市副市长贺宇表示,华中工研院是广东省创新驱动发展当仁不让的排头兵,取得了突出成绩,也在多个方面位居东莞第一。例如,华中工研院获批了东莞首家国家技术转移示范机构,建设了东莞科技平台唯一一个省级重点实验室,是全国"数控一代机械产品创新示范应用工程"、全国电机节能改造示范工程承担者,检测技术服务中心累计资质位居东莞前列。华中工研院还发起设立了华科松湖基金,这是东莞首只面向高端制造业的股权投资基金。

为何要升级？张国军表示，华中科技大学的领导关怀、人才支持和技术支撑，让华中工研院得以快速发展，东莞市良好的政策环境和产业环境更是让它如虎添翼。但"东莞"地名和"制造工程"领域带来的局限性，也使得华中工研院的发展并非一帆风顺。

张国军指出，升级后，华中工研院在很多方面都具有了显著的优势，一是极大地方便了聚集广东省内、东莞以外的华中科技大学校友资源，为产业发展提供更多的人才支持和资源支撑。二是有利于开拓珠三角乃至全广东的市场。三是有助于扩宽工业技术领域，如发展环境、能源等。

在华中工研院升格更名仪式活动上，中国工程院院士、时任华中工研院理事长李培根，时任东莞市副市长贺宇等出席，他们对华中工研院取得的成绩表示肯定，希望华中工研院将来能够以更高要求、更高标准服务广东产业转型升级，成为推动广东实施创新驱动发展战略的有生力量。

"两院一城"创新成果转化体系

为推动创新成果产业化，华中科技大学采用"三发"（科学发现、技术发明、产业发展）联动的成果转化模式，探索打造了包括华中工研院、广东省智能机器人研究院、华科城品牌系列孵化器的"两院一城"创新成果转化体系。

一是牵头成立广东省智能机器人研究院。2015 年 3 月，东莞市科技创新大会顺利召开，市委书记、市人大常委会主任徐建华充分肯定了东莞近几年推进科技创新方面取得的成效，但也指出科技创新能力不足仍是产业转型升级的瓶颈、发展面临的短板。为解决这一转型瓶颈和短板，他认为，东莞作为制造业大市，机器人产业已初具规模，要力争成为全省机器人产业发展排头兵。

2015 年 8 月，由华中工研院牵头成立的广东省智能机器人研究院（简称"广智院"）正式注册成立，这成为东莞市机器人产业发展的重大事件。广智院的创建，以服务全省智能机器人产业发展为宗旨，以深化"机器换人""数控一代"技术示范应用为重点，联合了多家高校，整合了具备检测资质的科研院所以及相关领域的龙头企业，积极运用高新技术改造提升传统产业，推动东莞优势传统制造业向价值链高端环节延伸，提高优势传统产业的竞争力。

目前，广智院已经建立了共性技术与功能部件研发中心、公共试验与检测服务中心、集成技术与服务中心、人才引进与培养中心以及产业孵化与投资服务中心五大研发服务中心。未来,广智院将根据全省的科研及产业布局情况,重点围绕智能机器人、工业机器人、新型机器人等研究方向,重点突破传动技术、驱动技术、控制技术、传感技术等十大共性技术,研发出一批相关行业装备。

二是打造华科城品牌系列孵化器。在产业孵化方面,华中工研院自主打造了华科城品牌系列科技企业孵化器,在东莞、韶关等地自主建设华科城品牌孵化园区合计多达 12 个,在 52 万米²的运营面积上,建成了 5 家国家级科技企业孵化器、4 家国家级众创空间,构建了"研发基地—孵化器—加速器—产业园"的成果转化链条。

早在 2015 年,华科城便开始向外扩张,大岭山成为向外扩张的第一站。在此过程中,华科城始终坚持清晰的战略定位和专业化道路,充分发挥其自身优势。很多传统企业的厂房在华中工研院的改造包装下,摇身一变成为一座崭新的创业孵化园。

此后两年,华科城开始加速扩张,陆续开辟多个孵化园,东莞越来越多的镇街开始浮现它的身影。2017 年 5 月初,莞韶双创(装备)中心正式开园,该中心位于韶关,是华科城在东莞市外打造的第一个科技孵化园,标志着其正式跨出东莞。2017 年 6 月,华中工研院和华科城的工作受到了当地政府的高度评价,成为华中工研院对外技术和经验转移、对口帮扶的一个创新典型。华科城立足于东莞、扎根在韶关,不断开拓创新,为地方转型升级做出突出贡献,为国家科技体制机制改革做出有益探索。

回顾其发展历程,华科城的孵化优势在于智能制造和机器人,华中工研院则围绕着智能制造等产业搭建起技术服务中心,成为每一座孵化园的"标配",以确保孵化园形成完善的技术服务体系。为了更好地为成长期企业提供风险资本支持,华科城也筹划智能制造及机器人产业基金。同时,华中工研院还吸引了众多社会资本参与企业培育,大力推动闭环孵化系统的形成,有效地支持东莞的创新创业。

再出发:前瞻布局向远方

以工业大数据打造智能制造全生态链通道

"工业大数据或成为下一个经济增长点。"张国军曾在 2017 年智博会配套活动"东莞市智能制造暨工业大数据高峰论坛"上说。这主要体现在以下三个方面。

一是抢占前沿，引进广东工业大数据创新团队。随着互联网信息化时代的到来，东莞众多企业走上了智能化之路。

中国工程院院士李培根在论坛上表示："数据驱动是智能制造的基础。"但是，现在很多莞企还停留在工业 2.0 的阶段，并没有真正意义上踏上智能制造之路。

广智院副院长李晓涛也指出，如今制造企业对智能化生产提出了更高的要求，对产品良品率、生产透明化、能耗等均有更高的要求，而非仅仅是简单的"机器换人"。目前企业在智能制造管理方面大都处于"黑匣子"状态，急需借助工业大数据等手段提升管理水平。

制造本身是产品从设计到生产再到整个生命周期的管理。所谓工业大数据，就好比是血液，通过验血，可以找到企业生产过程中很多不可见的致病因素，再找到与之相关联的疾病，并有针对性地预防和解决。东莞拥有庞大的制造企业群体，在智能化过程中，必然离不开工业大数据，这也意味着东莞工业大数据需求市场非常庞大。企业使用工业大数据之后，系统能依此做出预判方案，指导执行指令、生产等，随着车间一线流水员工数量逐步减少，"无人工厂"也随之变为现实。

然而，数据在消费领域的应用比较普遍，在生产制造领域的广泛应用却存在难度。制造的细分领域，牵涉到方方面面，也使得工业大数据的获取有难度。

张国军认为，工业大数据经济将迎来爆发期，而爆发点很可能就在东莞。基于市场驱动，企业、政府、科研机构三方合力，共同推动智能制造产业发展，让东莞的工业大数据应用遍地开花。

在现代社会全行业竞争加剧的大背景下，大数据可视化作为智能制造的核心推动力，将为我国企业打开一扇全新的资源大门。张国军说，在强大的需求下，作为新兴领域的工业大数据具有十分广阔的应用前景。例如，"广智云"一经发布就引起了多家制造企业的兴趣，可见东莞工业大数据市场十分广阔。

企业智能化之路必依托工业大数据。2017 年，华中工研院联合广智院引进了广东省工业大数据创新团队，该创新团队落户广智院，团队负责人为华为原高级副总裁、华为中央研究院院长、国家科学技术进步奖一等奖获得者李晓涛，中国工程院院士李培根担任顾问，团队成员还包括荣获美国总统奖的金炯华教授、美国贝尔实验室原高级研究员张卫平教授、全国知名企业 e-works 创始人和武汉开目信息技术股份有限公司创始人黄培博士等。

创新团队主要面向智能制造研发工业大数据软硬件产品,开展工业大数据采集与转换、传输与计算、分析与控制等技术研究。以期通过运用其技术平台,让工业大数据变得透明和可视,为企业的智能化改造提供整体规划。

二是搭建平台,成立广东省智能机器人研究院大数据中心。以该创新团队为核心成立了广东省智能机器人研究院大数据中心,研发面向大中型企业的私有云及面向中小微企业的公有云解决方案,在3C、家电、装备制造等行业示范应用,并实现产业化推广。

通过使用工业大数据,创新团队对东莞劲胜精密电子组件有限公司的生产车间进行了智能化改造,不仅实现了产品生产的实时监控,生产效率和产品质量也得到提升,"生产效率提升了30%左右",李晓涛说。

通过运用广智院"广智云"工业大数据平台,可以让工厂数据变得透明和可视。在企业的智能化改造中,该平台可以提供顶层设计。今后,该项技术将在3C、家电、装备制造等行业示范应用,全面提升广东制造企业的数字化、网络化和智能化水平。

有了成功的示范应用后,工业大数据应用将推广到东莞乃至广东更多的企业中去。另外,李晓涛也表示:"随着越来越多的企业应用工业大数据,整个产业链的大数据也有望被打通,到时,大数据所蕴藏的更多价值将被挖掘。"

三是大数据可视化,提高数据获取意识。专营机械设备的拓科智能在短短几年内营收翻番,与广智院的智慧支持密切相关。

在来到东莞以前,拓科智能只是从事单一的机械设备生产,与上下游企业之间存在沟通壁垒,限制了企业发展。来到东莞之后,广智院为其定制方案,导入工业大数据,打通其与上下游企业之间的沟通壁垒,并帮助其开拓市场。如今,拓科智能已经可以实现生产自动化。

李培根认为,实现工业生产的数据化和网络化是东莞企业实现智能制造的必要前提。在智能制造4.0时代,企业的方方面面都离不开数据驱动。根据数据双胞胎理论,一切物理的东西都存在一个数字的反应,就好比一对双胞胎。

东莞大量中小微企业更加关注如何运用现有的工业数据提升能源管理水平。这些企业在人才、技术、资金等方面的资源较为匮乏,迫切需要来自云计算的帮助。而工业大数据将会成为东莞打造智能制造全生态链的通道。政府可以通过"广智云"了解企业智能制造的整体情况,企业也可以利用工业大数据对自身进行升级改造，科研机构则可以依此了解企业生产需求。

李培根认为，绿色制造并非完全没有污染，而是要降低生产消耗。由于收集的数据不够细，所以东莞中小微企业还不能通过数据分析了解生产过程中影响生产消耗的具体因素，从而加以控制。他建议中小微企业应增强数据获取意识，从而使工业大数据真正发挥作用。

开展全自主无人艇核心技术攻关

近年来，无人艇作为我国重要海防类船舶，是国家重点发展的战略性新兴产业之一，但国内无人艇发展相对较晚，相关技术尚未突破。无人艇面对的是水，流体除了要面对推力，更要面对各种涌动，因此，流体的建模非常复杂，是行业性的难题。

原本，无人艇领域并不是中国企业擅长的领域。相对于无人机，无人艇的发展也是相对较晚的。特别是大型海洋无人艇的技术之前一直掌握在美国、以色列等少数几个国家手中。

2015 年，华中工研院引进并组建以香港中文大学王钧教授为带头人的研究创新团队，获省财政 2000 万元资助，市财政配套 1000 万元。团队带头人王钧教授获得系统与控制论领域的最高奖项诺伯特·维纳奖。

团队自创建以来，建设了广东首个无人艇技术研发平台，获批东莞市全自主无人艇重点实验室、广东省全自主无人艇工程技术研究中心。突破全自主无人艇环境感知、自主控制、多艇协同等多项核心技术，提交发明专利 29 项，发表一区论文 23 篇，部分论文被 *Nature* 子刊高亮转载，专利获日内瓦国际发明展金奖，获 ICIRA2018 最佳论文奖。此外，其在多艇协同领域有着深厚的理论积累，成果多次获得国家自然科学奖和湖北省科学技术奖，在无人艇编队领域处于国内前列。2018 年团队论文《在线更新的无人艇跟踪暹罗网络》获得 ICIRA 大会的唯一最佳论文奖。无人自主技术达到国际领先水平，获评 2021 年广东省技术发明奖一等奖（全省五个之一）。

2017 年 11 月 1 日，由华中工研院引进的无人艇技术省创新团队研发的全自主无人艇 HUSTER-68 在松山湖全自主试验码头正式下水试航。HUSTER-68 艇长 6.8 米，排水量 2.6 吨，由柴油机驱动，喷水推进，最高航速 30 节，航程 120 海里。传感器设备包括激光雷达、双目摄像头、激光测距仪、光纤组合惯导等，是一种配置丰富、功能相对完善的无人艇。HUSTER-68 具有避障、目标识别、航迹规划等功能，主要适用于近海巡逻等需要高机动性能的工作场合，可以替代人高效又安全地完成一些危险、难度高、枯燥的工作。

在无人艇研发方面，研发团队取得了阶段性研究成果，先后研制出 HUSTER-68、HUSTER-12S、HUSTER-30 等 HUSTER 系列型号的无人艇，并已开展水质监测、水面垃圾清理、航道监测等多个领域的应用研究，国防部、中央人民政府官网等均对这一成果进行了报道。HUSTER-68 通过科技成果鉴定，在无人艇自主导航控制等关键技术方面具有创新性，在基于视觉的水面动态目标感知方面处于国际先进水平。

机艇协同自主起降是海空跨域无人系统的研究热点，如何使在不同介质中工作的两个不等速运动的物体，在空间极其有限且随机颠簸的水面平台上，全自主、稳定可靠地完成起飞和降落，突破自主无人机艇协同运动起降的技术瓶颈？华中工研院也致力于这一 "卡脖子" 技术的研究。

2019 年 1 月，它向大众交出了一份满意的答卷。全自主无人艇创新团队自主研发的 HUSTER-68 无人艇和无人机，成功完成了机艇协同运动起降。在机艇协同起降的过程中，无人机自主从 HUSTER-68 无人艇上起飞，前往指定空域执行探测任务。当对无人机发出返航指令时，无人机便开始返航跟艇，并自主识别无人艇的可降落位置，经历跟随、下降、着艇三个阶段，精准、平稳地降落在 HUSTER-68 无人艇上，成功实现了无人机艇协同起降。

此举引起了各大媒体的广泛关注。央视新闻曾对此报道，称之为 "'无人航母' 的雏形"。无人艇创新团队进行了在全自主无人艇上起降无人机的试验，这标志着我国无人装备技术再上新台阶。解放日报报道，无人机艇协同运动起降首次实现自主创新技术对维护我国海洋权益至关重要。

东莞小豚智能技术有限公司（简称 "小豚智能"）是华中工研院全自主无人艇省级创新团队成立的产业化公司，公司主营业务为研发销售无人艇核心部件、无人艇平台、无人艇行业应用、水下智能机器人开发应用以及无人系统共性技术，是国内领先的无人艇一站式解决方案供应商，在业内具有明显的技术优势。

第九届中国创新创业大赛大中小企业融通专业赛（华为专场）暨 2020 年松山湖创新创业大赛总决赛中，小豚智能从初赛 940 个项目中一路过关斩将，脱颖而出，在总决赛 16 个优质项目的激烈竞争中勇夺特等奖。

在获得特等奖后，2021 年，小豚智能正式入驻松山湖国际创新创业社区，一年后获得国家高新技术企业认定。在获得天使基金投资后，小豚智能继续引入高端技术人才，扩大团队规模，同时围绕产品核心技术、功能进行研发迭代，加快商业化拓展的步伐以及无人艇前沿技术领域的布局。

探索"三链一网"集群促进模式

华中工研院是东莞市智能移动终端集群发展促进机构，逐步探索"三链一网"（"打造技术创新链""优化产业发展链""建设人才引育链""构建开放合作网"）集群促进模式，通过实施集群示范建设实现产业自主可控，抢占新一轮科技革命和产业变革的制高点。

在推动集群发展的过程中，华中工研院面向东莞市智能移动终端集群发展需求，以打造世界级智能移动终端先进制造业集群为目标，紧抓东莞市高质量发展机遇，探索设置了"集群规模优势—质量效益强势—自主可控稳势"的发展路径，采取"打造技术创新链""优化产业发展链""建设人才引育链""构建开放合作网"等举措，推动集群在 5G 材料、终端芯片、关键部件、终端产品方面取得了突破性进展，深度联合华为、vivo、OPPO 等行业巨头企业开展了技术攻关，围绕技术研发、技术改造、平台建设等方向推动集群发展，打造了高质量集群产业生态圈，促进集群创新发展。

在推动集群发展方面，华中工研院也取得了一些成果。2019 年，其代表东莞入围集群竞赛初赛，是全国首批 23 家之一；通过两轮集群竞赛，经决赛专家评判，2021 年东莞市智能移动终端集群在集群决赛中胜出，是全国首批 15 家之一；2022 年，工信部正式公布 45 个国家先进制造业集群名单，东莞市智能移动终端集群入选，成为代表我国参与全球竞争合作的优秀东莞"选手"。

大事记

2007 年 5 月，李培根院士、东莞市常务副市长冷晓明主持召开华中工研院第一届理事会第一次会议，李斌教授任院长。

2007 年 10 月，市长办公会议通过了华中工研院研发大楼规划设计方案。

2008 年 9 月，华中工研院高速木材复合加工中心、半导体 LED 芯片自动检测和分选等装备研发成功，参加广东省教育部科技部产学研合作成果展览。

2008 年 11 月，华中工研院承担 2008 年广东省产业共性技术重大科技专项数字化制造装备产业共性技术。

2008 年 11 月，华中科技大学副校长、制造装备数字化国家工程研究中心主任邵新宇教授任华中工研院院长，张国军教授任常务副院长。

2010 年 4 月，华中工研院自主研发的多媒体融合设备闪耀上海世博会。

2010 年 9 月，华中工研院产业园区动工建设。

2011 年 1 月，华中工研院荣获科技部颁发的"'十一五'国家科技计划执行优秀团队奖"。

2011 年 3 月，华中工研院牵头承担的国家高技术研究发展计划（863 计划）重点项目"中小企业云制造服务平台关键技术研究"课题正式启动。

2012 年 2 月，邵新宇、张国军牵头项目荣获国家科学技术进步奖二等奖。

2012 年 7 月，《焦点访谈》将华中工研院作为全国新型研发机构的典型进行专题报道。

2012 年 7 月，华中工研院亮相国家高新区建设二十年成就展，刘延东等莅临华中工研院展位参观。

2012 年 10 月，刘延东对华中工研院的工作做出重要批示："华中科大面向区域重大需求与广东、东莞合作，推进高端制造业发展，这些经验值得推广。"充分肯定了华中工研院的成绩。

2013 年 6 月，华中工研院首只股权投资基金诞生。

2013 年 12 月，松湖华科被认定为国家级科技企业孵化器。

2014 年 1 月，华中工研院作为完成单位之一的技术成果"高性能无线射频识别（RFID）标签制造核心装备"获国家技术发明奖二等奖。

2014 年 1 月，华中工研院获批广东省博士后创新实践基地。

2014 年 10 月，华中工研院建设的东莞科技平台唯一一家省级重点实验室——广东省制造装备数字化重点实验室顺利通过验收。

2014 年 12 月，华中工研院牵头成立广东智能机器人产业技术创新联盟。

2015 年 3 月，华中工研院牵头成立的广智院成功揭牌。

2015 年 7 月，华中工研院牵头建设的劲胜精密 3C 智能制造车间，获批全国智能制造示范工程。

2015 年 8 月，东莞华中科技大学制造工程研究院正式更名为广东华中科技大学工业技术研究院，成功升级为省级研究院。

2015 年 9 月，华中工研院获批博士后科研工作站。

2016 年 7 月，全国智能制造试点示范经验交流会在东莞召开，华中工研院牵头建设的劲胜精密车间被选为唯一示范点。

2017 年 1 月，华中工研院参与建设的横沥镇模具产业协同创新中心获广东省科技进步奖特等奖。

2017 年 6 月，以美国 JDSU 前高级主任工程师马修泉博士为带头人的大功率光纤激光器团队单模块激光系统取得阶段性成果，获得 3350 瓦高功率激光输出。

2017 年 11 月，HUSTER-68 下水试航，此时已成功研发出三个型号的无人艇产品，该团队由航母总设计师朱英富院士担任顾问。

2017 年，东莞市政府与华中科技大学开展研究生联合培养合作。

2020 年，华中工研院在东莞市新型研发机构平台绩效考核中排名双优秀，连续 6 年蝉联榜首。

2020 年，国内首创的大载荷全转向运载平台和运载操作一体化移动机器人已实现小批量产。

2021 年 1 月，广智院超额完成多项平台建设指标，以最优成绩通过 5 年建设期考核。

2021 年 8 月，由华中工研院牵头共同完成的无人艇-机集群跨域协同关键技术突破了快速覆盖与高精探测等技术瓶颈，达到国际领先水平。

2021 年 12 月，华中工研院获评"松山湖 20 年突出贡献企事业单位"（园区 20 个之一）。张国军获"松山湖 20 年突出贡献人物"（园区 10 个之一）。

2021 年，由广东省机械工程学会、广智院、华中工研院等 13 家单位承担完成的"高质高效医疗防护制品制造装备关键技术及产业化应用"项目获 2020 年度广东省科技进步奖一等奖。

2022 年，华中工研院正式获批成为粤港澳大湾区国家技术创新中心分中心。

2022 年，华中工研院作为东莞市智能移动终端集群的促进机构，正式入选国家先进制造业集群，成为代表我国参与全球竞争合作的优秀东莞"选手"。

案例小结

视角	维度	机构特征
二元	过程	华中工研院自 2007 年建设以来,坚持创新是立足之本、创造是生存之道、创业是发展之路的核心理念,以体制推动发展,主要分为四个发展阶段。 ①建设阶段(2007—2009 年):华中工研院成立,落地东莞。 ②成长阶段(2010—2014 年):华中工研院自主研发的多媒体融合设备闪耀上海世博会;由松山湖管委会和华中工研院合作共建的松湖华科成为东莞唯一一家享受免税优惠的国家级科技企业孵化器。 ③发展阶段(2015 年至今):被认定为广东省新型研发机构;牵头成立广智院;理事长邵新宇教授当选中国工程院院士;由华中工研院牵头共同完成的无人艇-机集群跨域协同关键技术突破了快速覆盖与高精探测等技术瓶颈,达到国际领先水平。
	状态	坚持"把学问做在车间里,把文章写在大地上"的信念,致力于打造一个科技创新、技术服务和产业孵化平台,帮助高校将"青苹果"转变为货架上的"红苹果",实现科技成果产业化,解决科技和经济"两张皮"的问题。
三层	组织架构	理事会下设技术咨询委员会、院务委员会、企业顾问委员会,集技术研发、技术服务、产业孵化投资平台、人才培养、国际合作、行政服务为一体。
	体制机制	采用理事会决策机制,实施"三无三有"组织模式:无行政级别、无事业编制、无财政拨款;有政府大力支持、有市场化盈利能力、有产业化的激励机制。以"事业部制"代替"课题组",进而丰富团队成员结构,提高决策效率,密切利益关系。
	运营模式	采用"事业单位管理、企业化运作"模式,采取"三发"联动的成果转化模式。以市场需求为导向,将科学发现的"青苹果"转化为技术发明的"红苹果",最终形成带动整个产业发展的"苹果园"。
四维	主体	华中工研院由院校与地方政府共建,投资主体为东莞市政府、广东省科技厅和华中科技大学。
	制度	华中工研院建立了人才管理制度、科研项目管理制度等管理制度体系,建立了明确的成果分配制度,以"股份制"代替"打分制",克服利益分配的短视行为;建立新型人事管理制度,以"聘用制"打破"终身制"。
	技术	围绕运动控制技术、智能感知技术、数字化工艺与成形加工技术、精密检测与机器视觉技术、激光装备与核心器件、无人艇技术等开展关键核心技术研发和攻关。
	人才	在人才引进上,采用"近亲—远亲—远邻"引才模式,形成了"院士牵头、专职队伍为主、海外团队补充"的创新人才体系。发挥高校人才优势,下设创新平台引入"近亲",吸引各大高校和科研院所的"远亲",积极引进"远邻"。

参 考 文 献

[1] 东莞制造业的结构调整和升级. 国际经贸探索,2007,(2):23-27.

[2] 扎根松山湖十余载,打造科技创新的"苹果园". 央广网,http://www.cnr.cn/gd/tpxw/20210117/ t20210117_525392837. shtml,2021 年 1 月 17 日.

[3] 让"青苹果"变成"红苹果". 央视网,http://news.cntv.cn/program/jiaodianfangtan/20120707/ 108996.shtml,2012 年 7 月 7 日.

［4］再出发|张国军：打破体制"藩篱"，以科技创新赋能产业发展. 广东华中科技大学工业技术研究院公众号，https://mp.weixin.qq.com/s/bvrHDSMKQw5T9NY_BQyP1g，2022 年 1 月 5 日.

［5］东莞工研院参与完成项目获国家技术发明奖二等奖产学研加速我国第一台 RFID 标签封装装备产业化. 广东科技，2014，23（11）：20-23.

［6］东莞思谷用物联网技术提升智能制造. 广东华中科技大学工业技术研究院公众号，https://mp.weixin.qq.com/s/Wd0BABNlQ3Ko0G7-p2N60Q，2014 年 11 月 24 日.

［7］全国电机能效提升工作会议在东莞召开. 广东华中科技大学工业技术研究院官方网站，http：//www.hustmei.com/document/201412/article1464.htm，2014 年 12 月 3 日.

［8］华中工研院成功升级为省级研究院. 广东华中科技大学工业技术研究院官方网站，http://www.hustmei.com/document/201508/article1515.htm，2015 年 8 月 20 日.

［9］广东省智能机器人研究院成功揭牌. 广东华中科技大学工业技术研究院官方网站，http://www.hustmei.com/document/201503/article1486.htm，2015 年 3 月 26 日.

［10］华中科技大学李元元院士一行调研考察工研院. 广东华中科技大学工业技术研究院公众号，https://mp.weixin.qq.com/s/Yvm1YZn_m07oLxLAavgi9g，2021 年 1 月 27 日.

［11］厉害了！莞式孵化经验输出到韶关，引莞韶两市市长关注. 广东华中科技大学工业技术研究院公众号，https://mp.weixin.qq.com/s/WIttuTOYEsh37nfRoTRufA，2017 年 6 月 23 日.

［12］南方日报|张国军：工业大数据应用爆发点或在东莞. 广东华中科技大学工业技术研究院公众号，https://mp.weixin.qq.com/s/3lo2sTrJO-GI8nh1VSy_Jg，2017 年 12 月 1 日.

［13］广东工业大数据创新团队揭牌 将为东莞智造提供重要支撑. 广东华中科技大学工业技术研究院公众号，https://mp.weixin.qq.com/s/sz6t29aMTKineNEp-ZKSDA，2017 年 6 月 23 日.

［14］工研院整出啥事儿，让松山湖登上了中央人民政府网站？广东华中科技大学工业技术研究院公众号，https://mp.weixin.qq.com/s/R4CV0csLJoNlJl5oSu8gyg，2019 年 1 月 27 日.

［15］工研院企业"小豚智能"勇夺中国创新创业大赛（华为专场）总决赛特等奖. 广东华中科技大学工业技术研究院公众号，https://mp.weixin.qq.com/s/Bu2ShlS2tQoxpcC_WvmQ2Q，2020 年 12 月 31 日.

［16］全国第四！工研院作为促进机构的东莞智能移动终端集群上榜中国百强.广东华中科技大学工业技术研究院公众号，https://mp.weixin.qq.com/s/Dy9TYPT1b3vonOMWsbTRAQ，2023 年 4 月 12 日.

深圳华大生命科学研究院："三发三带"创新机制引领行业跨越式发展

摘要：深圳华大生命科学研究院以基因组学为核心和基础，聚焦生命科学基础研究领域前沿方向和关键问题，努力实现基础研究"从0到1"重大突破和先进技术开发，目前已成为我国生物研究机构发展的标杆。成立二十余年来，深圳华大生命科学研究院通过"三发三带"创新发展模式提升科研平台水平、研究开发能力，建立国际合作网络，建成了国际一流的产学研一体化研究院。这家研究院是在什么背景下什么成立的？"三发三带"创新发展模式是什么？它的发展对于其他新型研发机构又有哪些启示？

关键词："三发三带"；基因组学；"火眼"实验室

　　深圳华大生命科学研究院（简称"华大研究院"）肇始于参与人类基因组计划时成立的北京华大基因研究中心，2007 年，华大主力南下深圳成立深圳华大基因研究院，2017 年，成为深圳市首批支持建设的深圳市十大基础研究机构之一，同时正式更名为深圳华大生命科学研究院。

　　作为华大集团的核心研发机构，华大研究院以研究生命科学、推进生物技术与全民健康事业的发展为宗旨，紧紧围绕基因组学核心技术和前沿科学问题开展相关研究工作。自建院以来，华大研究院坚持科学发现、技术发明、产业发展"三发"联动，以基因组学为核心和基础，聚焦生命科学基础研究领域前沿方向和关键问题，在多组学技术与装备研发、疾病多组学与个人基因组研究、动植物比较基因组学和进化研究等领域深耕布局，向建设世界一流的生命科学研究院努力。华大研究院多年以来面向国家重大战略需求，聚焦基础研究与成果转化，深耕基因组学领域，已经实现了低成本可扩展测序平台、新型合成系统等拥有自主知识产权的世界领先核心技术突破，迅速发展为世界领先的基因组学研究中心。在区域拓展和布局方面，华大研究院在国内外多个城市设置了分院或研究机构，共同支撑基因组学领域的科技创新。

硕果累累，从"1%"出发

　　诺贝尔博物馆陈列了一份收藏品叫"发明的法则"的尺子：从 1801 年到 2000 年的 200 年间，每年选出一个重大科学发现或技术发明刻在尺子上以记录人类从工业到信息时代的文明史，其中最后一条是人类基因组计划，中国科学家也因此被铭刻在这把尺子上。

　　在世纪之交，将中国科学家的成就镌刻入全球科学技术发展史，这正是华大研究院前身——北京华大基因研究中心的杰作。

　　对中国科学家来说，基因研究曾经是一个遥不可及的梦。1990 年，人类基因组计划由美国正式启动。随后，英国、法国、德国、日本加入了这一计划。中国要不要参与？中国的科学家将如何面对这一新的发展领域？

　　1997 年 11 月，在风景秀丽的张家界，一批来自国内外的遗传学家在此讨论基因在中国的发展大计。在这次会议上，汪建、杨焕明等科学家明确提出了中国参与人类基因组计划构想。这成为他们共同事业的起点。

　　1999 年 9 月，在第五次人类基因组测序战略会议上，确定了中国作为人类基因组计划的参与者，承担计划 1%的项目——3 号染色体上 3000 万个碱基对的测序任务。中国成为第 6 个参与该计划的国家，也是唯一的发展中国家。

就在人类基因组计划"中国部分"（1%）项目正式启动的时候，北京华大基因研究中心宣告成立。面对自己争取来的机会，中国的科学家们早就做好了准备，所有科研人员全力以赴，期望能够圆满完成这一宏伟的科学计划。

2000 年 5 月，人类基因组战略会议再次在美国召开，参与人类基因组计划的六国科学家再次齐聚一堂。此时，各研究中心承担的测序任务已接近尾声。当中方代表报告我国圆满完成所承担的任务时，全场立即响起热烈掌声。在所有参与任务的 16 个研究中心中，北京华大基因研究中心是工作最出色的 6 个研究中心之一。"Wonderful！Wonderful！Wonderful！"美国人类基因组计划负责人举杯向中国科学家表示祝贺。

2000 年 6 月 26 日，美国、英国、法国、德国、日本、中国六国科学家同时宣布，人类基因组"工作草图"历经 10 年绘制完成。这是人类历史上值得纪念的一天，也是值得中国人民骄傲的一天。经过顽强拼搏，中国科学家终于登上了生命科学的高峰。至此，这个被称为生命科学"登月计划"的项目烙上了中国名字。

以人类基因组计划为起点，华大开创了中国的基因科技产业！

为了抓住新技术突破的机遇，华大主力于 2007 年南下深圳再启航，成立了深圳华大基因研究院。初入深圳，华大研究院就一步一个脚印开启了生命科学之路。

2007 年，刚刚扎根深圳的华大研究院就开启了首个中国人基因组图谱绘制的"炎黄一号"计划。

在人类基因组计划完成后，基因研究取得了快速进展，但人类基因组计划测量了一个白人的基因组，大多数数据都是白人的基因数据。与白人不同，中国人有自己独特的基因背景。要了解中国人的遗传背景，需要测试中国人自己的基因，然后使用测量的中国人基因组图谱进行中国人自己的健康检测。

一方面，通过参与人类基因组计划，华大研究院科研人员积累了大量关于基因测序方面的经验。另一方面，得益于科学技术的进步，测序技术迅猛发展，到启动"炎黄一号"计划时，测序成本下降了很多，这一切让"炎黄一号"计划成为可能。

2007 年 6 月，在科技部、中国科学院、国家发改委和深圳市政府的支持下，

120 余名科学家入驻华大研究院，开始了"炎黄一号"中国人基因组图谱测序工作。

"炎黄一号"计划开始后，进展十分顺利。2007 年 10 月 11 日，研究团队成功绘制出第一个完整的中国人基因组图谱，这个中国人的基因组图谱也被国际顶级学术刊物 *Nature* 作为封面文章发表。

人类基因组计划翻开了人类基因组测序的序幕，"炎黄一号"基因组图谱的发布使人类基因组测序进入新的篇章，同时也展现了人类个体与个体之间的差异、群体与群体之间的差异。大多复杂疾病与基因有关，只通过少量人的基因组信息去了解疾病的产生机制是远远不足的，国际上先后开展了千人基因组计划以及万人基因组计划等大量样本的人类全基因组测序项目，大大推动了人类基因组重测序技术的发展。

到 2012 年，华大研究院已是中国基因组学领域的领头羊，这得益于 2010 年华大研究院从美国制造商 Illumina 处购买了 128 台第二代基因测序仪。这个在当时堪称基因测序仪交易中的全球最大订单，使华大研究院成为全球基因测序能力最强的科研机构。对此，美国业界逐渐对这家公司形成警惕性认知，当 Illumina 收到来自华大研究院的巨额订单后，它开始感受到威胁，并停止向华大研究院出售新的测序仪、抬高试剂售价以及中断设备维修服务。为了摆脱 Illumina 的钳制，以及应对可能发生的威胁，华大研究院转而谋求深耕自身测序技术。时代赠予华大研究院的历史机遇就在于，一家曾经有实力与 Illumina 竞争的公司 Complete Genomics（CG）由于金融危机和业务单一等原因已深陷财务泥潭，被迫将自己挂牌出售。在"不破不立"意志驱动之下，华大研究院出价 1.176 亿美元向 CG 发出收购要约。2013 年，华大研究院成功收购 CG 并获取核心专利技术后，在深圳组建了自己的测序仪研发团队，通过国产技术转化，交付拥有完全自主知识产权的高通量桌面型基因测序仪，并在 2016 年 4 月正式组建成立深圳华大智造科技股份有限公司。

这是一个绝处逢生的故事，华大研究院从此走上了自主开发测序仪的道路。就中国基因技术的发展而言，这一收购打破了国际市场上测序仪的垄断。直到华大收购了 CG，中国的基因测序相关产业才真正开始布局上游，并开始了华大研究院的快速发展。

在先进技术的支持下，华大研究院在一系列重要研究方向上取得了世界首次突破，如批量发现基因资源、高等生物复杂基因组的组装以及复杂疾病的遗传背景研究等。华大研究院参与完成了水稻基因组计划、家蚕基因组计划、地球生物基因组计划、人工合成酵母基因组计划等许多国际领先的科研工作；同时，华大研究院建立了大规模的基因测序、合成生物学等技术平台，已成为世界领先的基因组研究中心。

截至 2023 年 7 月，华大研究院共发表论文 3 313 篇，被 SCI 收录 2952 篇，在 CNNS 期刊上发表文章共计 473 篇，获得 4 项国家级科技奖、12 项省部级科技奖和 8 项社会奖励，"小麦基因组图谱""酵母长染色体的精准定制合成"等多项成果入选"世界十大科技进展"和"中国科学十大进展"。

创新机制激发创新活力

"三发三带"创新发展模式

华大研究院构建了一条从知识生产到知识转化再到服务于经济社会发展的创新价值链，开创了一种新型的创新发展模式——"三发三带"发展模式，即坚持以基因组学为核心的科学发现、技术发明和产业发展，并以"大科学"项目为引领的带学科、带产业、带人才发展模式。

华大研究院最初组织机构下设立科学体系、技术体系、产业体系以及提供支持的职能部门和生产平台。多年来，随着行业的不断发展，研究院的组织结构也在不断地优化和调整，但其精髓依然秉持"三发"联动的模式：科学发现驱动技术发明，技术发明推动产业发展，产业发展支撑科学发现。

在科学发现方面，华大研究院面向国家战略需求，在基因领域坚持"高举高打"，致力于人类健康、动植物育种、微生物基因组等领域研究。

在技术发明方面，华大研究院实现了高通量测序仪的国产化，打破了国际市场对测序仪的垄断。打造基因测序生物技术、高性能超级计算信息技术及医学影像技术等高水平技术服务平台。

在产业发展方面，华大研究院以科学研究为基础，以技术发明专利为纽带，以服务民生为依托，广泛开展产学研合作，带动研究院跨越发展。

基因组学的科学研究，呈现跨学科、投资大、风险高等特点。华大研究院以大科研项目为引领，进行动态管理改革，以项目带学科、带产业、带人才发展，获取最大科研价值和产业价值。

第一，华大研究院秉承以科研项目带学科的理念，为科研人员减负放权以提高研究人员的创造性及创新效率。同时联合国内外各领域专家，通过设置专家委员会、学术联盟等形式，保证科研项目的方向和完成质量，以带动学科的发展。

第二，华大研究院秉承以科研项目带产业的理念，围绕科学研究及技术发明支撑，以合作项目为外围，以服务项目为辐射，实现带动新型生物产业的发展。

第三，华大研究院秉承以科研项目带人才的理念，为研究人员提供高质量的发展平台、广阔的发展空间，在实践中丰富科研人员的经验，锻炼科研人员的科研与管理能力。

华大研究院通过科技、技术、产业"三位一体"，将"三发三带"模式作为基础，以先进生物技术和计算技术集成平台为支撑，主导、设计并服务基于测序的科技项目，其自主创新活动贯穿于关键产品、技术的研发和服务中，从而推动研发成果走向市场，向跨学科、跨产业、跨地域、跨国界的目标快速扩展。

打造高精尖科研团队

华大研究院改革了传统企业的管理规则，建立了新的经营、分配和激励保护机制。作为华大集团建设和发展的核心，华大研究院制定灵活的政策，通过企业管理吸引、雇用和培养了一大批具有创新潜力、致力于生命科学研究的青年研究人员。

在人才任用上，为配合快速发展的规划，研究院提出了"铜人阵"①概念。所有新员工须通过严格的"铜人阵"考核才能上岗工作，老员工则必须通过岗位相关"铜人阵"考核才能继续在原岗位上工作或升职，最大限度保证了人才队伍的创新水平。

在人才培养上，研究院不论资排辈，破"三唯"（唯职称、唯学历、唯论文），重能力。在重大科研项目中历练、选拔高水平人才。在研究院内部开展各类技能培训，快速培养人才。

此外，研究院探索出新型教学和研究模式，形成了自身独特的教育培养体系。研究院和北京大学、武汉大学、华南理工大学在内的多所国内知名高校建立了教

---

① "铜人阵"源自少林弟子出山时需通过的闯关考核，华大研究院以此概念对人才设置了上岗前以及在岗时的考核环节，类似于微软公司内部的计算机水平认证。新人培训1到3个月后便要面临"铜人阵"，通过考核的才算达标；老员工也要不定期"回炉"，确保能力不断提高。

育合作关系，采用"2.5+1.5+X"或"3+1+X"的模式开展本硕博联合培养计划，与哥本哈根大学、丹麦技术大学等国际知名高校开展联合培养、交换交流等项目合作。经过多年的探索实践，研究院已形成特色教育体系及符合基因组科学发展的创新人才培养模式，培养了大批从科学到产业全贯穿的综合性拔尖人才，为生命科学产业发展积蓄了强劲的后备力量。

"大科学"与"大平台"

华大研究院将现代工业生产管理方式与生命科学研究相结合，探索"大科学"研究模式；将生命科学研究"小规模""小生产""小作坊"的研究方式开拓为"大平台""大合作""大资源保障"的颠覆性研究模式。研究院构建生物技术与信息技术相融合的体系，打造可延展的工业化运作高水平大平台。研究院还在全球范围内广泛开展科学研究合作，已与全球10 000多家合作单位建立良好的合作关系，通过"大合作"方式借助各方力量推动生命科学研究。另外，研究院积极筹建深圳国家基因库，储存和管理遗传资源、生物信息数据，加速科学技术创新，引领生物经济产业发展，带动人才的培养。"大平台""大合作""大资源保障"的研究模式充分体现了大规模基因组平台的"规模效应"，使研究院具备了强大的竞争力。

华大研究院目前已经建成了国内最大的基因测序平台和国内领先的合成生物学平台。研究院2015年经广东省科技厅批复成为省首批新型研发机构，2017年经深圳市政府批复成为市十大基础研究机构之一。

华大研究院现已集成了生命科学及交叉领域的多个功能实验室，拥有44个各级各类科研平台，其中国家级平台4个、省部级平台17个、市级平台23个，并建有微流控实验室、单细胞实验室、酶工程实验室、基因编辑实验室、精密仪器实验室等。构建了世界领先的生物大数据存储与分析平台，遵循标准化、模块化的生物信息算法开发流程，实现了自动化的多组学数据整合分析。研究院将持续建设各类平台，充分发挥大平台整合优势，推动生命科学研究发展。

华大研究院的4个国家级平台载体研究领域各具特色。

一是农业基因组学国家重点实验室。实验室从我国粮食安全和农业源头创新的国家重大需求出发，以基因组学为支撑，开展了农业基因组学研究，动植物、海洋生物及水产分子育种技术研究，同时以实验室现有研究基础及依托单位的基因组学数据为依托，延伸开展了微生物资源利用及农业产品开发等研究，为解决我国粮食安全、农业重要基因资源挖掘及保护、微生物资源利用及功能性食品开发提供重要技术平台及技术手段。目前，实验室在农业基因组学研究及全基因组分子基因技术应用等方面已达到了行业领先水平，成功将基因组学应用于多个研究领域，为加快推进我国农业领域方面的研究做出重要贡献。

二是药品快速检验技术重点实验室。根据国家药品监督管理局（简称"国家药监局"）发布的首批重点实验室名单，华大研究院的药品快速检验技术重点实验室是唯一从事快速药物检测技术研究的重点实验室。截至 2020 年 5 月，实验室已建立了 410 种非法添加物数据库和 360 种产品数据库，获得了 30 项国家发明专利。其独立开发的 30 个系列快速筛查方法涵盖了药品、保健食品、化妆品和食品等领域，并基本覆盖了市场上常见的非法添加物。其中，美国 FDA 圣路易斯实验室已验证了 4 种快速筛查试剂盒。实验室对快速检测和筛查技术的研究扩大了监管范围，在有限的资源下提高了针对性，为转变监管方法提供了新的解决方案，极大地增强了药物检测能力并提高了监管效率。

三是基因组学国际科技合作基地。基地的建立旨在更为有效地发挥国际科技合作在扩大科技开放与合作中的促进和推动作用，提升我国国际科技合作的质量和水平。华大研究院通过海外战略部署，不断拓展国际科技合作渠道，创新合作模式，提升合作水平，扩大国际影响力，真正成为拥有先进技术和人才聚集的国际基因研发基地，提升了中国在基因科学关键领域的国际话语权。

四是国家感染性疾病临床医学研究中心。国家感染性疾病临床医学研究中心由华大研究院及深圳市第三人民医院合作承建。中心以感染性疾病特别是结核病防治的国家重点需求为导向，发挥国家临床研究中心在感染性疾病研究领域的龙头引领作用，开展前沿医学研究，强化医学研究基础平台建设，促进医研企协同助力健康产业发展，开展重大疫情应急研究攻关，培养医学科技创新人才团队，加强国际科技合作交流。

掌握核心工具是开展科学研究的基础

工欲善其事，必先利其器。掌握核心工具是开展科学研究的基础，也是掌控生命科学行业发展的最重要支点。为打造更先进的科研平台，避免被国外"卡脖子"，研究院持续集中力量提升生命科学的核心竞争力，提出了生命"读写存"工具贯穿发展的理念，大力发展自主研发的生物技术与研制新型装备，在核心算法工具、智能化数据管理和分析、生物大数据分析等方面不断突破创新。

目前,华大研究院在 DNA 测序新技术、DNA 合成技术、时空多组学测序技术、围绕相关工具的生信前沿算法开发等领域取得了一系列重要进展。

基因测序仪打破国外垄断

基因测序仪是典型的"软硬一化式"平台型硬科技,是生命数据的解码器。广义上看,基因测序仪与光刻机在科技树的序列上拥有类似的格局。一种是以碳基为主,一种是以硅基为主,是推动人类科技水平发展的两把核心钥匙。

相较于光刻机目前尚且受制于人,对于基因测序仪来说,我国从人类基因组计划开始,历经二十载,已实现了基因测序仪完全自主可控,是当前"唯二"控制全产业链(技术、设备、市场应用)发展的国家。目前自主可控的基因测序仪已渗透进全民医疗健康管理领域的每一个神经末梢,并且继续牵引着基础科学的不断前进。

2022 年 4 月,华大研究院主导的研究团队基于华大自主研发的单细胞建库和测序平台对成年猕猴的 45 个器官约 114 万个细胞进行了单细胞测序分析,成功地绘制出世界上第一个非人灵长类动物全细胞图谱,即猕猴全细胞图谱。该图谱将为疾病诊疗提供参考,为靶向药物的研发提供支撑,为人类更深入地探索生命的演变提供了可能性。

该图谱的绘制与单细胞测序技术发展以及测序成本降低密不可分。过去,要画这样一幅"地图",所需时间多,实验成本高。因此,科学家们只能利用有限的实验室设备来完成这项工作,无法实现对海量样本的检测与统计分析。而现在在华大独立研发的单细胞建库平台以及 DNBSEQ 测序技术基础上,各国专家和科研工作者能够低成本、高通量、高灵敏度、准确地实现大范围单细胞测序分析,它给整个生命科学领域带来一系列有价值的数据资源。

从对外依存,到自立门户,华大研究院成立的华大智造逐渐成为全球最具成本竞争优势的基因测序仪公司。以其超高通量测序仪 DNBSEQ-T7 为例,该测序仪一天可以完成 60 例个人全基因组测序,日产出数据高达 6TB,一年可完成十万人级别的基因组测序,已经成为全球日生产能力最强的基因测序仪。阿联酋于 2019 年底开始实施"全民基因组计划",华大智造依托自身技术优势承担了高通量测序平台的搭建工作,为该计划提供了核心设备支撑。

测序行业上游的测序仪和试剂厂商基本掌控着整个测序行业的命脉，显然美国测序仪厂商几乎是以垄断者的地位存在，仅 Illumina 一家企业就可占整个测序行业 80%左右的利润。下游的实验室和用户也在通过各种方式进行竞争，由于市场规模有限，它们之间的价格竞争往往非常激烈。更为严重的是，设备、试剂价格一旦出现变动，整条产业链将受到重大冲击。华大智造的出现，一定程度上缓解了这个问题。

目前，华大智造已实现量产高中低通量全系列测序仪——DNBSEQ-T7、MGISEQ-2000、MGISEQ-200 等，全覆盖产品体系完全对标 Illumina，甚至在部分技术维度上实现对后者的超越。

随着高通量基因测序设备和试剂的更新迭代和规模化应用，测序的成本有望进一步下降，基因测序将在科学研究和临床医学的情景下得到更加广泛的运用。同时伴随着基因诊断市场的发展，个性化的养老康复、对慢性病进行早期筛查和预防、家用保健和疾病治疗、对重大公共卫生事件预判和防控等新需求不断涌现，基因测序相关高端医疗设备的发展空间也在不断扩大。以农研领域为例，众所周知，种子是我国粮食安全的关键。基因测序仪与测序技术，在我国发展分子育种、品种鉴定和植物品种知识产权保护等具体应用层面，具有关键支撑作用。此外，基因测序仪与测序技术在多组学研究、人群队列测序、微生物检测、肿瘤早期筛查、感染诊断、农业与动植物研究、消费者基因组等领域尚处于行业发展初期或者起步阶段，仍拥有巨大发展潜力与成长性。

DNA 合成平台提供重要支撑

基因组解读推动着生命步入数字化时代，合成生物学为人类提供了一种探索生命本质和改造利用生命本质的手段，近几年大大促进了医疗、化工、农业、信息及其他方面交叉融合应用发展。DNA 合成在合成生物学中处于基础性地位，它的重要性可媲美测序技术对基因组学和精准医学的支撑。

华大研究院研究团队在"十二五"期间开始努力构建从测序到合成的国产化工具贯穿平台。2018 年，华大研究院实现了高通量 DNA 合成仪的自主创新研发，该设备建立在固相筛选技术的基础上，利用可识别载体和与之匹配的信号识别系统，实现寡核苷酸的并行高通量合成，它的许多性能参数处于世界领先地位。华大研究院已建成我国第一个自动化、模块化、具有千万级碱基年综合通量的 DNA

组装平台，且在 DNA 合成服务产业孵化方面积累了大量经验，已在国内外申请专利 31 项，授权专利 5 项，软件著作权注册 20 项，草拟和公布与基因合成有关的地方和企业标准共 5 个。该平台对许多国家级、省级、市级项目起到重要支持作用，标志着我国合成生物学关键技术取得重大突破。

华大研究院从底层的关键技术发力，以 DNA 合成技术可控、规模化为出发点，以科学需求为导向，建立相关底层技术体系。在产业推动方面，DNA 合成技术对于生物医药领域有着十分重要的意义，主要表现为新药的研究与开发。目前，基因测序进展迅速，使基因遗传资源得到全面的解读，借助 DNA 合成技术，以工程化为平台，新遗传资源可以进一步发掘再造。随着对生命规律理解的逐步深入，DNA 合成在细胞疗法、器官工程等个性化医疗方向也将大放异彩。

时空组学技术带来全新研究利器

细胞是生命的基本功能单位，不同种类的细胞相互作用，构成有特定作用的器官。在分子层面上对组织结构进行系统分析，是理解器官功能的一个重要前提。尽管已有研究通过单细胞转录组及表观组测序技术来探讨器官产生过程基因表达调控规律，但由于细胞位置信息缺失，以上技术不能从空间角度分析基因表达在器官产生阶段的空间变化规律，也不能真正准确地解析胚胎发育中基因表达空间差异对器官产生的功能性调节。

细胞在空间上的位置像宇宙中行星的运行轨迹一样，对于细胞、组织功能而言有着无可比拟的作用，同时，基因表达的位置信息对了解组织功能及病理变化也有着重要意义。

2020 年，"空间全转录组测序技术"被 *Nature Methods* 评为年度技术方法。该技术可以基于组织原位对单细胞分辨率基因组、转录组进行研究，可以提供切片的影像学数据和这个切片深度的基因表达谱，给人们认识细胞命运调控复杂性带来重大突破，其重要性不言而喻。

基于自主研发的 DNA 纳米球测序芯片，华大研究院研发出高通量的单细胞分辨率或亚细胞水平分辨率的时空组学技术 Stereo-seq，具有高通量、超高分辨率、大视场的原位全景式技术，可以实现同一样本在组织、细胞、亚细胞、分子"四尺度"同时进行空间转录分析。该技术突破了传统技术的限制，可以真正实现对组织中的细胞进行空间定位同时检测其基因表达，可以实现将生命科学研究带入时空时代，并可应用于肿瘤研究、免疫研究、发育生物学、脑神经学、病理研究等方面。

与国际同类型技术相比较，华大研究院时空组学技术，是目前世界上唯一能够同时达到"亚细胞级的分辨率"与"厘米级别的全景视场"的原位捕获空间全转录组测序技术，并且能做到基因和影像的同步分析，它对于 RNA 测序及空间分辨表观基因组学、基因组测序都有很大应用前景与价值，甚至有可能引发生命科学领域的第三次科技革命[①]。

2022 年 5 月，华大研究院在国际顶尖学术期刊 *Cell* 以时空组学联盟（STOC）专题的形式发布了全球首批生命时空图谱。这是首次从时间和空间维度上对生命发育过程中的基因和细胞变化过程进行超高精度解析，为认知器官结构、生命发育、人类疾病和物种演化提供全新方向。

2022 年 9 月，华大研究院在国际顶尖学术期刊 *Science* 上发表论文，绘制了首个蝾螈脑再生时空图谱，这也是全球首个脑再生时空图谱。该研究不仅为认知脑结构和发育过程提供助力，还为神经系统的再生医学研究和治疗提供新的方向。

华大的时空组学技术相关成果已连续多次在 *Science*、*Cell* 等顶级期刊发表，这些成果为研究生命发育过程带来了全新的研究利器。为了推动时空组学在生命科学各个领域的广泛应用，华大研究院等机构发起了时空组学联盟。目前，已经有来自全球 30 个国家的近 150 位顶尖科学家参与其中。这个联盟主要聚焦于器官、疾病、发育、演化四大方向，希望未来能携手更多科学家回答人类终极问题。

前瞻性布局抢占制高点

海量的测序数据的产生使得生物信息算法、工具和平台成为生命科学研究不可或缺的重要支撑。目前，国内大多数科研机构所采用的数据分析软件仍主要集中在国外开发工具及算法上，自主知识产权生物大数据分析平台系统欠缺。因此，构建面向科研领域应用的新一代大型复杂生物数据处理分析平台势在必行。在基因组"读"和"写"这一核心技术迅速升级的今天，基因组科学的研究分析和处理量激增。同时，由于人类疾病基因组学研究需要大量高质量样本数据来支持，传统数据库已不能满足这一需求。在海量数据不断累积的情况下，对数据的存储与分析处理能力现在正面临着更高的要求与挑战。为了避免我国今后进行大规模的国家基因组数据分析研究中出现"卡脖子"的现象，华大研究院专注于生物大

---

① DNA 双螺旋结构的发现被誉为生命科学史上的第一场革命，2003 年完成人类基因组计划则被科学界广泛接受为生命科学史上的第二场革命。

数据的前沿算法、智能数据管理与分析系统、生物大数据采集与科研应用三大主要研究方向，积极进行产学研合作，着眼未来大范围人群对大数据分析的要求，开发了包括群体变异检测、变异数据存储以及核心关联分析和表型预测等在内的具备自主知识产权的系列数据分析工具。

在生信算法工具方面，团队围绕测序仪碱基识别、基因数据压缩、大人群和低深度变异检测，以及空间组学等新型场景开发了一系列的算法工具。这些软件都应用在实际的测序仪和其产生的生信大数据应用中，诸如基因数据压缩工具，实现了最高 20 倍以上的压缩效率，并在深圳国家基因库得到采用。

在平台系统方面，团队先后开发了自动化计算系统、数据仓库系统、科研项目管理系统等，实现了科研数据的"存算管"一体化，支撑了大量生物大数据科研项目的开展，形成了数据驱动的生命大数据科研管理平台。

引领基因组学科学研究

组建运营我国首个综合性国家基因库

深圳国家基因库位于深圳市大鹏新区，于 2016 年 9 月投入运行。这是继美国国家生物技术信息中心、日本 DNA 数据库和欧洲生物信息研究所之后，又一个已建成的国家级基因库，并由华大研究院来负责组建和运营。

面对深圳国家基因库的大门，一只铜制巨型猛犸象上印有四个字——"永存、永生"。深圳国家基因库希望通过对生物遗传样本进行保存，避免因环境恶化或其他因素造成种群灭绝。目前深圳国家基因库已和国外的许多国家级自然历史博物馆、挪威"世界末日种子库"与其他组织建立了合作关系，成为数据共享的平台。

不同于其他的国家级基因库只是单纯的数据库，没有样本保存功能，深圳国家基因库对生物遗传资源进行存储、读取和开放共享，并以此为基础搭建起支撑生命科学研究与生物产业创新发展的公益性、开放性、引领性、战略性科技平台。深圳国家基因库储存活体资源，对生物信息采用数字化方式进行永久性保藏，以供科研工作者深入发掘使用，以期对生物资源保藏和开发利用给予更加深入、全面的支持。当前深圳国家基因库样本资源的储存、测序数字化、数据存储分析一线贯穿始终，具备千万级的样本存储能力、PB 级的数据存储与输出能力、691 万亿次/秒的计算能力，提供生物多样性方面的植物多样性、微生物、健康和疾病及其他不同取向的科学数据库，提供专门的生物信息学分析工具，为科研人员发掘利用提供参考，最大限度地释放生命大数据的应用/转换价值。

华大研究院建设高水平生物资源样本库，对生物信息进行高效数据处理，对存储与管理系统和覆盖面广的联盟网络进行了有效防护，对我国的生物资源与基因数据资源进行合理的开发利用，充分调动、利用并整合各地资源与技术优势，建立信息资源研发基础性支撑平台，推动了中国生物产业发展。

人造酵母生命

酵母是最早被人类广泛利用的微生物。通过设计与合成，酵母被赋予"异能"，可以生产人们需要的物质分子。

20 世纪 70 年代，屠呦呦研究小组从黄花蒿中提取抗疟疾的青蒿素，但是仅仅来自植物的青蒿素数量还无法满足数亿人口的医疗需要。

回顾过去生物科技领域重大变革，第一次是 DNA 双螺旋结构发现，人们在分子的层面上对人生进行了深入探讨。第二次是人类基因组计划，人们对基因组学的探秘已经拥有了新的手段与方法。第三次是合成生物学，能将"基因"连接成网络，让细胞来完成设计人员设想的各种任务，为人工合成酵母等微生物提供新思路。

酵母是研究真核生物染色体的最佳物种。2012 年，美国、中国、英国等多个国家的研究机构联合发起了人工合成酵母基因组计划，目标是人工合成酿酒酵母的 16 条染色体，这 16 条染色体总共大小为 14Mb。

2017 年，华大研究院、深圳国家基因库和天津大学共同宣布完成酵母 2 号、5 号、6 号、10 号和 12 号这 5 条染色体的设计与合成，并从多个方面进行了深入分析，最终获得与普通酵母菌一致的人工合成酵母菌。

华大研究院作为中国的代表团队之一，主导了酵母 2 号染色体的设计与合成。用人工合成的 2 号染色体替换活体酵母的 2 号染色体，最终发现被替换的酵母不仅与未被替换的酵母有高度相似的生命活性，而且对环境的适应性大大加强。科研人员从表型、基因组、转录组、蛋白质组和代谢组五个层次系统地进行基因型-表现型的深度关联分析，证明了人工合成的"修改版"酵母染色体和天然染色体功能相似。

对酵母基因组的合成和改造，不仅有助于研究酵母的全基因组功能，而且能为酵母的基因改造提供理论基础。经过基因改造的酵母，可以生产青蒿素、胡萝卜素、胰岛素等药品，生产效率远比人工提取和化学合成更高。

人工合成酵母新生命的诞生标志着合成生物学的一个里程碑。该领域的快速突破将改变生物制造、医药、能源、环境、农业等领域发展模式，并有望带来颠覆性技术创新。

为濒危物种保护提供科学支撑

多年来，华大研究院在基因组学领域的相关研究成果，为大熊猫、朱鹮、华南虎等濒危物种的保护提供了重要支撑。

早在 2010 年，华大研究院就对大熊猫——北京奥运会吉祥物大熊猫"晶晶"基因组进行了全面系统的测序研究。研究院与中国科学院动物研究所于 2012 年成功重构大熊猫自起源到现在的持续种群演化史，该研究运用基因组学、群体遗传学等手段，勾勒出熊猫演化历史的全貌，并指出人类活动是熊猫濒临灭绝的重要因素。2021 年，研究院联合浙江大学和中国大熊猫保护研究中心等单位发布了大熊猫超高质量基因组，这些研究为大熊猫进化、繁殖、保护提供重要资源，对大熊猫保护保育工作起到科学的依据指导作用。

从 2011 年起，华大研究院和西安交通大学共同绘制并完成了被称为"东方宝石"的朱鹮全基因组系列图谱，有望解决朱鹮繁殖能力低、幼鸟死亡率高等问题。2019 年，华大研究院、丹麦哥本哈根大学及西班牙庞培法布拉大学等单位的科学家们将 57 份博物馆样品与当前保育区中现生朱鹮样品作比较，揭示朱鹮种群现代历史演变特点，以期为濒危鸟类朱鹮保育工作提供重要借鉴。

2018 年，华大研究院通过对华南虎高质量基因组的测序研究，对华南虎的濒危状态和程度进行了迄今为止最全面的评估，填补了华南虎基因组信息的空白，为全面认识华南虎遗传衰退提供了较为翔实的科学依据，为华南虎的遗传拯救提供了重要的科学支撑。

共同发起 EBP 计划破译现存物种基因组

华大研究院一直秉承着以"大科学"项目带动学科发展的策略，以探索基因组科学的新型发展道路为使命，在先后完成人类基因组计划、"炎黄一号"计划、大熊猫基因组计划等重大项目的基础上，经过科技的快速发展，华大研究院开发的高通量、低成本测序平台已在生物基因组研究中取得显著效果，并且先后开展了多项重要种类基因组计划，以推动生物多样性、生态保护及相关重要基础科研的发展。

当前，如何保护生态环境以及高效利用生物资源已经成为人类发展所面临的重要问题，备受全世界关注。为解决全球生态环境变化的问题，改善当前的生态环境，从根本上加深人类对生物进化和生态变化的认识，从进化的角度分析环境改变对生物的影响逐渐成为主要的科研方向。对地球生物和生态环境的研究将切实有效地改善生态环境，推动新的生态经济的发展。对地球生物资源进行调查研究，如从分子角度深入研究各种物种，解释各个物种起源进化的过程，有助于对生物物种的深入探索，为生态保护和生物资源利用奠定基础。总而言之，对全球范围内各种生物物种展开基因组学研究，在科研上能够解决生命起源演化、物种适应性、生态系统演化机制等方面的问题，在应用上也能够推动生物医药、生物材料以及可再生能源等各个方面的产业发展，具备极大的科研和产业价值。

2017 年，华大研究院联合美国史密森学会、加利福尼亚大学戴维斯分校等十多家科研机构共同启动了名为生物领域"登月计划"的伟大工程——地球生物基因组计划（简称"EBP"）。这一计划的目标是破解地球上所有已知真核生物的基因组，全面了解地球上生命起源的整体认识、物种之间的关系及其演化规律，对生态系统生物多样性进行保护与再修复，并使地球生态系统能够最大限度地回报人类社会。农业、医药与生态系统服务为人类提供了全新基因资源，对保护和利用生物多样性具有重要意义。

华大研究院是 EBP 的联合发起单位，也是主要任务承担单位。华大研究院利用自身大平台优势，从更早期开始就发起并资助了一系列面向不同生物类群的基因组学大规模国际合作项目。比如，以推动生态环境保护和农业应用为目的的万种植物基因组计划（10KP）、以解决一系列物种起源、演化和鸟类生物学重大科学问题为目的的万种鸟类基因组计划（B10K）、以研究脊椎动物进化与发育学为目的的万种鱼类基因组计划（Fish 10K）等，着重发展演化生物学、发育基因组学和其他系统的生物基因组学，探索生命的起源和进化。

在与国内外众多科研工作者的紧密合作中，华大研究院在生物多样性研究领域累计已经破译超过 2600 种动植物物种的参考基因组，发表 SCI 论文超过 500 篇，取得了一系列重大的科研成果。

例如，华大研究院早在 2014 年就启动了鸟类基因组研究项目，并以专刊形式在世界顶尖学术期刊 *Science* 上发表论文 8 篇，另有 20 余篇论文同时发表于其他杂志。在另一世界顶尖学术期刊 *Nature* 上以封面文章的方式发了两项在这一规划阶段所取得的成果。在这篇论文里，研究小组公布了 363 种鸟类全基因组数据。

2021 年，*Cell* 杂志刊登了华大研究院与众多机构合作完成的 2 篇研究文章。文章从不同角度阐述了人类起源问题的研究进展，其中包括对早期哺乳动物基因测序结果的分析。论文对原始辐鳍鱼类——塞内加尔多鳍鱼、匙吻鲟、弓鳍鱼、鳄雀鳝，以及现生肉鳍鱼类中的非洲肺鱼共五个物种的基因组进行解析，揭开脊椎动物由水生向陆生进化之谜。同时，对不同脊椎动物所携带基因进行比较分析，为进一步了解脊椎动物进化历史提供依据。同年 *Science* 杂志陆续发表由华大研究院和许多机构联合进行的猕猴基因组的研究成果，揭开父母本基因组遗传信息的不同面纱，刷新人们对父母本遗传差异问题的理解。

2020 年，基于对万种植物基因组计划中的深海单细胞绿藻的基因组研究，华大研究院科学家联合国际多个研究团队在 *Nature Ecology & Evolution* 杂志上首次报道了绿色植物的一个新门类——"华藻门"，揭开了绿色植物中一直存在但从未被人类发现的生命世界的面纱。

"华藻门"的发现彻底改变了绿色植物分类，这是中国科学家第一次对物种"门"进行高级别的划分，并取得了开创性的成果。在此之前，绿色植物包括两大类别：链型植物及绿藻门植物，且组成绿色植物种类 50 余万种。在绿色植物中，"华藻门"将是第三大类群，同时现行的植物界 14 个门类将改写为 15 个门。研究人员对绿色植物产生、演化及其与生态环境的关系进行了探究，为我们提供了一个全新的发展方向。

华大研究院还对来自全球 47 个国家的 445 份生菜种质资源开展全基因组重测序工作，综合揭示生菜的驯化历程和有关遗传性状的奥秘，有关结果刊登在 2021 年出版的 *Nature Genetics* 杂志上。上述研究将极大地促进国内对生菜的重要农艺性状及抗病基因的研究进展，切实提高我国生菜育种水平和其他作物种质创新水平。

基因科技造福民生

科学、技术的创新，将推动产业创新发展。作为全球领先的生命科学前沿机构，华大研究院秉承"基因科技造福人类"的使命，坚持"自我实践、民生切入、科研拓展、产业放大、人才成长"的发展道路，在致力于科学研究的基础上，更注重基因组学成果在关系民生方面的应用，并在生育健康、癌症诊断、疫情防控等方面取得了一系列突破。

开展生育健康检测，破解公共卫生难题

华大研究院进行生育健康检测，其目的是通过设置前瞻性纵向出生队列研究，对母婴人群从孕早期开始进行长期随访和连续收集生物样本、临床数据和流行病学数据，建立高水准母婴健康生物样本库及临床表型数据库，并利用基因组、转录组、代谢组等多组学检测手段，构建中国人孕期健康与婴幼儿生长发育数字化基线及母婴疾病多组学数据库，为探明孕期疾病、不良妊娠结局、出生缺陷等疾病与健康问题的发病机制提供基础，为实现母婴重大疾病的早诊断、早预防提供依据，为研究影响母婴健康的因素和公共卫生问题提供平台。

卫生部 2012 年发布的《中国出生缺陷防治报告 2012》显示，我国新生儿出生缺陷的发生率在 5.6% 左右。加强产前筛查和确诊，是防止出生缺陷的发生、改善人口健康素质的一个重要途径。

2011 年，具有先发优势的深圳市率先在全国推广无创产前基因检测项目，从 2011 到 2019 年，深圳市唐氏综合征患儿出生率从 2011 年 2.27% 降到 2019 年 0.76%。截至 2020 年 4 月，深圳已有 8 万多名孕妇接受了测试，发现出生缺陷 1600 多人，共节约社会资金 63.4 亿元，成本效益比为 1∶8.74。以"深圳经验"为现实个案，华大研究院正以自己的行动为深圳谋福利。

除了唐氏综合征，先天性耳聋也是高发出生缺陷之一。据研究统计，60% 以上聋病患者的发病原因与遗传因素相关。遗传性耳聋基因筛查可以使人们主动预防和避免，从而避免陷入患病后被动治疗的境地。天津市早在 2012 年就开始实施新生儿耳聋基因检测的民生项目，现已覆盖全市 90% 以上新生儿童。在新生儿耳聋基因检测项目推广的今天，相应的天津市耳聋学校学生数量也明显下降。

深圳和天津先行先试，使 2 个地市出生缺陷的预防和控制工作取得成效，还创建了民生造福样板，影响并带动了更多区域基因健康筛查民生项目的实施，惠及更多人群。

妇幼健康是全民健康的基础。2013 年，华大研究院与贵州省兴义市共同探索创建了"兴义模式"，并逐渐发展为"黔西南模式"，依靠生物技术，探索和践行

民生改善和经济发展同步推进的新模式。通过对出生缺陷的预防和控制、宫颈癌筛查及其他惠民工程，帮助地方预防和控制出生缺陷，降低女性宫颈癌发病率，推动医疗健康精准扶贫，改善当地居民健康。

2015 年，华大研究院和安徽省太和县、河南省长垣县、重庆市渝北区协同实施民生基因检测项目，这些区域的无创产前基因检测、新生儿遗传性耳聋的基因检测、宫颈癌预防（HPV 基因筛查）及其他民生基因检测项目已全面铺开。其中仅 2016 年就有 1 万余例在安徽省太和县进行无创产前基因检测，发现出生缺陷胎儿 30 余例。同年，河南省长垣县 HPV 基因筛查病例约 3.5 万例，共检出和确诊病变患者 457 人，通过临床上的及时诊断或干预治疗，有效预防了宫颈癌的发生或恶化。

地中海贫血是我国南方地区最常见、危害最大的遗传性疾病之一。2018 年，广西巴马瑶族自治县正式启动了巴马地中海贫血防治项目，采用华大研究院地贫基因检测技术，并普及以基因为主导的地中海贫血筛查方案。地中海贫血防治项目的启动不仅能够有效筛查出地中海贫血基因的突变，大幅减少传统临床筛查流程的漏检，并且构建了更全面的巴马地中海贫血携带图谱，进一步形成筛、诊、治闭环，为后续实施普及地贫基因防控新模式打下了坚实的基础，有助于让更多巴马家庭进一步脱"贫"。

县区级的实践，让基因科技以普惠方式造福民生的这一模式，有了向更大范围进阶、造福更大人群的大环境，阜阳、毕节、吉安、新乡等多地市陆续开始探索。在太和县民生项目成功经验的基础上，2017 年，安徽省阜阳市正式启动全市范围的免费无创产前基因检测项目，这也是无创产前基因检测首次在千万人口城市实现全覆盖。

自 2018 年起，河南省新乡市在全市范围内开展适龄妇女 HPV 基因筛查项目。华大采取"互联网+自取样"模式，帮助新乡 HPV 民生项目极速投运，包括在 2018 年只用 29 天时间就筛选出近 19 万人次 HPV，发现高度癌前病变 975 个、宫颈癌 48 个。受检者依据筛查结果，经医疗机构临床及时诊断，通过干预和治疗，形成"筛、诊、保、治"的闭环模式，有效预防了宫颈癌的发生或恶化。

前沿基因检测技术应用于各地市的社会效益越来越明显，如昆明、长沙、武汉等地。河北全省也启动了相关民生筛查项目，探索大群体人群多种基因相关疾病防治民生新模式，建设"健康的城市"。基因科技人人皆知、人人可享，已经逐渐变成了现实。以湖南长沙为例，2017 年，长沙市和华大研究院拉开了全方位的合作序幕，成为第一个实现无创产前基因检测、遗传性耳聋基因检测、地中海贫血基因检测、新生儿遗传代谢病筛选、宫颈癌筛查 5 项全面覆盖的省会城市。其中长沙市无创产前基因检测覆盖率由 2017 年的 0.0%上升到 2019 年的 86.8%，唐氏综合征儿童出生率呈逐年降低趋势，由 2017 年 3.29%减少到 2019 年 1.20%。截至 2019 年 12 月，长沙共检测近 15 万名孕妇，发现出生缺陷 502 人，共节约社会资金 16.7 亿元，成本效益比为 1∶13.55。

另外，河北省于 2019 年宣布开展全省无创产前基因筛选项目，在国内率先全面实现了无创产前基因检测技术在产前免费筛查，初步实现 7000 万以上人口区域染色体三体类出生缺陷综合预防和控制。截至 2020 年 4 月，河北共检测孕妇316 311 人，发现出生缺陷 1128 人，共节约社会资金 24.8 亿元，成本与效益比为1∶16.56。不仅如此，河北省出生缺陷预防和控制范围正在向遗传性耳聋进一步延伸。截至 2021 年 6 月，全河北省共完成 82 万人无创产前检测，耳聋基因检测达到 66 万人，使科技惠民成为现实。

截至 2021 年底，华大研究院已为超过 1042 万人提供无创产前基因检测，为超过 620 万适龄妇女提供 HPV 检测，通过及时进行临床确诊或干预治疗，有效保证了母婴的健康。

从 2011 年深圳第一个推广无创产前基因检测开始，到 2022 年的全面开花，华大研究院在这个领域已经深耕了 11 年，持续用最前沿的基因检测技术造福各地百姓。未来，华大研究院将持续加大研发，在各地不断开拓新的基因健康筛查民生项目，通过健康民生项目落地，助力各地提升公共卫生能力、筑牢基层服务网底，防止因病致贫、因病返贫，用基因科技助力"健康中国"。

癌症早筛早诊

癌症已成为威胁我国居民身体健康的第一大杀手，恶性肿瘤死因占居民全部死因的 23.91%。近十多年来，恶性肿瘤的发病率和死亡率呈持续上升态势，每年恶性肿瘤所致的医疗花费超过 2200 亿元，防控形势十分严峻。

然而，癌症并非不可预防和治愈。大部分实体肿瘤在早期发现后，可通过手术切除、放化疗等手段进行有效的治疗。而一旦肿瘤发展到晚期发生转移后，患者生存率会显著降低。近年来，美国癌症发病率显著降低，除了美国医疗科研水平提升的因素外,癌症筛查的大力推广也起到了至关重要的作用。

目前,常规体检还没有有效的针对癌症筛查的项目,胸部透视分辨率较低,只能观察到局部明显肿块;肿瘤标志物检测率较低,未能帮助及时发现异常。用常规手段难以发现早期肿瘤。

肿瘤早筛,华大研究院这一"大杀器"的效果就显现出来,依据的是神奇物质"ctDNA"。

"ctDNA"又称循环肿瘤 DNA,是肿瘤细胞主动分泌或肿瘤细胞破碎、凋亡后进入血液循环系统中的 DNA 片段,大小通常为 160—180bp。

由于所有肿瘤细胞均有机会将 DNA 释放到血液中,因此它能够体现患者体内肿瘤综合情况,避免组织选取随机性及局部性,得出肿瘤突变结果,更具综合性评估价值。ctDNA 肿瘤早筛,一次性检测与肿瘤发生密切相关的 491 个基因,覆盖所有实体肿瘤,涵盖所有国际公认的肿瘤发生相关基因,同时监控实时全免疫组库信息,确认受检测者的防护系统强力有效。

华大研究院的多组学泛癌种早筛技术基于 vCrystal、mPrism 两项专利建库技术及其算法,通过搭载 Galaxie 多组学数据模型,同时检测 ctDNA 的基因突变及基因组肿瘤相关调控序列甲基化水平改变,可实现对 ctDNA 的高灵敏度、高特异性检出。

华大研究院多组学泛癌种早筛临床试验结果表明,多组学泛癌种早筛技术在肺癌、结直肠癌、肝癌、卵巢癌、胰腺癌等多种癌症中均体现较优性能,其中在肺癌、肠癌中均实现大于 80% 的灵敏度和极高特异性。后续研发团队会继续进行扩大临床试验验证及优化性能,以期该技术能早日使肿瘤高危人群获益。

目前,华大研究院已经同全国多个临床中心建立合作,力求在更大临床样本数据下集中优化和验证此项技术的性能。预计该技术将应用于泛癌种的早筛/早诊产品开发。未来,华大研究院将继续发挥自身在基因科技领域的优势,研发更多国际领先的肿瘤早筛技术,为肿瘤早筛早诊提供全面解决方案,让更多患者通过先进技术获益。

抗击新冠疫情

华大研究院坚持以基因组科学为引领、以促进产业革命为己任,在服务社会的同时,也努力实现自身价值。作为一家公益性科研机构,华大研究院秉承"解读生命密码，探索无限未来，体验美好生活"的理念和价值观，于 2003 年深入抗击 SARS 一线，首次破译了四株 SARS 病毒的全基因组序列，并开发出诊断抗原，在此基础上检测 SARS 的抗体和相关标志物。与此同时，它还研制出了世界上第一个 SARS 诊断试剂盒，并向全国防治非典型肺炎指挥部捐赠 30 万人份的诊断试剂盒，为抗击非典做出贡献。将近 17 年后，华大研究院再次投身到抗击新冠疫情的事业中。

华大研究院一方面提供新冠核酸检测试剂，另一方面规划出更高效的检测方案——拥有高通量检测能力的"火眼"实验室。

疫情初期，为解决武汉地区检测通量不足的问题，华大研究院在武汉启动了新冠病毒核酸检测实验室建设，命名为"火眼"实验室。"火眼"实验室总建筑面积近 2000 米 ^{2}，其中核心实验区总面积 1000 米 ^{2}，严格按照 P2（生物安全二级）实验室设计，配备高通量测序设备、生物安全柜和批量全自动核酸提取设备；同时，配备实验室隔间、样品室、试剂储存室等，检测吞吐量可达到每天 1 万人次的水平。

自第一座"火眼"实验室落地后，华大研究院不断对其进行升级。目前，华大研究院已打造出一套完善的核酸检测整体解决方案，设计了不同形式的"火眼"实验室满足不同的抗疫需求。

在参与抗疫的过程中，华大研究院还对技术不断更新迭代，已形成病毒测序、核酸快检、变异株检测、抗原抗体快检等多产品覆盖体系，可满足不同使用需求，灵活应对疫情新形势。目前华大研究院新冠检测产品已覆盖全球超过 180 个国家和地区，致力于为民众健康做出积极贡献。

2022 年 3 月，国际标准化组织（ISO）中央秘书处发布新冠病毒核酸检测国际标准 ISO/TS 5798：2022，这是 ISO 发布的全球首个专门针对新冠病毒检测的国际标准，华大研究院是主要牵头和参与单位。在全球新冠病毒检测试剂和检测方法流程都缺乏统一规范的背景下，在世界范围内建立检测试剂的质量评价要求及新冠病毒核酸检测标准化质量体系，对各国及时准确地进行筛查、诊断和防控疫情具有重要意义。该标准的发布为全球医学实验室、检测试剂研究机构等提供了重要技术依据和技术支撑。

聚焦环境、社会责任和治理层面的核心问题，是华大研究院近年来得以快速发展的重要基石之一。未来，华大研究院将继续引领基因组学的创新发展，将前沿的多组学科研成果应用于医学健康、资源保存等领域，切实推动基因科技成果转化，实现基因科技造福人类。

大事记

1997 年 11 月，杨焕明、汪建等就中国参与人类基因组计划这一议题，在湖南张家界提出了一整套具有前瞻性的战略构想，孕育了中国基因组学的发展和未来。

1999 年 9 月，北京华大基因研究中心（深圳华大生命科学研究院前身）成立。

2000 年 6 月，美国总统克林顿与英国首相布莱尔共同宣布由美国、英国、德国、日本、法国和中国六国 16 个中心共同承担的人类基因组工作草图绘制完成。

2003 年 4 月，华大首次破译四株 SARS 病毒全基因组序列，在全球首个公布 SARS 诊断试剂盒。

2007 年，华大主力南下深圳成立致力于公益性研究的非营利性机构深圳华大基因研究院。

2007 年 10 月，深圳华大基因研究院完成"炎黄一号"计划首个中国人基因组图谱的绘制，并在 *Nature* 发表。

2011 年 1 月，国家发改委正式批复同意依托深圳华大基因研究院组建深圳国家基因库。

2015 年，深圳华大基因研究院获广东省科技厅批复成为广东省首批新型研发机构。

2017 年，深圳华大基因研究院由深圳市政府授牌，成为深圳市十大基础研究机构之一，同时正式更名为深圳华大生命科学研究院。

2017 年，深圳华大生命科学研究院与美国史密森学会等联合发起地球生物基因组计划，对地球上所有真核生物进行测序。

2020 年 1 月，深圳华大生命科学研究院成功研制新冠病毒核酸检测试剂盒。

2020 年 2 月，由深圳华大生命科学研究院运营的武汉"火眼"实验室开始运行。之后，"火眼"实验室陆续在国内外多个城市落地，确保抗击疫情的检测需求。

案例小结

视角	维度	机构特征
二元	过程	深圳华大生命科学研究院发展过程主要分为三个阶段。 ①建设阶段（1999—2006年）：1999年，杨焕明、汪建等积极参与人类基因组计划，成立了北京华大基因研究中心（深圳华大生命科学研究院前身）。 ②成长阶段（2007—2016年）：2007年，华大主力南下深圳成立致力于公益性研究的非营利性机构深圳华大基因研究院，依托研究院组建了深圳国家基因库。 ③发展阶段（2017年至今）：2017年，深圳华大基因研究院由深圳市政府授牌，成为深圳市十大基础研究机构之一，同时正式更名为深圳华大生命科学研究院，通过"大科学""大平台""大合作"，引领基因组学研究。
	状态	深圳华大生命科学研究院实现了低成本可扩展测序平台、新型合成系统等拥有自主知识产权的世界领先核心技术突破，迅速发展成为世界领先的基因组学研究中心。
三层	组织架构	深圳华大生命科学研究院采用理事会决策机制，理事会由深圳市科技创新委员会、深圳市盐田区政府、华大集团等组成。
	体制机制	采用灵活的市场化体制机制，以先进生物技术和计算技术集成平台为支撑，主导、设计并服务基于测序的科技项目。
	运营模式	深圳华大生命科学研究院采用"事业单位、企业化运作"模式，采用"三发三带"的运营模式，即坚持以基因组学为核心的科学发现、技术发明和产业发展，并以"大科学"项目为引领的带学科、带产业、带人才发展模式。
四维	主体	深圳华大生命科学研究院是由深圳市政府、华大集团共建的事业单位。
	制度	深圳华大生命科学研究院建立了科研、项目、人才等现代化管理制度，将现代工业生产管理方式与生命科学研究相结合，探索"大科学""大平台"管理运营模式。
	技术	深圳华大生命科学研究院以基因组学为核心和基础，聚焦生命科学基础研究领域前沿方向和关键问题，努力实现基础研究"从0到1"重大突破和先进技术开发，成为生物产业发展核心驱动力。
	人才	深圳华大生命科学研究院制定灵活的政策，通过企业管理吸引、雇用和培养了一大批具有创新潜力、致力于生命科学研究的青年研究人员。

参 考 文 献

[1] 董庆. 创新机制 引领行业跨越式发展：深圳华大基因研究院发展纪实 [J]. 广东科技，2012，21（10）：31-33.

[2] 刘启强. 深圳华大基因研究院：科研与服务并重 打造基因产业"黄埔军校"[J]. 广东科技，2014，23（23）：66-67.

[3] 苟尤钊,林菲. 基于创新价值链视角的新型科研机构研究:以华大基因为例 [J]. 科技进步与对策,2015,32(2):8-13.

[4] 刘启强. 深圳华大生命科学研究院:引领世界基因组学研究[J]. 广东科技,2020,29(11):27-30.

[5] 潘慧,黄美庆. 华大基因:领跑世界基因测序和大数据发展[J]. 广东科技,2015,24(11):44-47.

[6] 章熙春,江海,章文,等. 国内外新型研发机构的比较与研究 [J]. 科技管理研究,2017,37(19):103-109.

[7] 佚名. 华大基因:科技创新是发展的推动力 [J]. 中国科技投资,2009(9):93-95.

广州工业技术研究院："1+1+N"发展模式的探索与实践

摘要：在我国，应用研发与产业化一直是创新过程中最薄弱的环节，除研发资金投入少、创新人才短缺等因素外，主要原因是研发模式与管理文化的问题。本案例以广州工业技术研究院发展历程为主线，描述了广州工业技术研究院多年"1+1+N"发展探索过程，形成了自己独特的"一院多所共存"创新发展模式。广州工业技术研究院以技术研发为使命，推动优势产业结构调整和技术升级，目前已成为我国新型研发机构的优秀代表之一。

关键词："1+1+N"一院多所共存；协同合作；超算平台

依托中国科学院、香港科技大学等高水平创新主体，广州南沙区加快建设重大科技创新平台载体，推动高端优质资源落地，着力打造科技创新重要策源地。无论是参照国际一流湾区的发展之路还是聚焦建设科技强国的大背景，以建设广深港澳科技创新走廊为基础，粤港澳携手深化创新合作，合力打造具有全球影响力的国际科技创新中心，是实现粤港澳大湾区高质量发展的关键。

为高效配置国家与地方创新资源，提升粤港澳大湾区自主创新能力，发展战略性新兴产业，推动优势产业结构调整和技术升级，2005 年 10 月，广州市政府和中国科学院在广州南沙共同创办广州中国科学院工业技术研究院（后更名为广州工业技术研究院，简称"广州工研院"）。

经过十余年的成长发展，广州工研院队伍持续壮大，围绕先进制造应用集成技术、高新产业关键技术及公共安全核心技术等方面，着力建设先进制造、高新技术研发、城市公共安全技术等平台，为整合港澳科技创新资源、推动产业转型升级、推动港澳融入国家科技创新体系奠定了良好的基础。目前，广州工研院已经成为国家级技术转移示范机构、国家区域性规划建设重点之一。

探索"1+1+N"发展模式

广州工研院从成立之初就担负着技术研发、成果转化的使命，同时还作为先行者探索从技术到市场的最优化路径，走前人没走过的路。

广州工研院充分借鉴了德国弗劳恩霍夫应用研究促进协会、法国机械行业技术中心等国际知名机构的成功经验，建立了与国情相适应的技术创新模式，逐步形成较为完善的管理架构，其中采用"1+1+N"模式来建设科技研发平台的方式为多个研究中心所采纳。

"1+1+N"模式即广州工研院与一家具有技术优势的高校或科研机构共建研究中心，研究中心同时向其他有合作意愿和条件的单位开放，广州工研院提供场地和部分研发经费，合作单位派技术人员到广州工研院开展研发工作。然而，受管理体制、价值取向等复杂因素制约，实际运行中要真正做到"1+1+N"协调运行，远比想象中难，发展过程充满了各种挑战与挫折。

盲目联姻，无法延续

广州工研院建院之初，曾经和一所大学合作建立了研发平台。在合作过程中，由于受到传统科研管理模式的限制,大学一再希望将合作经费分配给当地的账户管理,但是,广州工研院想要构建开放联合公共研发平台,而非针对某一所大学所设立的封闭性分支机构,按当时高校和科研机构管理体制,合作经费拨出不能得到有效的控制,使得研发平台建设存在着极大的潜在风险。那时的广州工研院已清楚地意识到,对合作资金使用效力负责,是公益科研机构应该坚持的事业与道德底线。所以,广州工研院秉承设立独立合作单元这一原则没有改变,并且始终把它当作基本原则。

在创建之初,广州工研院还和国外一家著名的研究机构达成合作协议,双方同意结成战略联盟,充分挖掘彼此的创新资源,使技术和市场有效接轨。但受发展观念、运行模式和期望目标差异化影响,双方在合作中出现了明显的差异:广州工研院始终秉承着创新的理念,构建开放平台,认为需要各方努力,联合投资建设实现研究与开发、管理与市场相统一。但是合作方在项目报告时,很难见到它以分担工程的形式参与并投入工作,却要求广州工研院采购装备、软件和支付高昂人员费用。究其实质,一方面,合作方不认为广州工研院是合作伙伴,而认为其是一个具有供求关系的顾客;另一方面,双方又有观念上的分歧,合作方认为技术市场推广工作应完全由广州工研院来承担,而广州工研院一直强调双方建立的是一个能长期合作的公共研发平台,希望共同开拓市场,获利后双方分享,双方理念的差异使得合作陷入困境。

创业未果,有心无力

当前,我国部分高校、科研机构鼓励科研人员"走出去",鼓励科研人员业余从事科技成果转化。广州工研院在成立之初,与国内某大学的科研团队联合成立研究中心。广州工研院在项目资金和研发场地方面进行了投资,高校研发团队进驻现场,开展技术研发。早期,双方建立合作项目,建立科技孵化企业,堪称"强强联合"的典范。但在开展建设之后,各院校项目负责人及团队核心成员迟迟未能到位,使研究与开发工作很难有效地推动与落实。究其缘故,这些高校教师本身的教学和科研工作就不少,也有一些已经"身兼数职"了,在此背景下,他们就算"有心也无力"。

背离市场，劳而无功

　　广州工研院以产业技术研发为主，建设工业技术创新与研发平台，进行产学研合作，最终达到科技成果转化的目的。广州工研院曾经和一所大学联合建立了实验室，但由于实验室负责人和团队核心成员对企业用户的需求缺乏深入的理解，对于产业技术领域的掌握不够，所产出的研发成果并没有找到合适的企业用户，使得研发成果长期停滞于实验室研究阶段，没有及时转移和转化。

　　在我国现行科技体系中想要通过"1+1+N"模式建立一个创新的、开放的公共研发平台，初期必然会碰到许多不确定因素，有时会直接导致失败。在国家科技创新体系演化过程中，往往不得不面对复杂情况和深层次问题的考验。因此，从失败中及时汲取经验教训，不断在管理理论和方法上进行提高和改进，才能有未来。正是凭借这样的坚韧，广州工研院才得以发展到今天。

　　公共研发平台建设中各相关参建方的权责利该如何清晰，如何形成相互信任和依存的共赢机制，始终是广州工研院在发展"1+1+N"模式过程中不断探索的问题。在广州工研院走过了近 6 个年头之后，体制机制创新给广州工研院带来了全新的挑战和机遇。

探索"一院多所共存"创新发展模式

　　2011 年 5 月，为加快推进广州工研院的发展，根据广州市政府与中国科学院签署的相关协议，广州中国科学院软件应用技术研究所、广州中国科学院沈阳自动化研究所分所和广州中国科学院先进技术研究所进驻广州工研院，标志着广州工研院发展进入新阶段。

　　根据协议约定，"三所"作为资金、设备独立运行的广州市地方事业法人，分别由中国科学院相关研究院所建设、管理、运营与所有，而广州工研院则承担"一院三所"的综合管理服务和组织协调职能。这种"一院三所"独立运行、共同发展的格局，是一种独特的创新发展模式。

　　在广东省首批新型研发机构名单中，"一院三所"均榜上有名。"一院三所"在保持各自鲜明特色的同时，逐步形成"你中有我、我中有你、相互协同、相互支撑"的协同创新机制，人才队伍建设、项目研发、服务企业能力不断增强，辐射带动作用逐步显现。

在"一院三所"基础上,中国科学院计算机网络信息中心、中国科学院南海海洋研究所陆续进驻南沙,逐步形成"一院五所"架构。目前,广州工研院正协助南沙区政府完成"1+10"战略布局,推进新的研发平台的引进与落户,充分发挥创新服务和保障作用。

2013年,广州工研院牵头申报的国家工业转型升级强基工程专项"锂离子动力电池制造工艺装备技术基础服务平台"获批立项。作为该年度工信部批准立项的两个国家级平台建设项目之一,该平台之所以能够在广州工研院成功落户,除了广州工研院具备承担一般项目的必备因素之外,其多年来始终坚持的开放合作模式发挥了重要作用。在该项目规划阶段,广州工研院就充分发挥作为国家级技术转移平台的重要作用,认真研究国家产业政策导向及技术需求,精心选择行业内拥有明显优势的单位作为合作单位,整合各单位的优势资源,在技术创新的同时实现集成创新,建立了锂离子动力电池工艺装备技术基础服务平台,这是以"1+1+N"模式建立公共研发平台的成功案例。

"三链"融合创新发展体系

围绕地方产业发展需求,广州工研院聚焦于先进制造、信息技术、新能源、海洋工程等领域,重点开展产业核心技术研发及相关技术转移工作,为企业发展提供有力支撑。围绕相关技术领域,广州工研院先后组建了包括锂离子动力电池工艺装备技术基础服务平台在内的多个平台中心,实施以"八一工程"("一支产业技术创新研发团队、一个国家级研发和技术服务平台、一个产业技术创新联盟、一个专业企业孵化器、一支产业发展投资基金、一个高新技术产业园区、一个商贸基地、一个产业链群")为主的产业技术创新体系,打造创新链、产业链、资金链"三链"融合的创新机制,实现科技和金融的有机结合。截至2022年底,以国家新能源汽车动力电池工艺装备基础服务平台为试点的"八一工程"已取得实质性进展。

打造锂电池产业技术创新平台

产业技术创新体系建设是广州工研院的重要使命。为充分发挥国家平台的产业引领、示范和带动作用,改变动力电池装备产业相对落后的局面,整合优化产业链,提升产业装备技术水平和竞争力,2013年广州工研院建立了锂电池工艺领域唯一的国家级平台——锂离子动力电池工艺装备技术基础服务平台,推动国家新能源汽车动力电池工艺装备技术创新体系建设。

平台建立了新型高精度、高效率锂离子电池制造体系，研制了相应的成熟工艺路线和核心工艺设备。在锂电池制造工艺、核心装备技术、系统集成技术、产品信息化技术等领域取得了丰富的成果，具备自主知识产权的斑马多层双面涂布、三维孔隙率厚电极、高效精准叠片、极片激光连续飞切、双侧电极输出等独特工艺和装备技术，处于国内外领先水平。平台研发的新型工艺、装备技术及信息化技术在示范线企业实际生产中进行验证，具备提供整线和关键工艺设备的设计服务能力。

平台先后与多家公司合作建设锂离子动力电池工艺生产线，共同推动锂电行业领域的产学研合作和成果转化工作。生产线的建设对锂电设备及其产品指标进行了深入验证，生产线建设过程中与企业合作研发的新设备及新技术也在推动电池工艺的发展。比如，联合研制的极片正反面对齐设备、精密涂布设备已在宁德新能源科技有限公司、上海卡耐新能源有限公司等企业应用，联合研制的数据采集技术已在广州力柏能源科技有限公司、江西恒动新能源有限公司等企业应用。该平台已经与科研院所（中国科学院物理研究所、松山湖材料实验室、中国科学院沈阳自动化研究所、中国科学院化学研究所、中国电子科技集团公司第十八研究所等）、高校（华南理工大学、中山大学、华南师范大学、广东工业大学、哈尔滨工业大学、香港城市大学、香港科技大学等）、电池制造行业（欣旺达、亿纬锂能、国轩高科、天津力神、江西恒动等）、装备制造行业（深圳吉阳、深圳善营、大成精密、逸飞激光、海目星等）和汽车行业（宇通客车、金龙汽车、广汽、小鹏汽车等）建立了良好的合作关系，解决实际的锂电池关键制造技术瓶颈。

此外，广州工研院还联合多家科研机构和企业牵头成立了广东省锂离子动力和储能电池先进制造技术创新联盟，旨在构建锂离子动力和储能电池行业产学研合作的产业上下游协同创新平台，促进高校、研发机构、企业、服务机构等各个主体的创新合作，解决制约锂离子电池产业发展的重大关键技术问题，加快科技成果的转化，推动产业转型升级。该技术创新联盟的建设大大推动了广东省锂离子动力电池制造技术发展和锂离子动力电池制造装备行业标准化，大幅提升了广东省锂离子动力电池生产企业现场管理水平。

成立产业基金

为推动科技成果产业化，广州工研院和多家机构共同建立了产业基金，针对现有的产业项目进行投资，孵化多家企业，推动"三链"融合。

2016 年，怡珀新能源产业投资基金由广州工研投资有限公司、广东省粤科母基金投资管理有限公司和广东南洋电缆集团股份有限公司等企业共同发起成立。该基金是广州工研院开展战略性新兴产业技术创新体系建设试点的重点之一，也是"三链"融合理念中资金链的核心要素，其成功设立具有里程碑式的意义。

多平台中心助力技术研发

面向产业发展需求，广州工研院以"一院多所共存"创新发展模式汇聚各类创新资源，搭建技术研发平台，切实有效地推动技术研发及成果转化。

结构测试中心推动 CAE 技术应用

随着科技的进步，人们一直在修建更加方便快捷的交通工具、更为精密的装置。所有这些，都需要工程师在设计阶段对产品合理性进行精确的分析。近年来，以计算机技术与数值分析方法为支撑而发展起来的计算机辅助工程（computer aided engineering，CAE）技术，为解决这些复杂工程分析计算问题提供了一种行之有效的方法。产品设计阶段，CAE 技术起到巨大的推动作用，凡无法证实合理之详情，均可在 CAE 技术中得到证实，把一切可能出现的问题都解决在萌芽之时。

2012 年，广州工研院组建了结构分析与测试技术研究中心（简称"结构测试中心"），以国内一流的数值模拟基地和科技创新与技术推广平台为目标，推动珠三角地区 CAE 技术的应用和 CAE 产业的发展，建设国内乃至国际一流的 CAE 工程技术中心。中心有仿真咨询部、软件开发部和装备测试部三个部门，承担过 973 计划、中国科学院科技创新计划课题和国家重点实验室、海洋工程部门等单位的相关研发工作。研发内容主要有工程结构测试、仿真，以及智能制造装备设计、开发、测试等应用开发，在车身结构设计仿真与优化、冲压模具研发、船舶数字化设计与制造、装备焊接工艺优化方面有丰富的研发经验。

结构测试中心与中国科学院力学研究所、暨南大学等单位开展了深入的合作，拥有 Ansys、Fluent、CFX 等大型通用软件及具有自主知识产权的 SimuDyn 冲击动力学专业模拟软件，专业软件的定制研发能力较强。自中心成立以来，已完成欧洲空中客车飞机结构轻量化软件开发、海洋浅水域生态型建设技术等多个项目，有效地支持了地方制造业的发展。

受欧洲空中客车公司委托，广州工研院研究人员设计了具有大量连续半板中心开孔结构的大型复杂结构，构造三维宏单元，用于碳纤维、铝合金结构组件的静态分析和动态分析，从而减少计算时间并优化设计产品。目前该项目成果已提交欧洲空中客车公司，广泛用于飞机机身结构的设计。

为支持粤港澳大湾区海洋工程的建设，结构测试中心利用 CAE 开发了海洋浅水域生态型建设技术。海洋浅水域生态型建设技术是通过陆地建造、海上安装实现岛礁上结构物建设，将平台模块移动到指定位置，具有施工快速、生态、环保等特点。该技术目前已完成 1：10 现场模拟实验，正在惠州海龟湾进行示范工程建设。相关技术可应用于以下领域：在礁盘上实现一夜成岛、驻扎；在礁盘、礁坪上快速建成可靠、耐用、易维护的机场；实现远海岛礁大面积高效、环保、生态综合开发；为海洋渔业提供基础设施建设，包括建设码头、渔业养殖一体化平台、生态渔村等；为海洋旅游业提供水上休闲平台、度假村、休闲码头等基础建设；为海上风力发电、波浪能发电等提供基础平台；为大面积吹沙造岛工程提供施工作业平台、固沙及围堰平台等。

结构测试中心通过对区域相关企业调研，结合国内 CAE 技术研发现状，将发展战略定为积极构筑 CAE 技术发展和应用联盟，以共赢为前提，推动粤港澳大湾区制造业发展。

新能源安全中心提供可靠安全保障

新能源热安全工程技术研究中心包含锂电热安全工程技术和核电热安全工程技术研究两个方向。锂电池热安全工程技术研究方向面向新能源汽车动力系统锂电池安全防护重大需求，围绕锂电池热失控诱发的火灾、爆炸等热灾害事故，开展锂电池火灾风险评估、动力电池热模拟软件开发与应用研究。核电热安全工程技术研究方向聚焦于核电厂火灾、爆炸等热灾害事故的防治与评价关键技术的研发，拥有自主知识产权的核电厂性能化防火设计与评价系列软件，建设有"大尺度核电厂火灾综合实验平台"，具备在役核电机组的防火改造、新建机组的防火安全分析，以及第三方验证等能力。

随着锂电池技术水平的不断升级，其应用范围越来越广，日渐成为动力电源市场首选。锂离子电池的热安全问题通常是由内部或外部短路、过充、外部过热或起火、机械故障等引起的。电池产生的热量不能有效散发，温度升高会加快化学反应速度和老化退化的过程，导致电池失效，甚至发生燃烧爆炸。由于存在热失控传输风险，大型锂离子电池热失控后果严重。

面向锂离子动力电池的安全性需求，广州工研院建设了锂电池综合热分析实验室、锂电池热灾害防控实验室和全尺寸多功能燃烧实验室，开展锂电池热安全工程技术研究，围绕锂电池热失控诱发的火灾、爆炸等热灾害问题，开展锂电池火灾风险评估、热失控及传播过程诊断、热灾害实验和数值模拟技术、锂电池热模拟软件开发与应用研究，为新能源汽车产业发展提供可靠的安全保障。

"安全"是核电发展的命脉，发展核电必须以安全为前提。核电站几年来的运营经验证明：火灾给核电站安全带来了巨大潜在威胁，且火灾发生的可能性贯穿于核电站的设计、操作到退役的生命全过程。如何降低乃至杜绝核电火灾，关系到中国核电产业的安全与稳定这一关键课题。

广州工研院核电热灾害防控中心由广州工研院、中国科学技术大学先进技术研究院和中广核工程有限公司三方共建，是国内核电领域第一个进行热灾害相关研究的产学研专业平台。核电热灾害防控中心在核电设计时，对热灾害和热安全进行了研究，开展了定量分析技术的研发以及实验平台的验证工作，也是为了中国核安全审查需要、有关法规标准制定等方面的技术支持，为中国核电产业的发展提供了强大技术支撑。

针对核电站在火灾分析方法方面的需求，广州工研院与中广核工程有限公司共同完成了具有完全自主知识产权的"核电厂性能化防火设计与评价软件MOFIS-Z"的研发。针对核电厂内横向多层电缆桥架和纵向电缆桥架火灾，双方共同完成了"核电厂电缆燃烧模拟软件 MOFIS-C"的研发。MOFIS 系列软件已成功应用在我国"华龙一号"的防火设计中，打破了国外相关的技术封锁。

2020 年，英国通用核系统有限公司（General Nuclear System Limited）采纳了MOFIS 核电厂性能化火灾安全评价系列软件的计算结果文件，表明 MOFIS 软件的可靠性得到了相关国际核电公司的认可。2022 年，MOFIS 系列软件获得英国核监管办公室（Office for Nuclear Regulation）的认可，成为国内首个获得该认可的自主开发并维护的核电防火设计系列软件。英国核监管办公室发表声明，在保证安全性的前提下，MOFIS 系列软件可显著提高核电厂防火的可靠性和经济性，具有良好的经济效益和社会效益。MOFIS 系列软件能够结合房间内可燃物的真实分布情况以及不同可燃物的燃烧特性，真实还原火灾场景，模拟火灾情况下房间升温曲线，并对火灾蔓延特性、防火分区边界有效性进行充分评估，有效提升核电厂的火灾安全水平。

量子精密测量中心推进量子技术发展

量子信息技术已成为当今世界科技发展的重要领域之一。我国在"十三五"时期就将量子信息纳入国家基础研究专项规划，并通过国家重点研发计划、自然科学基金等项目支持量子信息技术的研究。进入"十四五"后，量子信息技术更受重视。《中华人民共和国国民经济和社会发展第十四个五年规划和 2035 年远景目标纲要》提出，"十四五"期间，瞄准人工智能、量子信息、集成电路等前沿领域，实施一批具有前瞻性、战略性的国家重大科技项目。在量子信息科技前沿领域攻关方面，提出推动城域、城际、自由空间量子通信技术研发，通用量子计算原型机和实用化量子模拟机研制，量子精密测量技术突破。其中，量子测量可应用于基础研究、生物医疗、惯性制导、空间探测等领域，有着巨大的发展潜力和广阔的商业化应用前景。

基于量子信息技术广阔的应用前景，广州工研院抢先进行量子科技布局，与中国科学院精密测量科学与技术创新研究院联合共建了量子精密测量研究中心，结合粤港澳大湾区的发展战略，利用广州市及周边地区的人才优势，推动量子信息基础研究和关键核心技术攻关，促进量子信息技术的发展。

2021 年，广州工研院量子精密测量研究中心、中国科学院精密测量科学与技术创新研究院、郑州大学和河南大学等单位共同合作，在单个超冷 $^{40}Ca^+$ 离子构造的量子模拟实验平台上设计了四个独立可控的耗散通道，在不同参数条件下多次实验对比测量结果，最终确认了"任何非平衡热力学过程中物理体系的演化速度都会受限于熵的流动速率"这一定律在量子体系中完全成立。研究成果发表在物理专业的顶尖期刊 *Physical Review Letters* 上。该工作对于进一步优化量子精密测量、量子信息读取等量子技术研究有重要的意义。

此外，研究人员还利用超冷离子实验平台，设计并实验展示了世界上第一台非厄米量子热机。该热机的工作物质是一个开放的（即非厄米的）量子体系，四个热力学冲程是基于刘维尔奇异点（即体系的本征能量简并点，使本征态和本征能量坍缩到一个点）的不同拓扑相。实验结果表明，"等容加热冲程和等容冷却冲程分别处于严格相和破缺相的量子奥托热机具有最高的热机效率"，这对量子正交热机的研究具有重要意义。该成果于 2022 年在线发表在国际知名自然科学期刊 *Nature Communications* 上，结论和所需技术具有重要意义，有望应用于能源、生物、医学和工程等领域，应用于分子马达、纳米机器人和微型智能器件的研制等。

特色创新助推科技成果转化

广州工研院自建立之初就把成果转化放在首要位置，并不断探索特色创新方式，包括自主创新（在关键核心技术上的原始创新），集成创新（将创新技术应用到系统集成和优化的创新）和超越创新（在引进先进技术、吸取先进管理方式基础上消化吸收、模仿进而超越的创新）等。通过特色创新方式，广州工研院在多个领域进行了多项技术研发及研发布局，并取得一定的实效。

围绕企业发展需求，广州工研院与广州诚恒化工有限公司合作，工研院科研人员针对公司的易燃液体储罐区开发了一套重大危险源安全智能预警系统，将事故的预测由传统的阈值报警扩展至泄漏及爆炸事故的早期预警和诊断。该系统采用机器学习算法，基于点式浓度探测系统对有害气体泄漏进行溯源定位，并实时反演泄漏气体流量，进而预测气体爆燃等事故危害范围，为应急救援决策提供量化支持。该系统的应用极大地提升企业安全管理技术和安全生产保障水平，有效防范重大安全风险及遏制重特大事故，为企业安全生产保驾护航。

激光制造技术具有高柔性、智能化等先进加工特点，被誉为"未来的万能加工工具"。如今激光制造技术正以空前的速度发展到航空航天、机械制造、石化、船舶和冶金等领域，同时向电子、信息及其他方面拓展。广州工研院联合暨南大学、中国科学院安徽光学精密机械研究所与其他院校及科研院所共同成立光纤激光器研发团队，并与新松机器人自动化公司等企业紧密合作，开发出百瓦级高功率光纤激光器系统及系统内系列关键元器件。现已研制有 30W、50W、100W 系列光纤激光器和 150W 半导体激光器，给激光器产品化、激光制造技术的运用奠定坚实的基础。

为落实广州市推动"数字广州"发展的总思路，广州工研院联合中国科学院光电技术研究所、上海盛图遥感工程技术有限公司共同研制数字航测技术系统。广州工研院聚合并整合了多种资源，采用中国科学院光电技术研究所的相机系统，辅以灵活多变的飞行器，获得广州市的地理数据，利用数字航测技术系统得到的航测图，已经在广州市部分档案和信息管理部门投入使用。目前，该成果已经在广州数航信息技术有限公司注册，用于成果转化，商业化运转较好。

基于区域电子产业发展需求，广州工研院积极创新发展思路，和北京航空航天大学、苏州苏试试验集团股份有限公司等联合共建环境与可靠性测试分析中心。其中，北京航空航天大学给予了技术支持，苏州苏试试验集团股份有限公司等对试验仪器设备进行了投资，广州工研院负责组织管理工作、场地和所需配套设施。分析中心不只是针对区域汽车零部件、大型装备制造、电子产品等的公司提供技术分析及教育培训服务，还致力于打造企业助产孵化基地。目前，分析中心的技术成果已经被多家企业转化。

面向产业发展需求，广州工研院以"一院多所共存"创新发展模式汇聚各类创新资源。在成果转移转化过程中，吸取先进管理经验，按照"技术+市场"的原则，对平台实行"专人负责制"：技术负责人负责技术研发，市场负责人负责市场开拓，协同推动技术成果转移转化。通过积极有效的探索，广州工研院在技术研发和成果转化方面形成了自己的特色，2015年，广州工研院被认定为广东省首批新型研发机构。

目前，广州工研院服务和合作企业遍布珠三角地区，在服务协调区域产业发展、推动产业升级方面发挥着重要作用。

粤港澳协同合作推动产业发展

广州工研院联合国内高校和科研机构，结合粤港澳大湾区的产业需求，重点研发关键核心技术及产品，为大湾区产业发展提供强有力的技术支撑。广州工研院以搭建研发平台为契机，以中国科学院各科研院所雄厚的技术实力为依托，充分解决产业技术难点，已在锂电池工艺、系统仿真、公共安全评价与咨询等方面完成了多项技术转移工作。

产学研合作：突破产业化"最后一公里"

广州南沙南端的龙穴岛上，造船厂内一片繁忙。不少海上"巨无霸"就从这里诞生，驶向世界各地。鲜为人知的是，这里应用的船体分段吊装三维仿真系统技术来自一水之隔的广州工研院。

位于南沙的广船国际有限公司是中国三大造船基地之一的核心企业，也是目前华南地区最大的现代化大型船舶总装骨干企业。

"造船厂内船体巨大，如何将船体吊装组块是一个难题。"广州工研院院长助理肖颖杰介绍，该套系统由工研院和广船国际公司合作完成，可极大地提高船体组块吊装方案的设计效率，提高船体拼装作业的可靠性和效率，同时为工人的培训提供演练条件。

"工研院发力点在于工业产业的应用研发和成果的转移转化，在整个产业链当中处于后端，是最接近产业的一块。"广州工研院有关负责人给出了这样的评价，"可以说是在产业化的'最后一公里'进行创新"。

"最后一公里"并不意味着水到渠成，相反，只有最直观、最显著的成效才具有说服力。"产业科学研究是'硬碰硬'。"上述负责人表示，源头创新需要时间的考验，而在产业端创新需要立马见效。例如，给企业带来了成本的下降、技术的提升、利润的提升等，都是要实实在在的成果。

目前广州工研院已与广船国际公司在有限元分析、节能减耗、新材料开发等多方面开展了多个项目合作，在船体组块吊装仿真系统开发、船用大功率自动化负荷试验装置研发、机座有限元分析系统开发等领域都取得了较大进展，提高了广船国际公司船舶的生产效率，降低了生产成本，给广船国际公司带来了巨大的经济效益。以共同合作的"船用大功率自动化负荷试验装置研发"项目为例，合作开发的自动负载测试装置，可满足实现三台发电机组并联测试的要求，大大提高了测试效率；采用网络控制器作为控制系统的核心，实现试验负载的自动调节和自动保护功能；开发的人机交互界面，操作简单、安全可靠，大大减轻了工作人员的劳动强度；采用先进的网络通信技术，减少设备控制的连线，从而提高测试效率，降低设备故障风险。与此同时，双方正在筹划长期合作模式，广州工研院为广船国际公司提供技术支持，广船国际公司为广州工研院提供研究平台，优势互补，共谋发展。

科研机构与企业强强联合，是加强科技成果转化、发展高新技术产业的重要手段。广州工研院一直以成果转化作为目标，通过与企业强强合作，将高端先进的技术成果转移到企业中，提高企业产品的竞争力。随着科技合作的逐渐加深，广州工研院在与企业合作过程中逐渐形成了由点及面、由浅入深的合作模式。

广州工研院经过多年布局，已与多家企业建立了良好的合作关系。在与企业的沟通交流过程中，能快速为企业解决技术难题，迅速建立信任关系。这个过程不是一蹴而就的，需要长期耐心的沟通与合作。最初广船国际公司在生产过程中遇到了迟迟解决不了的技术难题，广州工研院积极与广船国际公司进行沟通，利用研究院自有技术，以远低于国外市场的报价为企业解决了技术难题，且知识产权归企业所有。在广州工研院的技术支持下，广船国际公司顺利实现了生产和销售。自此，双方合作进入了快速发展的轨道，多项合作项目加速推进。

广州工研院专注行业技术研发，把技术做深、做透。先进、创新的技术力量为企业后续发展奠定坚实基础。

广州工研院在与广船国际公司合作过程中，通过将工研院成熟技术应用在公司船舶建造的工程项目中，帮助公司解决了实际技术难题，提升了船舶建造的技术含量，给公司带来了较好的经济和社会效益，取得了很好的效果。

基于与广船国际公司建立的良好合作关系，广州工研院凭借雄厚的技术实力，在接下来的深入合作中，逐渐挖掘出多个后续合作项目："能源监控系统的研发"、"大型船舶分段表面场 3D 测量系统的研发"和"水雾灭火系统的研发"。通过几个项目的紧密合作，双方达成了共同建设联合工程中心的初步意向，开发自己的船舶电子产品技术，打破国外进口产品的垄断。船舶压载系统的自主研发将促进广州乃至中国船舶电子行业的发展，对提高我国造船业的竞争力具有重要意义。

超算平台建设：为国际科技创新中心打下硬基础

超级计算机（简称"超算"）具有极快速的数据处理速度和极大的数据存储容量，已成为解决重大科学工程的有力工具。在新的科学研究范式推动下，超算的应用场景正在不断扩展，从前沿基础科学研究的高能物理、生物医学，到应用科学研究的航空航天、海洋工程等，都有它的用武之地。

国家超级计算广州中心南沙分中心的主体位于广州工研院内，通过一条双向光纤专线快速连接到国家超级计算广州中心的"天河二号"系统，这是世界顶尖的超级计算机之一，曾六次荣膺全球第一。

依托国家超级计算广州中心南沙分中心，广州工研院正在努力打造先进的云服务平台，并建立为广东、香港和澳门的产业制造链服务的生态系统。"目前面向本地的超算服务用户主要以科研机构和装备制造企业为主，广州软件所、广汽研究院、东方重机等都是我们的客户。"相关工作人员介绍，南沙分中心的定位主要面向工业设计制造领域，这也是广州工研院优势所在。

国家超级计算广州中心南沙分中心是广州工研院在国际科技合作中"走出去"

的一个重要成果，为产业结构调整和技术升级创新提供技术支撑，为基础与应用研究提供基础算力保障，成为广州超算面向粤港澳地区的门户。

香港拥有众多高校和顶尖科研团队，对于超算的需求非常旺盛，但受限于各种因素，香港至今没有部署先进的超算集群。在国家超级计算广州中心南沙分中心建设前，香港科技大学甘剑平教授团队只能将研究数据的硬盘邮寄到国家超算天津中心，一来一回要花好多天才能完成一个算例，十分浪费时间，耽误研究进程。

如今香港使用广州超算资源已十分便利。依托铺设的专用数据通道，香港的研究数据可直接传送到国家超级计算广州中心南沙分中心，目前香港大学、香港科技大学和香港理工大学等香港众多高校的研究团队已经借助该中心的超强算力进行科研研究。"现在港科大任何一名老师使用广州超算，都跟使用局域网差不多。"广州市香港科大霍英东研究院院长高民说。

"香港本身没有超算，广州超算中心提供了一个世界先进的超算平台，让我们可以做一些原来做不了的事情。"香港科技大学甘剑平教授曾感叹。香港大学林赞育教授也对国家超级计算广州中心赞誉有加，林赞育教授做生物学研究，在该中心超强算力的支持下，他可以在海量的病原体基因数据以及其他流行病学数据中，追踪包括 H7N9 型禽流感在内的重要病原体的起源、传播和进化。现如今已有数百个香港科研团队使用广州超算进行科学研究，硕果累累。

基础设施"硬联通"强强联合，协作机制"软联通"也在迅速推进。2018 年，国家超级计算广州中心联合中山大学、香港科技大学等多家粤港澳高校牵头成立了粤港澳超算联盟。粤港澳超算联盟通过高速网络专线直达、高水平及时服务、跨境优惠结算等方式实现了粤港澳超算资源共享，有效带动了创新超算应用发展，深化粤港澳三地超算应用交流和合作研究，携手打造"粤港澳超算资源共享圈"。

地震安全监测：为港珠澳大桥安全保驾护航

举世瞩目的港珠澳大桥已于 2018 年正式通车。这个历经八年建设、工程投资逾千亿元的大桥不仅是粤港澳的地标性建筑，更是一张"国家新名片"。在这座由中国人完全自主设计、建造的大桥上解决了众多世界桥隧设计建造的技术难题，取得了诸多技术突破，在这些技术突破中就有来自广州工研院团队的智慧结晶。

港珠澳大桥是目前世界上长度最长、建设综合难度最大的跨海大桥，其安全性备受关注。地震是造成大型桥梁损坏的主要原因之一，港珠澳大桥位于抗震设防烈度Ⅶ度区，有极大的地震风险。另外，港珠澳大桥地处珠江口，台风较为频繁。港珠澳大桥全长 55 千米，其中包含 22.9 千米的桥梁工程和 6.7 千米的海底隧道。如此大跨径的桥梁架设于海面之上，如何确保大桥在使用过程中的安全，如何对大桥健康状况进行实时有效的监测，是非常棘手的问题。

广州工研院、广东省地震局与暨南大学等高校和科研院所合作成功研制出了"港珠澳大桥地震安全监测与评估系统"。经一系列验证和评估，2017 年系统成功安装于港珠澳大桥。系统对港珠澳大桥进行长期安全监测，时刻监测大桥健康状况，确保港珠澳大桥的安全运营。

"港珠澳大桥地震安全监测与评估系统"主要由振动监测、事故预警、健康评估、地震风险评估四部分构成，其中，振动监测数据可实时监测、传输、存储；事故预警包含地震预警和撞击预警两部分；健康评估可开展自动实时分析、多指标综合评估；地震风险评估可进行大桥地震的数值分析、实时风险评估等。该系统得到了国内外知名专家的高度评价，认为其达到世界先进水平。

"港珠澳大桥地震安全监测与评估系统"是广州工研院在重大工程强震动监测领域的最新成果。目前该系统已升级为"重大建构筑物地震安全性在线监测与评估系统"，安装在中国散裂中子源、乐昌峡水利枢纽工程等重大科学装置和重大工程结构上，从防灾减灾层面为我国公共设施安全及可持续发展保驾护航。

大事记

2005 年 10 月 18 日，由广州市政府和中国科学院共建的广州中国科学院工业技术研究院成立。

2010 年 8 月，Ansys 技术支持中心揭牌仪式暨第一次工作会议在广州中国科学院工业技术研究院举行。该技术支持中心由广州工研院 CAE 中心与安世亚太科技（北京）有限公司广州分公司共建，地点设在广州中国科学院工业技术研究院。

2011 年 5 月，广州南沙开发区管委会与中国科学院软件研究所、沈阳自动化研究所、深圳先进技术研究院分别签署了共建广州中国科学院软件应用技术研究所、广州中国科学院沈阳自动化研究所分所、广州中国科学院先进技术研究所合作协议。

2013 年 12 月，广州中国科学院工业技术研究院获广东省科技厅批准组建广东省 CAE 软件与应用工程技术研究中心。

2014 年 12 月，广州中国科学院工业技术研究院与国家超级计算中心广州分中心、广州市香港科大霍英东研究院签订了《粤港共建国家超级计算广州中心南沙分中心合作框架协议书》，共同推进国家超级计算广州中心南沙分中心的建设。

2015 年 10 月，广州中国科学院工业技术研究院被认定为广东省首批新型研发机构。

2017 年 2 月，广州中国科学院工业技术研究院、中广核工程有限公司与中国科学技术大学先进技术研究院联合成立了核电火灾安全联合实验室。

2019 年 12 月，由松山湖材料实验室牵头，广州中国科学院工业技术研究院、中国科学院物理研究所、欣旺达电子股份有限公司等单位共同参与申报的 2019 年度国家重点研发计划"变革性技术关键科学问题"重点专项项目"高能量密度二次电池材料及电池技术研究"获批立项。

2021 年 8 月，广州中国科学院工业技术研究院更名为广州工业技术研究院。广州工业技术研究院按照理事会要求，力争创建国内一流工业技术研究院。

2022 年 3 月，广州工业技术研究院与中广核工程有限公司联合开发并维护的具有完全自主知识产权的核电厂防火设计软件系列的"默孚思（MOFIS）核电厂性能化火灾安全评价系列软件"，作为英国通用设计审查（generic design assessment，GDA）"华龙一号"核电项目中内部灾害领域、常规火灾领域、火灾 PSA 领域的火灾数值模拟工具，获得英国核监管办公室的认可。

案例小结

视角	维度	机构特征
二元	过程	广州工业技术研究院以技术研发和成果转化为使命，推动优势产业结构调整和技术升级，发展过程包括以下几个阶段。 ①建设阶段（2005—2010 年）：2005 年 10 月，广州工业技术研究院成立，旨在提升广州乃至珠三角区域自主创新能力，发展战略性新兴产业，推动优势产业结构调整和技术升级。 ②成长阶段（2011—2014 年）：2011 年 5 月，中国科学院软件研究所、沈阳自动化研究所、深圳先进技术研究院进驻广州工业技术研究院，标志着广州工业技术研究院发展进入新阶段。 ③发展阶段（2015 年至今）：2015 年 10 月，广州工业技术研究院被认定为广东省首批新型研发机构；继续推进新的研发平台的引进与落户，以期完成"1+10"战略布局，创建国内一流工业技术研究院。
	状态	广州工业技术研究院为响应粤港澳大湾区新时期发展战略需求，以"服务协调、特色研发、转移转化"为工作重点，协助广州市南沙区政府完成"1+10"战略布局，推进新的研发平台的引进与落户。

续表

视角	维度	机构特征
三层	组织架构	广州工业技术研究院组织架构为理事会、专家咨询委员会、院领导决策，下设锂离子动力电池工艺装备技术基础服务平台、结构分析与测试技术研究中心、新能源安全中心、量子精密测量中心等平台。
	体制机制	广州工业技术研究院采用理事会领导下的院长负责制。
	运营模式	广州工业技术研究院探索"一院多所共存"创新发展模式，即广州工业技术研究院承担综合管理服务和组织协调职能，吸引中国科学院院所来入驻，逐步形成"你中有我、我中有你、相互协同、相互支持"的协同创新机制。
四维	主体	广州工业技术研究院是由广州市政府和中国科学院共建的新型研发机构。
	制度	广州工业技术研究院高度重视制度完善，建立科研项目全周期管理制度，构建了人才引进和培养激励制度，形成了财务、人事等制度保障体系。
四维	技术	广州工业技术研究院围绕珠三角地区产业技术需求，研发凝练于先进制造、海洋工程、信息技术、新能源四个领域，重点开展具有自主知识产权的核心、关键、共性技术及新工艺、新产品创新研发及技术转移工作。
	人才	广州工业技术研究院十分重视人才工作，先后获批设立广东省博士工作站、广州市博士后创新实践基地；于 2019 年和华南技术转移中心、广州市香港科大霍英东研究院等单位共同发起组建了全国首个博士后科技创新公共研究中心——粤港澳大湾区博士后科技创新（南沙）公共研究中心。

参 考 文 献

[1] 潘慧，陈良湾. 打造科技创新的"广州模式"：国家级战略性创新平台落户南沙 [J]. 广东科技，2012，21（6）：32-33.

[2] 王亚莲，肖颖杰. "1+1+N"模式探索 [J]. 高科技与产业化，2014（12）：26-31.

[3] 张克武. 创新产学研模式服务科学技术创新：广州工研院工程结构分析与测试技术研究中心 [J]. 科技成果管理与研究，2012（8）.

[4] 黄晓艳，肖颖杰. 广州中国科学院工业技术研究院 创新发展模式 提供应用技术支撑 [J]. 高科技与产业化，2012（1）：40-43.

[5] 潘慧. 广州中国科学院工业技术研究院："服务协调、特色研发、转移转化"三管齐下谱新篇 [J]. 广东科技，2014，23（23）：41-42.

[6] 佚名. 由点及面 由浅入深：工业技术研究院与中船龙穴造船有限公司合作项目 [J]. 高科技与产业化，2012（1）：87-89.

第二篇

开放合作创新：新型研发机构的
创新网络和生态营造

中国科学院深圳先进技术研究院：如何依托微创新生态系统形成创新优势？

摘要：中国科学院深圳先进技术研究院自成立以来就一直致力于深化体制机制的创新，探索与实践了"楼上楼下"综合体、创新联合体、"强链补链"的集群效应等发展模式，促进了创新链与产业链的双向融合，形成了微创新生态系统，走出了一条独具特色的自主创新之路。它之所以在创新赛道上实现了赶超和跨越，关键在于其探索出的微创新生态系统，即以科研为核心，将教育、产业、资本相结合的"四位一体"的创新生态系统。面向产业发展需求，它通过牵头搭建联合实验室和检测服务平台，加强基础与应用基础研究的投入，集聚了高精尖的创新人才和团队，对推动我国新型研发机构创新发展做出了表率。

关键词：微创新生态系统；蝴蝶模式；战略性基础研究；创新人才

中国科学院深圳先进技术研究院（简称"先进院"）成立于 2006 年，是由中国科学院、深圳市政府以及香港中文大学联合建立的新型研发机构。先进院实行理事会领导下的院长负责制，融合中国科学院和地方政府的创新资源和政策，在自主创新之路上顺利驶入"快车道"，成为我国科技体制改革的"试验田"。

先进院之所以在创新赛道上实现了"加速探索"以及"科技快跑"，关键在于微创新生态系统——以科研为核心，并融合了教育、产业和资本，形成了"四位一体"共同发展的创新生态系统。那么，微创新生态系统究竟是怎样的呢？

微创新生态系统诞生记

微创新生态系统指的是以科研为核心，将教育、产业、资本相结合的"四位一体"创新生态系统，其中"蝴蝶模式"是"科研"核心系统的运行基础，跨界织网形成的产业集群是教育、产业、资本各子系统融合发展的外在体现。以先进院合成生物学研究所（简称"合成所"）为例，"四位一体"的微创新生态系统，为合成生物学研究提供了物质基础、平台支撑和转化基础，它最大的亮点就是"四位一体"融合发展的科研产业全链条，即合成所、大设施、创新中心与中国科学院深圳理工大学"四位一体"，形成科教结合、基础科研输出、工程化高通量制造与产业转化闭环。

产业化的历史使命

作为我国改革开放前沿阵地，深圳经济特区在建立之初，可谓是"科技沙漠"。2006 年 1 月，全国科学技术大会上，深圳市委书记李鸿忠提出了"深圳的 4 个 90%"：90% 以上的研发机构、90% 研发人员都在企业、90% 研发经费来自企业、90% 专利由企业申请。那个时候，深圳的科技资源还较为匮乏，在政府相关政策的引导下，依托经济特区的集聚优势，虽然已经逐渐形成了企业自主创新的氛围，但是面向产业需求的科研机构依旧十分紧缺，科技对企业发展的支撑带动能力还相对薄弱。当时主管科技的常务副市长刘应力对中国科学院领导说到，对于深圳来说，多一个亿元企业少一个亿元企业无碍大局，最需要的是面向产业技术发展的研究所，最需要能为企业创新发展提供科技支撑与服务的平台。

传统科研机构大多是事业单位，采取的管理模式都是行政模式，真正结合市场实际需求的并不多，这就导致了科技创新与市场应用的脱节。而深圳所要建设的新型研发机构，一方面要做到以科技创新为核心，另一方面又要做到自己向市场"找饭吃"，即要同时实现机构和企业、科技和产业的结合。在深圳过去多年的探索过程中，清华大学深圳研究生院、哈尔滨工业大学深圳研究生院这两所重量级高校落户深圳，对地方经济社会发展发挥了较大的促进作用，在深圳的创新实践都取得了显著的成效。

"中国科学院是国家科学技术方面最高学术机构和全国自然科学与高新技术综合研究发展中心。"时任中国科学院院长、党组书记路甬祥介绍，中国科学院作为国家战略科技力量，到 2006 年时应该重新考虑调整，因为前一段的改革主要是重新整理队伍以及重新凝练目标，以精简为主，而到了 2006 年应该考虑调整结构，主要包括两个方面的调整：一方面，空间结构的调整不能过度地集中在北京、上海，要跟中国的经济社会发展状况相契合，要在经济发展速度很快、科技需求很旺、产业创新很快的地区设立研究机构，把中国科学院的基础性、前瞻性研究成果和研究力量，跟企业的创新力量结合成一体，为经济社会发展提供新动力；另一方面是创新链条结构的调整，除了关注基础的、前沿的、单向性的科学技术探索和研究，以及少数航空、航天这些战略性集成创新产品，还要关注医疗仪器和高端制造业等事关国计民生的重要领域。

基于中国科学院调整的大背景，先进院顺势而生。先进院是中国科学院为推进知识创新体系、技术创新体系和区域创新体系相结合而建立的，先进院的成立也是深圳提升源头创新能力、完善创新体系的重要举措，成为加强深港科技领域交流合作的具体体现。

先进院对新班子成员在各方面都有极高的要求，要求年龄方面不要太老龄化，一般要求 40 多岁，精力上能充分投入，有激情、有闯劲、有创新精神。第一任所长由樊建平（樊建平于 2021 年当选国际欧亚科学院院士[①]）担任，他在中国科学院计算技术研究所当过较长时间的副所长，也是机器人领域的知名专家。

科技宠儿顺势降生

先进院，从诞生的第一天起，就注定要以科技创新为使命。它不能走中国科学院其他科研院所的老路，也就是不能仅以发表学术论文、取得科技成果奖项作

---

① 国际欧亚科学院成立于 1994 年，拥有来自 46 个国家的 600 余名院士、通讯院士和荣誉委员，总部设在莫斯科，分别在欧洲（法国）、欧亚（俄罗斯）和亚太地区（中国）建立区域中心，并在 15 个国家建立了国家科学中心。截至 2021 年，国际欧亚科学院院士中，中国科学家有 256 人，此前深圳大学前校长李清泉、香港中文大学（深圳）校长徐扬生等 5 位深圳专家获选。

为考核标准，而是要做到"三满意、一认可"，即当地政府满意、当地企业满意、当地人民群众满意，还要获得国际国内科技界的认可。这从两个方面对先进院的目标提出了要求：一方面，先进院的发展定位要顺应世界科技前沿发展方向；另一方面，先进院在社会价值上要能很好地支持地方经济社会发展。

多年来，中国科学院一直与深圳市有着良好的合作基础，深圳市抓住中国科学院准备与地方共建研究机构的契机，积极争取项目落户。2006 年 2 月，双方签署合作共建备忘录，明确深圳市将全力支持中国科学院在深筹建研究机构，并将给予相关支持。同年 9 月，院市双方签订"共建中国科学院深圳先进技术研究院协议书"，中国科学院、深圳市、香港中文大学三方签订"共建中国科学院香港中文大学深圳先进集成技术研究所协议书"，自此，先进院正式挂牌成立。

2009 年 3 月，院市双方达成协议，启动建设了先进院新工业育成中心。先进院与招商局集团蛇口工业区合计投入 1.1 亿元的建设资金。次年 8 月，中国科学院深圳现代产业技术创新和育成中心在蛇口正式开园，并设立 10 亿元产业基金，从孵化育成科技型企业、帮助完善治理结构和管理机制、提供管理及市场咨询、提供创业基础条件等方面入手，破解初创企业可能会面临的各种融资难题，提高高新技术企业的生存能力，引领并带动深圳市战略性新兴产业发展。

2009 年 12 月，先进院获中编办批准纳入国家研究院所序列，隶属于中国科学院。此后，经过深入的科技体制改革与创新，先进院在 2015 年获批广东省省级新型研发机构。在实践中，有很多创新性的制度设计发挥了重要作用，比如先进院的理事会制度，实际上就是借鉴了国际上许多研发机构的通行做法，但在中国研发机构中是首创。一系列体制机制创新加强了先进院科研创新制度的建设，将行政力量对科技创新全过程的干预尽可能降低，充分调动各类创新资源的高效利用。此外，"四位一体"的微创新生态系统，为科研、教育、创新、创业提供了坚实的制度保障。

当中国科学院的优势科研资源与香港中文大学的国际化视野、深圳市经济发展与产业升级的需求结合在一起的时候，会产生一系列"化学反应"，很多意想不到的事情就自然而然地发生了。

"蝴蝶模式"的体系化探索

为推动实现"0—1—10—∞"的实践探索和应用，先进院实践和运行了"蝴蝶模式"。在以蝴蝶为形象代表的创新创业闭环生态中，先进院将其分为"蝶头"、"蝶胸"、"蝶腹"和"蝶翅"四个主要部分（图1）。其中，"蝶头"代表的是新型研究型大学；"蝶胸"为基础研究机构，主要聚焦"0—1"的原创突破，致力于通过科教融合的创新路径强化培养高质量科技人才与产业人才；"蝶腹"为重大科技基础设施和"楼上楼下"创新创业综合体，目标是实现"1—10"的产业转化，通过融通重构创新要素，增强科技成果转化、孵化链条的韧性；"蝶翅"左右分别代表政府和市场，具体是指"有为政府"和"有效市场"，着眼于"10—∞"的能级跃升，以跨界整合创新创业，强化未来产业发展的核心竞争力。

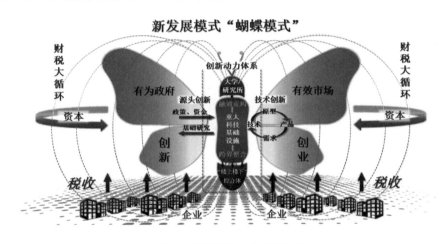

图 1　"蝴蝶模式"示意图①

"蝴蝶模式"以学院为人才输入和输出据点，以合成所作为基础科研支撑，通过大设施工程化、高通量和机械化手段，建立"楼上楼下"创新创业综合体，为先进院输出优秀人才和先进成果，助推科技成果转化。同时，"大设施+研究院"同步建设、相互促进，反哺和催生基础研究"从 0 到 1"的原始创新，增强创新链与产业链的衔接韧性，推动教育链与人才链得以双促双融，进一步夯实"四链融合"发展模式。

构建"楼上楼下"综合体

创新是一个从想法到研发、量产再到销售的完整链条和连续过程，技术开发

---

① 资料来源：《蝴蝶模式：大科学时代科研范式的创新探索——基于中国科学院深圳先进技术研究院 15 年科学与产业融合发展的实践》。

与产业转化作为其中的关键环节，直接决定着创新过程实现与否。然而，这一关键环节在实践过程中往往存在"脱节"现象，让产业难以拥抱科技，甚至产生令业内望而生畏的鸿沟，即科技应用的"死亡之谷"。

在院长樊建平看来，打通科技成果转化的"最后一公里"，重在探索科技触碰产业的创新模式，寻找成果高效转化机制。对此，合成所探索建立了"楼上楼下"创新创业综合体，为跨越科技成果转化"死亡之谷"提供了新路径。

这种模式比较成功的是在合成所牵头建设的深圳市工程生物产业创新中心内部，"楼下"为产业提供需求，为生物类初创企业提供拎包入住的共享实验平台及智库支撑，而"楼上"科研人员开展原始创新活动，解决基础科学问题，支持产业进行核心技术攻关。这种"楼上楼下"综合体，形成了融汇科技创新与产业孵化"双环耦合"的高效运行模式，建立了科技成果"沿途下蛋"高效转化机制，变以往从基础研究到应用研究的"线性模式"为行动实践"发明-发现循环模式"，让深圳合成生物学全过程创新生态链的成效得以显现，让科学和产业的"两双巨手"紧紧握在一起，在科技创新环与产业孵化环"环环紧扣"的链接支撑下跨越了"死亡之谷"。

"楼上楼下"不仅仅体现为地理上的聚集优势，更多体现在"穿白大褂的"和"穿西装的"在一栋楼里，打破了科学与产业在地理位置上的空间限制，也打通了合成生物创新生态链的重要环节，有效解决了初创企业缺乏设施和技术平台的瓶颈，极大地缩短了原始创新到产业转化的时间周期，架起了科研服务产业、产业反哺科研的"双向车道"，集聚了包含合成所孵化企业在内的臻合智造、中科碳元、厚存纳米、柏垠生物等高成长性企业。

在机制保障、设施平台与人才支撑的加持下，合成所的基础研究进入扎实推进阶段，为后续产业化的顺利推进源源不断地输送优质的科研成果，代表性成就包括：刘陈立团队在 *Nature* 上以定量公式揭示了合成生物的构建原理，在 *Nature Microbiology*、*PNAS* 等期刊上揭示了细菌细胞分裂的全新机制；钟超团队利用光响应生物被膜和仿生矿化，开发了自修复活体梯度复合材料，成果发表于 *Nature Chemical Biology* 上，团队受邀在 *Nature* 综述期刊 *Nature Reviews Materials* 上发表观点论文，首次定义材料合成生物学新兴交叉领域，等等。

组建创新联合体

从"0"到"1"是科学要干的事，而从"1"到"100"是产业孵化和工业应用能做到的事。科学和产业是相互联系的，但两者之间存在一条被称为"达尔文之海"的鸿沟，如何跨越这片"达尔文之海"呢？先进院做了一系列探索和实践。

医疗器械是保障人民健康的关键工具，随着我国相关产业规模的不断壮大，相关产品的普及需求与升级换代需求并存，近年来的增长速度高于世界平均水平。在产品竞争力方面，我国医疗器械市场以中低端产品为主，高端产品如超高端彩超、检验仪器、超高场磁共振设备等产品进口占比均在 80%—90%，高端医疗器械的国产化率严重不足。

先进院积极响应国家高端医疗器械重大需求，牵头组建了从前沿共性技术研发到转移扩散再到首次商业化应用的跨界型、协同型创新联合体，汇集产业链上下游优势力量联合开展基础原材料、关键零部件和重大创新产品攻关。先进院通过牵头搭建联合实验室、检测服务平台，集聚了大批的创新人才和团队，提升了技术创新与成果转化水平，推动了创新战略联盟、创新大会大赛等行业生态建设，在源头创新中起到了引领作用。

先进院对领域内共性关键核心技术进行深度梳理，形成了产业"卡脖子"技术全景图，先后与迈瑞医疗、上海联影等行业内龙头企业协作聚焦攻关，产出多项突破性、引领性科研成果，如超声剪切波弹性成像关键技术获 2017 年度国家技术发明奖二等奖，高场磁共振医学影像设备获 2020 年度国家科学技术进步奖一等奖。在低成本健康、医用机器人与功能康复技术等方面，先进院也取得了一系列重大突破，包括国家自然科学基金委重大科研仪器专项超声神经调控仪器研制成功，"超声神经调控技术"顺利进入了产业化的快车道；介入手术机器人的整机系统研制成功并且产业化工作也稳步开展；偏瘫患者辅助机器人系统的研制实现了脑卒中患者早期康复的辅助介入。

先进院坚持面向国家重大需求、面向国民经济主战场，积极发挥学科交叉的优势，培育集成创新优势，联合高校、企业、行业协会等开展协同集智攻关，建设了 106 个国家级、省部级和市级创新载体。其中，先进院作为主要股东单位之一的国家高性能医疗器械创新中心，于 2020 年 4 月由工信部批复组建，并成立深圳高性能医疗器械国家研究院有限公司进行实体运营。

跨界织网引领产业集群协同创新

作为深圳市新一代产业集群的总促进机构和枢纽性平台，先进院依托研究单元和产业联盟协会，通过跨界织网，"携龙头，促中小，建联盟，享资源"，在共同承担国家及地方产业项目、强化产业创新能力方面，发挥"平台的平台、联盟的联盟"的产业协同价值，构建开源共享的"竞争者合作"机制，推动建立"头雁引领雁群""大手牵小手"产业生态，实现产业集群化发展。

2019 年以来，先进院共成立了超过 84 个企业联合实验室，企业委托合作到款金额超过 2.8 亿元，成为集群产业链企业创新发展的重要资源。此外，它服务集群内外企事业单位，总共享计时超过 140 000 小时，并承担了深圳市政府投资 15 亿元建设、近百家企事业单位参与的粤港澳先进电子材料技术联盟，获工信部 2019 年先进制造业集群竞赛全国第一名。

先进院部署推进"基于自主研发的鲲鹏及昇腾全栈智能大数据平台""砷化镓、氮化镓芯片的先进基板封装技术开发""面向超薄芯片制造的临时键和胶材料""超大尺寸的 POA 曲面技术的开发""面向智慧城市的超大规模分析的关键技术研发及产业化""基于人工智能技术的金融风控系统的关键技术"六大实体项目，扶持了华为等龙头企业开展自主创新与产业发展，为 5G 和集成电路相关企业进入华为供应链创造了技术条件。同时，它积极打造鲲鹏生态链，推进"鲲鹏生态研究院"的筹建，通过跨界合作与华为公司、蜂群产业服务集团协同共建华为生态，围绕新一代产业集群科技创新情报分析，细分产业链知识图谱技术，为集群企业创新赋能。

在跨界合作方面，先进院通过跨产业探索典型创新成果的应用场景，优化拓展集群内多产业链的跨界整合，积极推动了相关技术的示范应用。比如，与商汤科技共同开拓的"5G+8K+AI"跨界融合应用示范项目，以疫情防控和安全监控为场景，结合 8K 超高清技术与 5G、人工智能、计算机视觉，实现远距离、大视角下场景的智能分析，精准把握全局安全态势，并对异常事件做出预警。该项目在深圳市海岸城进行了技术验证，并与深圳新一代信息技术产业园等形成示范意向。

通过与深圳北斗应用技术研究院合作，先进院充分利用智能大数据、物联网、人工智能、数据共享等技术手段，积极研发并发布疫情防控系统，全面掌握疫情数据，实时监测异常情况，实现防控全过程管理，在抗疫中起到了助力疫情防控的积极作用，受到了地方政府的表彰。

在自主开发"智能网联汽车整车在环测试系统"方面，先进院与比亚迪紧密合作，搭建可以满足智能驾驶车辆的在环测试系统，大幅提高自动驾驶系统测试效率，获得了中国科学院系统及广东省高校与科研机构中的首个自动驾驶公开道路测试牌照。

同时，先进院还与龙头企业合作开发拥有核心技术的应用系统，如中广核核电厂多模态人机交互系统、长江电力水电站液压启闭机活塞杆检测机器人、中国商飞穿戴式无动力下肢外骨骼系统等，为新一代信息技术不断拓宽示范和应用边界。

先进院善于发现新科技风口，围绕智能与生物技术融合的 IBT 领域，前瞻布局七大前沿科技研究，着力推动生命健康领域的科教融合与产教融合，率先抢占科技制高点。它将财富变成知识而"花钱"的科研创新过程和知识再变成财富而"赚钱"的产业创新过程有机统一，主导"花钱"和引领"赚钱"在过程中不断发生"化学反应"，使科技创新向产业链前端延伸，产业创新向高科技含量、高附加值的创新链后端延伸，实现创新链、产业链"双向融合"与"闭环发展"。

战略性基础研究能力超群

战略性基础研究，侧重于基础研究的战略性作用，强调基础研究满足国家战略需求，服务于国家、经济社会发展目标，满足国家战略发展需求。目前，广东省基础研究的主体仍然是以高校为主，新型研发机构作为后起之秀，有望成为战略性基础研究的新兴力量。

2018 年，在广东省从事基础研究的高校和科研院所中，先进院作为省级新型研发机构的代表，名列省级新型研发机构基础研究能力首位。在科研机构中，仅先进院一家基础研究竞争力进入全国 200 强，名列第 137 位。2019 年，在广东省发明专利申请量二十强科研机构中，先进院以 387 件发明专利申请量上榜。在满足国家重大战略需求方面，先进院起到了先导性作用，不断发挥着服务于国家、社会以及经济发展的作用。

重大科技成果不断涌现

先进院重点布局健康与医疗、机器人、新能源与新材料、大数据与智慧城市等领域，在高端医学影像、低成本健康、医用机器人与功能康复技术、城市大数据计算、脑科学、先进电子封装材料、肿瘤精准治疗技术、合成生物器件关键技术等方面，不断实现新的突破。

近年来，先进院科研工作取得多项重大原创性科研成果，比如，面向国家重大科技需求，解决"卡脖子"问题，超薄芯片加工用晶圆临时键合胶材料替代美国进口，成功导入华为海思 5G 基站芯片；在脑疾病模型和本能行为环路解析等研究领域，先进院获得突破，以 CRISPR 基因编辑技术在国际上首次制备和系统解析了 SHANK3 突变的孤独症非人灵长类动物模型；1.1 类原创新药"注射用 AS1501"获得临床批件，标志着世界上第一个 TRAIL 阻断剂药物成功进入临床开发；利用迁徙进化实验揭示合成生物学建构原理，为合成生物学研究提供基础理论指导，相关成果以长文形式发表在 *Nature* 杂志，先进院为第一完成单位与通讯单位；研制出 140 纳米超分辨 3D 活体生物光学显微镜，达国际领先水平。

基础研究机构不断成长

深圳市启动筹建的基础研究机构共 13 家，其中由先进院牵头组建的就有深港脑科学创新研究院、深圳合成生物学创新研究院、深圳先进电子材料国际创新研究院共 3 家。深港脑科学创新研究院、深圳合成生物学创新研究院均落户光明科学城启动区，与脑解析和电脑模拟设施、合成生物研究设施采用"二位一体"的建设模式，围绕共同的科学目标和科学问题，实现创新资源共建、共享、共用，完成既定的各项建设内容和目标。

2019 年，先进院与香港科技大学牵头，联合南方科技大学、深圳大学、北京大学深圳研究生院共同成立了深港脑科学创新研究院，这也是深圳和香港共同建立的第一家深圳市基础研究机构，以脑认知及重大脑疾病的神经机制为核心，在"认知的神经基础"、"重大脑疾病机理"、"重大脑疾病诊疗策略"和"脑科学研究新技术方法"四个重点领域开展研究，致力于打造全过程创新生态链。

同年，先进院牵头，深圳市第二人民医院和深圳华大生命科学研究院共同参与建设了深圳合成生物学创新研究院，立足于对人工生命体系的理解，开展合成生物学基本原理、共性方法和医学转化应用研究，成功为深圳催生出两条全新的产业链，实现合成生物产业与自动高端生物仪器国产化。

深圳先进电子材料国际创新研究院成立于 2019 年，聚焦集成电路高端电子封装材料，是由先进院和深圳市宝安区政府合作共建的深圳市十大新型基础研究机构。采取"边建设、边招人、边产出科研成果"的模式，已有数条电子材料中试线及检测平台入驻，满足了开展科研、办公的要求。二期规划建筑面积约 20 000 米^2，主要包含理化实验平台、中试线、封装材料验证平台等。该研究院以面向芯片级封装、晶圆级封装关键材料技术研发与应用为核心，充分依托粤港澳大湾区良好的研究与产业基础，发起成立大湾区先进电子材料产学研联盟和宝安区 5G 产业技术与应用创新联盟，汇聚国内外学术、产业优势资源，打造中国高端电子材料研发创新中心和具有世界影响力的创新科研机构。

国际科技合作不断深化

先进院已累计与 38 个国家（地区）的 93 家境外机构开展国际科技交流与合作，其中 81 人在 275 个国际学术期刊/会议担任职务。先进院与澳门大学共建人工智能与机器人联合实验室，并启动联合培养博士研究生合作，2019 年度新增 43 个国际合作项目，涉及 24 个国家，其中 21 位获中国科学院国际杰出学者、国际访问学者、国际博士后、特需外国人才、外国青年学者津贴等国际人才项目，主办和承办国际会议及培训班高达 27 场。

先进院通过与国际媒体龙头 Aspencore 持续开展合作，联合主办国际 AIoT 生态发展大会，在国际论坛上设立粤港澳大湾区新一代信息通信产业奖项，有力提升了深圳市新一代信息通信产业集群知名度。加强与德国先进制造集群、法国微纳集群等国外产业集群的合作对接，积极围绕园区建设、联合人才培养、峰会论坛、跨境创新孵化等方向开展更加深入的合作。还将中科创客学院作为对接平台和重要抓手，与法国格勒诺布尔 AQUILARIS、新加坡科技研究局、澳大利亚布里斯班 ACIC、英国 EGG 孵化器合作布局建立"海外创业中心"，不断深化拓展国际产业合作。

先进院成功获批省级国际合作基地——骨科转化医学研究平台，成立深港脑科学创新研究院 SIAT-UBC 院士工作站，设立亚洲合成生物学协会总部，与越南水利大学签署国际化人才培养协议，全力助力"一带一路"共建国家的建设，不断在国际合作中实现从跟跑到领跑的转变。

助力新冠病毒感染的疫情防控阻击战

在新冠病毒感染的疫情防控阻击战中，先进院通过实际行动践行了自身的责任。在先进院数字所生物医学信息技术研究中心，李烨研究员团队与中国人民解放军总医院团队合作，针对肺部 CT 影像提出了一种基于聚焦—融合—修正的上下文学习深度神经网络，实现了新冠肺部感染病变的自动识别与分割，有效提升了 CT 影像中病变区域的自动分析与识别准确率，这项研究工作得到中国科学院院战略性先导科技专项（B 类）、深圳市科创委"新型冠状病毒感染应急防治"专项以及国家自然科学基金等的资助，成果成功发表在计算机人工智能期刊 IEEET 上。

通过人工智能算法从 CT 图像中自动检测和识别新冠肺部感染，可以为病人诊断、治疗以及预后监测提供一种快速且有效的计算机辅助诊断方法，能有效缓解专业放射科及临床医生短缺问题，为及时快速筛查和分级诊断提供辅助影像学证据。然而，从二维 CT 图像中分割感染区域面临着诸多挑战，其中包括感染区域特征的高度变化以及感染与正常组织之间的对比度低、边缘模糊等问题。

针对这些问题，团队提出了一种基于聚焦—融合—修正的深度网络架构，通过设计的自动聚焦和全景聚合模块自适应地整合了网络同级和跨层级的上下文信息，有效缓解了由病变分布散乱、形状不规则等造成的识别精度低的问题。进一步地，网络架构中引入结构一致性修正机制，在学习过程中利用距离映射对每个像素及其周围区域进行编码，有效将区域的结构信息引入学习过程，提高了模型对复杂病变结构的感知，降低了其他信息的干扰。

不拘一格聚人才

先进院注重从源头上引进高层次人才，并大力培养所引进的高层次人才。这十几年中，先进院专门派人到世界一流实验室，慢慢地了解一流大学以及一流实验室建设情况，真正做到了"不拘一格聚人才"。

唯才是举、任人唯贤的用人理念

先进院的研究员不仅要做科技创新的开拓者，更要做提携后学的领路人。每年春天，各个研究所负责人会与樊建平院长一道奔赴美国、欧洲，去各大著名高校选拔优秀的科技人才。他们选择人才的标准不受年龄、学科的限制，而是唯才是举，任人唯贤。

樊建平针对"为何对学术方向把握得比较超前、看得比较准"这一问题，回答道："我可能是国家科研机构当中，考察世界一流实验室最多的几个人之一，我都是到世界一流大学现场去学习，去一趟美国、欧洲就要调研几十个实验室，这样下来，一年就能看上百个实验室。另外，我拜访过许多位世界顶级的科学家，向他们虚心请教，并与他们深入交流，可以说是站在巨人的肩膀上去把握学术方向，先找准学术方向再吸引相关领域的一流人才回国。"

确实，热爱学习、勤钻研是非常重要的品德，樊建平正是选前沿人才、布先进学科，把"读万卷书"和"行万里路"很好地结合起来，才练就了一双善于甄别人才、善于判断学科方向的火眼金睛。

厚植利于青年人才脱颖而出的沃土

经过多年的探索与实践，先进院认识到，要想推动创新团队不断取得成绩，需要具备两方面的条件：一方面，团队要拥有自我造血能力，奋发有为、自主创新。另一方面，在研发过程中，需要一些宽松的政策，更好促进成果形成并落地转化。对此，先进院坚持"以人为本"，建立起独特的人才梯队，不断支持年轻科研工作者脱颖而出，从人才结构方面提供创新动力支撑。

在人才引进方面，先进院实行更加开放的人才政策，柔性引才引智，形成"能上能下、能进能出、动态优化"的人才正向流动机制，最大限度激发人才创新创业活力，促进各类优秀人才竞相奔腾，为人才成长提供公平的竞争环境，对各类人才的支持方式更加精准化、差异化，真正做到了为"人人皆可成才、人人尽展其才"提供沃土。

2009年7月，经中组部批准，先进院成为深圳市唯一的国家重大人才工程基地，通过计划内招生、联合培养、设立"客座学生"等方式招收、培养研究生。

2012年8月，以先进院为依托建立了深圳先进技术学院，运用港澳台的教育资源和国家研究所的科研优势协同创新，将其建设成为一所以研究生培养为主、多学科交叉、致力于集成创新、快速适应全球科技经济发展变化和区域需求的新型学院。深圳先进技术学院是深圳新建的第三所特色学院，也显示了先进院进一步向"科技+产业+资本+教育"的"四位一体"模式发展。

不断完善青年人才培养体系建设，先进院持续加大院优秀青年创新基金的投入，2019 年度共支持了 64 项，支持经费达 1000 万元，并根据科研业务需要，选派 10 名青年人才赴海外进行学术研修和访问，组织了青年人才的学术活动和青促会所际访问，搭建了青年人才的交流平台。

推进先进院建设经验在全国推广

先进院将自身的成功经验在全国范围内进行推广，先后成立了深圳创新设计研究院、深圳北斗应用技术研究院、济宁中科先进技术研究院、天津中科先进技术研究院、中科创客学院、苏州中科先进技术研究院、珠海中科先进技术研究院、杭州中科先进技术研究院、武汉中科先进技术研究院（简称"武汉先进院"）、山东中科先进技术研究院（简称"山东先进院"）等院。

先进院将"四位一体"的微创新生态系统进行推广，打造成新型研发机构推动科技体制机制改革的鲜明特色，并把"蝴蝶模式"的体系化探索推向了全国。其中，武汉先进院、山东先进院借鉴了深圳先进院的建设经验，在科技创新领域取得了一系列成果。

武汉先进院新材料领域结硕果

武汉先进院诞生于 2018 年，是中国科学院在武汉市成立的第一家新型研发机构，致力于实现部分"卡脖子"关键材料和技术的突围。2020 年虽然受到了新冠疫情的严重影响，但它仍表现出顽强的生命力和过硬的创新实力，在新材料研发方面结出了累累硕果，还有一批优秀科研成果成功实现了产业化。

2020 年新冠疫情时期，湖北是全国疫情防控的重中之重，就在全国人民为病毒肆虐忧心忡忡之际，2020 年 2 月 27 日，人民网上刊登了一条振奋人心的信息："喻博士，太感谢啦，今晚入舱的医生使用了防雾喷剂，效果奇好，太感谢啦。"

原来，医疗队在一线战斗了 15 天，和其他工作在一线的医护人员一样，都饱受护目镜上起雾水带来的麻烦。于是有的医生涂上洗洁精，有的医生喷玻璃防雾剂，但大多效果不佳，有医护人员反馈，"打个针连血管都看不清"。

自新冠疫情暴发以来，武汉先进院院长喻学锋一直奋斗在实验室，带领研究团队紧急攻关与疫情防控相关的技术。在完成病毒核酸快检试剂盒关键原料的研发后，他注意到医护人员饱受护目镜起雾之苦，发现了一个来自一线的紧急需求——防雾剂。团队仅用一周时间完成了纳米防雾喷剂的研发、生产中试、灌装生产线构建以及相关企业标准的建立。

在多家医院试用后发现，该纳米防雾喷剂有重大突破，它突破了材料限制，在树脂、玻璃包括镀膜眼镜等材质上都能产生持久效果，扩大了防雾剂的使用范围，能有效保证一线人员工作期间视野清晰。

武汉先进院总经理康翼鸿说道："我们不断提高产能，先后分 8 批累计向 109 家防疫单位捐赠共 4 万支，被数万名医护人员广泛使用，并得到了一致好评。防雾剂的核心是高分子表面改性技术，后来我们在此技术基础上又开发了光固化永久防雾涂层，并与多家企业合作进行了产业化，包括生产防雾护目镜、防护面罩、防雾游泳镜等，未来该技术还将应用于浴室镜防雾、汽车大灯防雾、电箱观察窗的防雾领域。"

打造新型研发机构的山东样板

2021 年 1 月，山东先进院院长李卫民回到中国科学院深圳先进技术研究院，同时，也带回来了一份沉甸甸的成绩单：成立才一年半的时间，山东先进院与北方重汽、中联重科、上海特斯拉、北京汽车、吉利汽车、中广核研究院等多家国内知名企业签署合作协议，实现营收过亿元。李卫民荣膺 2020 年度"影响济南"的科技人物。

李卫民曾担任济宁中科先进技术研究院院长 5 年，2019 年 6 月参与创办山东先进院。他立足于齐鲁大地对转型升级、创新发展的迫切需求，希望在山东成功复制先进院十几年体制机制创新的经验，用现代企业理念制度重新梳理研发机构发展脉络，打造一个新型研发机构的山东样板。

2019 年 6 月，作为济南市政府、济南高新区管委会和先进院三方共建的新型研发机构，山东先进院顺势而生，由山东中科先进技术研究院有限公司负责具体运营，李卫民担任院长。政府计划 5 年内列支 6 亿元，将其打造成省级新能源汽车领域的高端科研平台及国际一流的新型研发机构。

山东先进院团队共 100 余人，拥有高级职称或博士学位的 14 名，硕士以上员工占比近 50%，累计引进高端人才 18 名（含全职引进 4 名），包括特聘院士 1 人、国家级人才计划专家 5 人、泰山产业领军人才 3 人，还与加拿大工程院院士孟庆虎签署合作协议，建立了院士工作站。同时，山东先进院与山东大学、济南大学、山东科技大学、齐鲁工业大学、山东交通学院等 10 余家驻济高校达成双导师联合培养研究生意向。

山东先进院重点围绕新能源汽车、智能制造、人工智能、医疗康养四大领域，实现科技成果与企业、市场、资本的有机融合，建立高水平研发及转化平台，建立高水平人才队伍体系，服务地方经济产业发展需求，营造产学研资"四位一体"融合发展的创新微生态圈。在项目的选择方面，山东先进院聚焦战略性新兴产业的前沿科技领域进行精准发力。同时，联合杭州弘途股权投资基金管理有限公司社会资本，共同组建总额 5000 万元的山东中科股权投资基金，以山东中科先进技术研究院有限公司孵化项目、国内重点科技创新项目为依托，计划实现目标企业挂牌、IPO 上市或并购，完成基金退出。

2020 年 2 月，山东先进院智能装备中心中标了中联重科"一带一路"白俄罗斯项目，后来疫情暴发后，工作人员出入境很不方便，但任务又十分紧急，山东先进院团队克服重重困难，最后终于按时完成了白俄罗斯智慧工厂内车厢部件焊装机器人项目的交付，显示出山东先进院敢于打硬仗的作风。

大事记

2006 年 2 月，中国科学院、深圳市政府及香港中文大学友好协商，在深圳市共同建立中国科学院深圳先进技术研究院，实行理事会管理。

2006 年 2 月，经中国科学院、深圳市政府和香港中文大学三方友好协商，共建中国科学院香港中文大学深圳先进集成技术研究所。

2007 年 8 月，先进院生物医学与健康工程研究所成立。

2011 年 5 月，先进院广州分所——广州中国科学院先进技术研究所成立。

2012 年 8 月，深圳市第三所特色学院——深圳先进技术学院正式挂牌成立，并正式设立"计算机科学与技术"博士后科研流动站。

2013 年 6 月，中国科学院大学第一所揭牌的专业学院——中国科学院大学深圳先进技术学院正式成立。

2015 年，先进院获批全国博士后工作站，建成集流动站、工作站于一体的博士后培养体系。

2016 年 11 月，在科技创新论坛暨先进院十周年汇报会上，中国科学院深圳先进技术研究院与美国麻省理工学院麦戈文脑科学研究所共建的脑认知与脑疾病研究所正式去筹成立，与格朗生物技术（上海）有限公司共同建立的"癌症早期检测技术"联合实验室正式挂牌成立。

2018 年 3 月，中国科学院深圳先进技术研究院正式对外宣布，该院非人灵长类动物实验平台顺利通过 AAALAC 国际实验动物评估和认可委员会认证现场检查，并正式获得国际 AAALAC 认证。先进院成为深圳首家获得国际 AAALAC 认证的机构，也是广东地区唯一一家、国内第九家通过该认证的高校研发机构。

2019 年 3 月，诺贝尔生理学或医学奖得主厄温·内尔加入中国科学院深圳先进技术研究院内尔神经可塑性实验室。

2019 年 10 月，中国科学院深圳先进技术研究院所属深圳合成生物学创新研究院宣布正式成立"基因组工程与治疗研究中心"，并聘任国际一流学者、美国哈佛大学遗传学教授乔治·丘奇为中心负责人。

2021 年 10 月，先进院与港澳大学合作获批国家 4 项合作项目。全国共资助41 项，先进院获批 4 项，占比近十分之一，获批项目数量全国第一。

2021 年 11 月，先进院高端医学影像团队获 2020 年度国家科学技术进步奖一等奖。

2021 年 12 月，中国科学院深圳理工大学（筹）设立"创新型人才培养研究中心"。

案例小结

视角	维度	机构特征
二元	过程	先进院是我国新型研发机构的典范，主要包括以下几个发展阶段。 ①建设阶段（2006—2010 年）：中国科学院、深圳市政府及香港中文大学友好协商，在深圳市共同建立中国科学院深圳先进技术研究院，实行理事会管理。 ②成长阶段（2011—2014 年）：先进院广州分所——广州中国科学院先进技术研究所成立；深圳市第三所特色学院——深圳先进技术学院正式挂牌成立；中国科学院大学第一所揭牌的专业学院——中国科学院大学深圳先进技术学院正式成立。 ③发展阶段（2015 年至今）：先进院获批全国博士后工作站，建成集流动站、工作站于一体的博士后培养体系。
二元	状态	先进院实践"蝴蝶模式"。在以蝴蝶为形象代表的创新创业闭环生态中，先进院将其分为"蝶头"、"蝶胸"、"蝶腹"和"蝶翅"四个主要部分。其中，"蝶头"代表的是新型研究型大学，"蝶胸"为基础研究机构，"蝶腹"为重大科技基础设施和"楼上楼下"创新创业综合体，"蝶翅"左右分别代表政府和市场。

续表

视角	维度	机构特征
三层	组织架构	实行理事会管理，主要职责为负责审议先进院重要规章和制度，提出所长（院长、主任）与副所长（副院长、副主任）的建议人选，审议发展战略、规划及法定代表人任期目标，审议年度工作报告、财务预算方案和决算报告，审议批准先进院的薪酬方案等。理事会管理制度下的工作效率高，逐步形成先进院"敢想敢干"的创新文化。
	体制机制	构建"楼上楼下"综合体，"楼下"为产业提供需求，为生物类初创企业提供拎包入住的共享实验平台及智库支撑，而"楼上"科研人员开展原始创新活动，解决基础科学问题，支撑产业进行核心技术攻关。这种"楼上楼下"综合体，形成了融汇科技创新与产业孵化"双环耦合"的高效运行模式，建立了科技成果"沿途下蛋"高效转化机制，变以往从基础研究到应用研究的"线性模式"为行动实践"发明-发现循环模式"。
	运营模式	坚持面向国家重大需求、面向国民经济主战场，积极发挥学科交叉的优势，培育集成创新优势，联合高校、企业、行业协会等开展协同集智攻关，建设了106个国家级、省部级和市级创新载体。
四维	主体	深圳先进院目前已初步构建了以科研为主的集科研、教育、产业、资本于一体的微型协同创新生态系统，由九个研究所、多个特色产业育成基地、多支产业发展基金、多个具有独立法人资质的新型专业科研机构等组成。
	制度	探索产业与资本紧密结合的运营模式和创新生态。为使先进院科技成果及技术转移所形成的经营性国有资产能够保值增值，并有效行使对国有资产的监督管理，制定了科研项目管理、对外投资管理、资管监督管理等制度，推动服务并管理好成果转移转化相关工作。
四维	技术	三大突破：高端医学影像、低成本健康、医用机器人与功能康复技术。N个重点培育：城市大数据计算、非人灵长类脑疾病动物模型、先进电子封装材料、肿瘤精准治疗技术、合成生物器件关键技术等。
	人才	在科教融合方面，以一流的科研机构支撑拔尖人才培养；在产教融合方面，构建"0—1—N"的全链条培养体系，培养具有"科学素养、管理基础、创业基因"的复合型人才；在粤港澳合作与国际化办学方面，面向国内外引进高水平、国际化的教师队伍，设立国际化课程体系，与国际一流高校密切开展人才交流和合作。

参 考 文 献

[1] 佚名."加速"探索在希望的田野上：曙光携手中科院深圳先进技术研究院成就"科技快跑"[J].计算机与网络，2007（1）：49-50.

[2] 林勇，张昊.开放式创新生态系统演化的微观机理及价值 [J].研究与发展管理，2020，32（2）：133-143.

[3] 李娜娜，张宝建.创业生态系统演化：社会资本的理论诠释与未来展望 [J].科技进步与对策，2021，38（5）：11-18.

[4] 曾国屏，林菲.走向创业型科研机构：深圳新型科研机构初探[J].中国软科学，2013（11）：49-57.

［5］柳卸林，王倩. 创新管理研究的新范式：创新生态系统管理［J］. 科学学与科学技术管理，2021，42（10）：20-33.

［6］赵广立，姜天海. 创新立院 一马当先：访中国科学院深圳先进技术研究院院长樊建平［J］. 科学新闻，2014（22）：24-25.

［7］章熙春，江海，章文，等. 国内外新型研发机构的比较与研究［J］. 科技管理研究，2017，37（19）：103-109.

［8］郑淑俊. 技术与人才并举 打造特色创新之路：中国科学院深圳先进技术研究院建设探析［J］. 广东科技，2012，21（10）：34-36.

［9］张雨棋. 我国新型研发机构的运行机制研究：基于"行动者网络理论"［D］. 北京：北京化工大学，2019.

［10］郑翔，徐飞. 中国科学院深圳先进技术研究院：以一流环境引一流创新团队［J］. 广东科技，2012，21（20）：49-52.

［11］刘启强. 中科院深圳先进技术研究院：四位一体 助推新兴产业跨越发展［J］. 广东科技，2014，23（23）：45-46.

［12］谭乐，安一硕，张鑫卉. 打通创新链，促进产学研：中国科学院深圳先进技术研究院合成生物学发展及展望［J］. 中国基础科学，2020，22（4）：44-50.

［13］王卫军：从科研人员到创业者的华丽转身. 中国科学院深圳先进院公众号，2021 年 4 月 1 日.

［14］郑明彬："跨界创新让我的灵感永不枯竭". 中国科学院深圳先进院公众号，2021 年 6 月 28 日.

［15］中国科学报：深圳先进院何以引领创新链产业链双向融合. 中国科学院深圳先进院公众号，2021 年 12 月 28 日.

［16］李卫民：打造新型研发机构的山东样板. 中国科学院深圳先进院公众号，2021 年 1 月 21 日.

［17］康翼鸿：武汉先进院新材料研发结硕果. 中国科学院深圳先进院公众号，2021 年 2 月 7 日.

［18］双城双创·深圳｜院士分享"楼上楼下创新创业综合体"模式. 中国科学院深圳先进院公众号，2021 年 10 月 20 日.

［19］祝贺！深圳先进院高端医学影像团队获 2020 国家科技进步奖一等奖！中国科学院深圳先进院公众号，2021 年 11 月 3 日.

［20］如何助力创新团队脱颖而出、勇创一流｜看樊建平院长如是说. 中国科学院深圳先进院公众号，2021 年 12 月 11 日.

［21］院企合作协同创新｜深圳先进院合成所一天成立两个联合实验室！中国科学院深圳先进

院公众号，2021 年 3 月 3 日.

［22］567 件！深圳先进院 PCT 申请数领跑国内外知名高校. 中国科学院深圳先进院公众号，2021 年 3 月 5 日.

［23］高交会"新风向"：合成生物、脑科学全过程创新生态链加速打通. 中国科学院深圳先进院公众号，2021 年 12 月 27 日.

［24］阿儒涵，杨可佳，吴丛，等. 战略性基础研究的由来及国际实践研究［J］. 中国科学院院刊. 2022，37（3）：326-335.

［25］李晓轩，肖小溪，娄智勇，等. 战略性基础研究：认识与对策［J］. 中国科学院院刊，2022，37（3）：269-277.

［26］樊建平. 蝴蝶模式：大科学时代科研范式的创新探索——基于中国科学院深圳先进技术研究院 15 年科学与产业融合发展的实践［J］. 中国科学院院刊，2022，37（5）：708-716.

"港科技+粤产业"：广州市香港科大霍英东研究院如何打造粤港科技合作成功典范?

摘要： 广州市香港科大霍英东研究院于 2007 年由霍英东基金会捐建，是香港科技大学的发展理念、愿景与霍英东先生夙愿相结合的产物。自成立之日起，广州市香港科大霍英东研究院便依托香港科技大学国际先进的科研及教育优势，以科技创新为核心驱动，致力于粤港深度合作下的应用研发与成果转化。本案例介绍了广州市香港科大霍英东研究院如何依靠粤港协同创新快速发展，促进珠三角地区产业转型的经历，希望给后发新型研发机构开展粤港科技合作、凭借联合创新寻求创新发展提供经验参考与借鉴。

关键词： 粤澳合作；联合创新；港科技；粤产业

2007 年，广州市香港科大霍英东研究院（简称"霍英东研究院"）由霍英东基金会捐建，落地南沙，是香港科技大学的发展理念、愿景与霍英东先生夙愿相结合的产物。作为广州首家香港背景科研机构，多年来霍英东研究院脚踏实地，专注于将香港科技大学先进理论成果转化为技术创新，以港之科技，促粤之产业，实践探索出"科技研发在香港，成果转化在广东"的发展模式，成效显著。

2022 年，霍英东研究院累计承担国家级、省市区级科研及政府配套项目 320 余项，承接商业技术开发及服务项目 500 余项。

2022 年，霍英东研究院为粤港两地科技研发和成果转化提供"天河二号"超算资源，截至 2022 年底，科研团队通过其付费使用的超算总资源数已超 2.4 亿核时。

2022 年，霍英东研究院举办的香港科技大学百万奖金（国际）创业大赛广州赛共吸引近 300 个团队参与；创新工场已成功引入 12 支由境外知名高校教授带领的 TSP 红鸟高端团队，举办 30 多场双创活动。

2022 年，霍英东研究院也获得了中央及地方各级领导、海内外专家学者的诸多关注，并在粤港合作、科技成果转化、创新创业等方面积极地进行深入交流，吸引了 100 多个机构和团体前来调研、参观。

短短十几年，霍英东研究院便取得了一系列科技成就，备受瞩目。作为香港背景的广东省首批新型研发机构，粤港特色到底赋予了霍英东研究院何种优势？其又是如何凭借粤港联合创新、粤港协同创新快速发展，真正做到"港科技+粤产业"，以港之科技，促粤之产业？

霍英东研究院的诞生

霍英东，原名官泰，1923 年出生于香港，祖籍为广东省广州市番禺区。2006 年在北京病逝，享年 84 岁。作为著名爱国人士、杰出社会活动家、香港知名实业家，以及香港中华总商会永远名誉会长，霍英东先生为我国经济社会发展和现代化建设做出了重大贡献。他曾先后投资捐赠了多个重大项目，2018 年 12 月，党中央、国务院授予其"改革先锋"称号，颁授"改革先锋"奖章。

早在 20 世纪 70 年代末，霍英东先生便投身于内地经济发展，并以独特的战略投资眼光参与多个项目。1979 年，霍英东先生洞察到了内地投资的商机，开始到内地投资建设中山温泉宾馆，成为最早一批到内地投资的香港企业家。1983 年，霍英东先生与广东省合力兴建的广州白天鹅宾馆正式营业，成为我国第一家由国人自己设计、施工和管理的大型现代化酒店，受到了邓小平同志的充分肯定。自1993 年 7 月起，霍英东先生在香港特别行政区筹委会预备工作委员会和筹委会中曾担任重要职务，也经常奔波于北京和香港之间，主持或出席相关会议活动，广泛地听取香港各界人士的意见，参与制订了当时香港的各种方案和政策。霍英东先生为我国内地经济发展、现代化建设贡献了重要力量。

"我们在内地多方投资、捐赠，目的只有一个，就是希望国家兴旺、民族富强。我始终没有忘记自己是一个中国人，我愿尽我之所能，为国家的繁荣昌盛多办些实事。"霍英东先生曾这样说到。事实上，他也在用自己实践的一生来践行他的理念。

以港之科技，促粤之产业

霍英东研究院的创立离不开霍英东先生的高度重视，离不开香港科技大学的大力支持。

香港科技大学（简称"港科大"）作为全球知名高校，不断探索新知识、新领域，勇攀科学高峰，并积极在内地建立科技创新基地，促进国家经济社会发展。早在 1999 年，港科大就联合广州市政府、霍英东基金会在广州市南沙区建设南沙资讯科技园，参与到广州城市规划、建设与发展中来，成为香港特别行政区中最早投身于内地发展的大学。

而成立于 1977 年的霍英东基金会，长期以支持和发展内地教育、科技、文化及经济为己任。霍英东先生更是高瞻远瞩，对广州市南沙区寄予厚望，一直想把南沙建设成为促进香港和珠三角地区科技、教育合作的重要平台。

港科大有许多先进的理论科研成果，但由于长期受香港"寸土寸金"的地域限制，石油、化工等领域缺乏应有的产业基础，这阻碍了港科大科研成果的转移转化。而事实上，也正如它所意识到的那样，一旦这些理论成果无法转化为生产力推动产业的发展，便面临失去意义的危险。

霍英东研究院院长高民曾坦言，缺乏产业应用的理论研究，是学界的一大尴尬所在。也正因如此，随着相关政策文件陆续出台，粤港合作前景一片大好，港科大也审时度势，及时将发展方向转到了广州市南沙区，正是这个转变，使港科大和珠三角实现了一种"双赢"，既为港科大寻到了将高校先进理论研究付诸实践的产业基础，又为珠三角提供了强有力的科技支持。

　　港科大的办学理念、愿景与霍英东先生的夙愿十分契合，也与珠三角地区的发展需求一致。2005 年，霍英东先生向港科大捐赠专款，用来支持港科大在广州南沙发展教育与科研事业，霍英东研究院也由此诞生，于 2007 年 1 月正式成立，落地广州南沙资讯科技园，登记注册名称为"广州市香港科大霍英东研究院"。

　　霍英东研究院身着多副"马甲"，它既是一家民办非企业，又是广州首家香港背景科研机构，也是港科大面向内地所建立的最重要的技术研发和成果转化平台。霍英东研究院以穗港科技合作枢纽、原始创新与商用技术的桥梁以及粤港澳大湾区青年科技创新创业基地为发展定位，依托港科大的科研及教育优势，以科技创新为核心驱动，致力于粤港深度合作下的应用研发与成果转化。作为港科大的下属机构，霍英东研究院具有其他科研机构所不具备的天然优势。一方面，港科大有全球领先的科研和教育双重优势，能发挥好港澳纽带作用，将优秀科研成果向内地输送、转化；另一方面，这种优秀科研成果的输送和转化，也能直接促进珠三角地区产业升级和经济发展，从而更好地将香港与内地的科技创新及产业发展紧密结合在一起，发挥粤港科技成果转化示范作用。

　　在霍英东研究院，不得不提的是，自建院起它便是独树一帜，具有其他研发机构所不具备的粤港合作特色，也恰恰是由于这种独有的特点，霍英东研究院紧抓粤港合作契机得以快速发展。比如说，刚创建不久，霍英东研究院就已经拿下了众多国家课题项目依托单位的资质，如 863 计划、973 计划、国家自然科学基金；很快也被科技部颁授为国际科技合作基地，并与南沙资讯科技园联合成立了博士后工作站，成功组建了集产学研于一体的工业自动化国家工程研究中心（华南分中心）。在粤港合作方面，霍英东研究院也发挥了重要作用，设有国家超级计算广州中心南沙分中心等平台。

　　"我们可以在传感网络、先进材料、生物医疗及生物技术、环境及可持续发展等领域与广东省开展科技服务，目前在这些领域里我们的理论研究处在学界前列，我们通过将这些理论成果转化为实际的产品推向珠三角的企业，便可以实现粤港双赢的格局。"高民曾言。

打通创新生态链

　　霍英东研究院以港科大全球一流的科研成果、先进的教学理念为基础，与珠三角地区的产业发展需求相结合，成立了物联网研发部、先进材料研发部、先进制造与自动化研发部、绿色建筑和环境研发部四大部门，着力打造了两大核心——研发团队与市场团队。它们就像"车之两轮，鸟之两翼"，将港科大全球先进的理论与市场需求结合，以科学技术构成初级生产力，努力打通创新生态链，推动霍英东研究院朝着既定的目标前行。

高民坦言："与别的研究机构功能定位不同，我们的研究成果绝不仅仅是为了申请课题或者发表论文，我们承担着技术转移和技术服务的双重任务。我们的宗旨是希望通过研发先进技术产品，为广东乃至我国的科技产业服务，而作为霍英东研究院的'大心脏'，研发团队的贡献显得至关重要。"

霍英东研究院的工程师的工作更为专一，专注于产品的研究与开发，他们任务艰巨，要负责将先进理论转化为企业的实际生产力，来促进企业更新换代，推动产业发展。霍英东研究院以打通区域发展中的创新生态链为目标，采取多项举措：其一，组建专门的市场团队，进行市场需求搜集，并将搜集回来的企业需求与港科大现有的理论成果进行匹配，判断在现有的理论基础上，是否能找到兼具操作性和可行性的解决方案。其二，一旦供需匹配成功，由研发团队出马，与企业进一步合作洽谈，并商讨整个合作方案与合作细节，如产品功能、研发周期、硬件规划与软件设计、企业成本以及整个产品设计的总成本等，最后达成书面合作协议。其三，在达成协议后，研发团队便开始全面负责具体的技术研发工作，直至项目落地。

在研发方向上，霍英东研究院有着自己的思考，其研发根植于港科大的先进理论研究，致力于将香港的先进成果转化为技术创新，而非盲目跟风，市场上出现了一款热卖的产品就也去研发、凑热闹。也正因如此，得益于港科大理论研究的先进性，霍英东研究院研发出的产品一般也具有前瞻性，在整个产业未来发展方向上具有引领性，能够推动内地科技产业的转型升级。如在无线传感器网络领域，港科大早在1999年便开始从理论上进行研究，数字生活研究中心在2006年筹建的时候也开始相关产品的研发，目前已经取得了很多重大突破，霍英东研究院也做了一些成果转化部署，但是反观内地很多企业，直到2009年才开始重视这个产业。

粤港合作集聚两地资源，推动协同创新

霍英东研究院凭借粤港合作契机，有效集聚两地技术、人才和算力等资源，

推动粤港协同创新。

以项目管理为联结"供需"的纽带

"项目管理，就是要做技术研发与市场需求的纽带"，曾在霍英东研究院数字生活研究中心负责项目发展及商务推广的管理人员如是说。要做到科技与产业深度融合，项目管理非常重要，不仅要一手抓"市场"，还要一手牵"政府"。她在日常工作中，除了要向内地政府和香港特别行政区政府推广霍英东研究院的科技项目外，还会定期组织类似粤港物联的科技交流会，来向其他企业推广研发中心的一些最新技术成果。

长期以来，霍英东研究院都保持着一个"好习惯"——定期组织科技交流会，这主要是为了展示和反馈科技成果，确保始终与外界联动的状态。在霍英东研究院，每个人都清楚地知道，专注于技术研发是创院的初衷，虽然也取得了不错的成绩，但是如果企业看不到，没有良好的合作伙伴应用他们的研发成果，那么他们辛辛苦苦的研发工作将变得毫无意义。科技交流会则是他们用来解决这个问题的一个好手段。科技交流会为霍英东研究院提供了一个很好的展示平台，向更多的人更好地展示其研发产品和技术成果，同时让政府和企业能够了解到霍英东研究院的研发内容、研发进度和技术水平，让霍英东研究院与外界大众、企业、政府互联互通，而不只是默默地研发。除此之外，霍英东研究院还会经常参加一些其他机构举办的会议与活动，以此来扩大知名度和影响力。

项目管理中另一项非常重要的工作则是与政府的沟通洽谈，这关乎着是否能为霍英东研究院在粤开展各项业务争取到更好的政策环境和科研环境。

"在 2010 年我们市场团队就与省委市委的相关科技部门领导举行过多次座谈，达成了多项合作协议。"一名管理人员说到。早些年，为资助霍英东研究院，广东省科技厅建立了广东省港科大产学研创新平台，在高分子材料、电子信息及通信技术、环境与可持续发展等几个领域开展粤港科研与教育方面的合作，取得了丰硕成果，政府给予了高度肯定。这对霍英东研究院的进一步发展意义重大。除了与广东省政府"打好交道"，霍英东研究院也会密切关注香港的产业需求，承担一些来自香港的科技创新项目，如香港创新科技署委托的科技项目。

以创新工场推动粤港科技合作

"粤港澳（国际）青年创新工场"（简称"创新工场"）由南沙区和霍英东研究院合作共建，霍英东研究院负责运营管理，着力打造面向粤港澳大湾区青年的科技创新创业核心载体和人才聚集地。

创新工场拥有港科大、霍英东研究院两个强大的后盾。霍英东研究院依托港科大全球领先的科研及教育双重优势，组建了一支 200 余人的研发团队，在新一代信息技术、智能制造、新材料等领域进行研发，并取得了突破性成果，为创新工场提供强大的科研支援。

得益于港科大人才培养、知识转移、创新创业等方面的优势，创新工场通过创新粤港澳及国际科技合作的体制机制，吸引了一批又一批的港澳及国际青年来南沙创新创业。创新工场也有着多重身份，既是广东省首批粤港澳大湾区港澳青年创新创业基地、粤港两地政府互认共建的青年创新创业基地，也是港澳青年学生实习就业基地、广州市港澳台青年创新创业基地，资源众多、配套齐全，具有鲜明的粤港澳合作特色。

创新工场拥有优质的环境配套。创新工场众创空间面积超过 4000 米 ^{2}，内设会议室、办公室以及众多工位，还配备阅读空间、多功能教室、演讲厅、干湿实验室等区域，满足人才创新创业工作和生活需求。

创新工场能够有效实现资源对接。创新工场与周边城市政府、产业园区、知名企业都保持互动交流与资源共享，发挥各自的区位优势，为创业者提供产业资讯和行业资源。

创新工场兼具投资和融资服务。创新工场与众多企业集团、机构达成长期合作协议，如越秀集团、星河集团等，并通过商业路演、项目展览等形式，为创业团队与投资人提供相互了解的机会。

创新工场经常组织种类繁多的创新创业培训和创业大赛，覆盖新材料、物联网、智能制造、生物医药、新能源等行业，通过组建专业的创业导师团、开设专门的课程，为初创企业和项目进行全程辅导，并以开展创业沙龙、科创课堂、项目路演的形式来促进双创活动的开展。自 2015 年以来，创新工场协助举办 70 余场创新创业培训交流活动，吸引了 5300 多名粤港澳青年参与。自 2016 年以来，承办的香港科大百万奖金（国际）创业大赛广州赛参赛项目超过 2000 个，创业成员来自全球各地。截至 2023 年 5 月，创新工场在孵项目 76 个，其中港澳及海外项目过半数。

以超算南沙分中心提供强大算力资源

作为我国 863 计划和核高基重大专项的标志性成果，"天河二号"超级计算机系统在高性能计算、云计算和大数据等方面大范围应用，2015 年，"天河二号"实现了全球超级计算机排行榜 500 强六连冠；2014—2016 年，在高性能共轭梯度 HPCG 排行榜上达成五连冠，一度被誉为"世界一流超算中心"。

2014 年 12 月，国家超级计算广州中心和霍英东研究院签署合作协议，国家超级计算广州中心南沙分中心（简称"超算南沙分中心"）落户霍英东研究院。这意味着，世界一流超算"天河二号"将通过超算南沙分中心，在大科学、大工程、新产业方面持续支持粤港澳科技发展，进一步深化粤港澳大湾区的科技创新能力。

此外，超算南沙分中心的建立标志着我国第一个专线联通内地和香港的高性能计算和数据处理服务平台正式形成。霍英东研究院依托港科大搭建了专用数据通道，200 多个港澳及海外团队都通过这个分中心来进行科研运算，也正是超算南沙分中心的存在，让全球顶尖的计算资源在珠三角地区变得触手可及。港澳地区及海外用户可通过霍英东研究院与港科大清水湾校园之间的跨境专线快速接入超算南沙分中心，为粤港科技发展和成果转化提供关键技术支撑和数据资源服务，极大地提高了两地科技合作紧密度。

"超级计算资源对科学研究很有帮助，常用于大气、海洋、生物、材料等复杂模拟计算。"高民感叹道："香港目前没有大型超算，大学一般都只配备小型计算集群，无法支持几千上万核的并发计算。因此，以前有大型计算需求的教授们都是通过硬盘拷下 GB 级乃至 TB 级的数据，让学生送到内地的超算中心进行处理，再将算好的数据'人肉'带回香港。"

早在超算南沙分中心筹建时，高民就一直倡导，要让香港科学界能够共享广州的超算资源，进而提高香港科研创新的效率以及超算资源的利用率。如今，超算南沙分中心通过在广州和香港之间架设专用数据通道，实现了粤港科研资源的有效对接。

近年来，粤港澳大湾区的科技合作飞速发展，在体制机制创新方面也有了很大的进步，像以前总是很苦恼的资源、资金问题，如今基本已经解决了。霍英东研究院运营的超算南沙分中心为粤港科技合作做出了重大贡献，其服务对象包括港澳和海外的科研人员，实现了数据的联动和科研设备的共享共用。有数据显示，霍英东研究院为粤港两地科技研发和成果转化提供"天河二号"超算资源，截至2022年底，科研团队通过其付费使用的超算总资源数超过2.4亿核时。

"港科技""粤产业"深度融合，创下斐然成绩

作为一家由香港高校在广州设立的新型研发机构，霍英东研究院长期致力于把港科大的研发团队和研究成果引进广东，推动香港理论研究成果在内地转移转化。

先进制造与自动化：革新国产注塑机的"大脑"

打破定律，让中国制造不再低端。众所周知，我国是世界上最大的塑料制品生产和消费国，而广东则是国内塑料加工业重地。2021年我国塑料制品产量为8004万吨，其中广东省塑料制品产量1510.14万吨，占全国的18.87%，位居全国首位。我国塑料制品的产量规模已经远超日本、欧洲，但质量却远远不及。究其原因，主要是我国的成型加工控制水平整体上相对落后，导致国产注塑机在国际上缺乏市场竞争力，大多处于低端产品市场。

在制造业中，"Made in China"的铭牌往往等同于打上"质低价廉"的烙印，这一定律在注塑机行业也不例外。有数据显示，在注塑机产量上，我国占全球的70%，但在产值上却只占全球的9%，可见其价格之低廉。2011年，我国累计出口51 647台注塑机，出口额14.7亿美元，进口13 718台，进口额21.8亿美元，出口贸易逆差高达7.1亿美元。也就是说，进口产品价格约为出口产品价格的5.58倍，进口和出口产品价格差距之大，国产设备的低廉程度可见一斑。

针对这种情况，霍英东研究院先进制造与自动化研发部的高福荣教授及其团队，基于港科大的前期成果积累，带领团队自主研发出一种低成本、高精度的注塑机智能监控系统——MUST控制系统，这种注塑机在精度和稳定性上，已达到甚至超过欧美与日本的技术水平。这一研发突破使得我国注塑机产业有望进军高端市场，为我国注塑机行业发展再添新动力。

走进研发部实验室，会看到一台台注塑机静卧其中，虽然机器在外观上看起来与国内生产的大多数注塑机几乎没有什么差别，但在精度和稳定性的技术水平

上却可以赶超欧美、日本等发达地区。

"往往一台同样吨位的注塑机，国产的仅售七八万元人民币，而德国或日本产的可高达六十万元人民币。"为何价格相差如此悬殊，高福荣在2013年接受采访时解释道："国产注塑机自身质量不稳定，产品废品率高，精度方面远低于德国和日本的机器，造成生产效率低、加工过程能耗大、产品质量差等问题。因此，在价格上我们就只能是人家的一个零头，赚取的也仅仅是一点设备制造和加工的费用。"

如何解决这一难题，提升国产注塑机的质量与精度，让"中国制造"不再是"质低价廉"的代名词，成为萦绕在高福荣及其团队成员心中的一个中国梦，也是高福荣团队二十多年致力于国产注塑机"大脑"革新的原动力。

然而，这一路布满坎坷和荆棘。早期，高福荣曾与世界顶级的注塑机公司合作过，研制出了世界上最精密的注塑机控制系统并将成果产业化。"由于研发出来的注塑机控制系统价格高昂，一套系统售价要300万日元（约合14.6万元），而国内一台整机价格才100万日元（约合4.9万元），所以很多国内企业望而却步，订单寥寥。"

不过，也正是那次合作让高福荣意识到我国需要通过降低成本来提高国际竞争力，只有研发出低成本的控制系统，才有可能在国际市场获得一席之地。有了这个清晰的认识之后，高福荣和他的团队开始专注于研究低成本的控制系统，来更好地适应国产注塑机行业的整体现状。因为他们深知，在当下国内注塑机行业中，不是要做最精密的控制系统，而是要力求在价格和质量之中寻找一个折中点，于是，他们朝着这个目标不懈努力。

"大脑"革新，"MUST"趋于完美。经过多年坚持不懈的核心技术攻关，高福荣团队将自动化技术和工程工艺相结合，把工艺的特性应用到控制系统的开发中，最终他们开发出的注塑机新"大脑"与当时国内普遍采用的系统价格相差不大。

"大脑"其实是名为"MUST"的控制系统。国产注塑机配备这一系统之后，无须改动其他硬件，机器性能便可得到大幅提升，其加工精度及稳定性可以媲美日本和欧美的机器。目前，这套系统已通过科技成果鉴定，被来自国内多家著名高校的知名教授组成的专家组鉴定为"国内首创，国际领先"技术。多家不同品牌的注塑机已经开始试用这套系统，试用结果均显示，该系统能极大地提高注塑机的生产稳定性，同时也能大幅度降低废品率。

注塑制品最为看重重复性和稳定性，为保证注塑制品质量的稳定性，"MUST"

控制系统采用了先进的控制和监测技术，在注塑过程的各个阶段中，对速度、温度、压力、模具定位等关键参数进行精密控制，也正是由于这种先进的技术和精密的工艺，确保了其质量和效果。例如，在温度控制方面，"MUST"的控制系统控制的料筒稳态温度精度为 0.3—0.5℃，相比之下，国外机器的温度精度控制在 1 ℃左右，国内的则在 5℃左右。传统国产注塑机在应用"MUST"控制系统后，注塑产品质量非常稳定，重量的精度可达到 0.01 克，次品率接近 0。这无疑是一个巨大的突破。

高福荣认为，技术成熟后，下一步就是要做好产业化。为此，霍英东研究院间歇工业过程监测与故障诊断院士工作站引进了以中国工程院孙优贤院士为首的创新团队，试图建立一个间歇工业过程监测与故障诊断领域的科研平台，主要围绕广东省企业在相关领域的技术需求进行科技研发、战略咨询、人才培养，为企业破解间歇制造领域的行业共性关键技术难题提供技术支撑和服务，促进港科大、研究院的科技成果产业化。工作站引进的孙优贤院士是中国工程院第一批院士，也是浙江大学现代控制工程研究所所长、工业自动化国家工程研究中心主任，孙院士已经带领国家工程研究中心孵育出了两家非常成功的自动化公司。

在产品的产业化推广模式方面，高福荣团队也很有一套，他们不去找注塑机生产厂家，而是去找注塑机用户，让用户先在一两台机器上试装该系统，以用户切身体验获得口碑，借用户之口打开市场，让注塑机厂采用他们的控制系统。高福荣非常希望这一技术能够推广到整个行业中，趁机重塑国家注塑机行业的整体格局。

精益求精，燃起塑料加工业的中国梦。作为在注塑机研究方面辛勤耕耘二十余载的科技人，高福荣心中有一个中国梦：希望将技术创新与智能化运作有效结合，从根本上解决广东塑料制品、塑料机械和模具企业转型升级中的核心技术难题，进而迅速提高广东乃至全国塑料工业的整体水平，带动我国各关键制造业的全面转型升级，增强我国制造业共性核心技术突破和解决能力，实现我国制造业的强国梦。令人欣慰的是，最终注塑机新"大脑"——"MUST"控制系统让高福荣及其团队得以圆梦。

高福荣曾希望，在一个 300 多台机器的生产区，只需一两个人在监控室就可以负责全部机器操控，大幅度地提高生产效率。为此，高福荣团队将研发部和院士工作站未来的发展方向确定为，在精密化的基础上进一步实现智能化，并因此成立了塑料加工行业智能化工程研究中心。制定了非常关键的"三步走"战略，助力实现全智能化运作以及研发成果的大批量生产：第一步是实现机器做到精密；第二步是实现机器智能化，使机器能够做到自动修复、自动识定；第三步是节省生产空间，对工厂进行整体规划，形成一种智能化、集成式的运作空间，通过工厂整体规划有效节省占地空间和人力资源。

绿色建筑与环境：打造高性能计算和数据处理服务平台

由于在海洋现场收集数据在实际操作上非常困难，而且在空间和时间上受到很大限制，因此在海洋科学研究中，观测数据是非常稀缺的。为解决这一难题，为未来海洋研究和管理提供数据和平台支撑，香港科技大学甘剑平教授与其跨学科团队进行了十几年的深入研究和攻关，发展了中国海多尺度海洋环流模拟系统（CMOMS），推出首个互动海洋环境影像化平台 WavyOcean，在时间和空间上覆盖整个中国海。

WavyOcean 平台利用最先进的海洋数值仿真技术，不但提供区内海洋环流和生态系统的耦合数据，也以影像化和互动方式呈现海洋能量和物质传输、生物地球化学属性和生态系统的三维时空变化，并且能够提供环境（三维海洋环流、温度、盐度等物理和生物地质化学变化等）和气象（风力、温度和压力等）等前所未有的全面数据，有望为未来的海洋水动力、灾害、污染、生态系统和气候变化研究提供有力的基础。

为何 WavyOcean 这个重要创新平台能够成功建立？一方面，得益于甘剑平教授与其跨学科团队十多年的扎实研究基础，另一方面，内地科研资源为其建设提供了有力支持，其中国家超级计算广州中心"天河二号"超级计算机便是重要的支持力量之一。超算南沙分中心设在霍英东研究院，是全国首个专线联通内地和香港的高性能计算和数据处理服务平台。"现在港科大任何一名老师使用广州超算，都跟使用局域网差不多。"高民介绍。

甘剑平教授是最早一批与内地开展科研合作的香港科学家之一，也是香港第一个使用广州超算的科学家。霍英东研究院在体制上能够更方便地与内地的科研接轨，甘剑平教授因此与广州结缘，其团队与厦门大学近海海洋环境科学国家重点实验室组建的近海观测与模拟联合实验室在霍英东研究院运作。

他在海洋动力学、海洋数值模拟等方面积累了数十年的经验，这个优势刚好与内地科学家形成互补。2008年，甘剑平教授加入了973计划，通过和厦门大学戴民望院士团队合作，出色地完成了"南海生物地球化学碳循环"和"中国海洋碳循环和全球演变"两个973计划项目，项目在验收时被科技部评为"优秀"。2014年，他与中国科学院南海海洋研究所合作的研究项目"南海与邻近热带区域海洋联系及动力机制"获得国家自然科学奖二等奖。

甘剑平教授作为香港第一个使用广州超算的科学家，早在机器试验的阶段就开始使用，现在还是广州超算的主要用户之一。因为当时整个香港都没有布局超算系统，这让香港的海洋科学研究遭遇了不少障碍，无法从事一些深层次的研究。但是，超算南沙分中心提供了一个世界级水平的平台，让甘剑平教授及其团队可以做一些原来做不了的事情。

依托港科大和超算资源，甘剑平教授团队的研究领域从珠江口延伸到南海、东海、黄海、西太平洋等领域，成功开发了三维高分辨率中国海多尺度海洋环流模拟系统，可成功分辨南海环流在不同深度的三层交替旋转环流及其相关的生物地球化学响应，填补了现有海洋模式对边缘海海洋环流动力和生态系统分辨的不足。目前，港科大海洋系已是在粤港澳大湾区海洋研究领域从事海上调查和海洋数值模拟的主要单位之一，所积累的海洋模拟数据也处在国内领先位置。

"事实证明，在国家的大项目、大投入和大平台的支持下，香港所聚集的世界一流科学家能更好地做出成绩，服务国家。"广州较早地承担了桥梁的作用，更好地促进了内地和香港的科研合作，也给想干事业的香港科学家提供了研究资金和广阔空间，而他们也致力于打造高性能计算和数据处理服务平台，促进资源的共享。

聚焦核心技术攻关，实现技术自主可控

物联网：实现精准室内外一体化位置感知服务

依托港科大国际领先的科研优势，霍英东研究院围绕物联网关键技术展开深入研究和技术创新，多年来承担和参与了973计划、科技部港澳台科技合作专项、国家自然科学基金、国家科技重大专项、广东省和广州市重大科技专项等多项政府科研项目。其团队成员来自佐治亚理工学院、印第安纳大学伯明顿分校、杜伦大学、港科大、浙江大学、中山大学、西安交通大学、华中科技大

学等国内外知名高校，拥有一流企业工作经验，为技术研发和攻关提供人才支撑和保障。

物联网研发部主要聚焦移动感知与计算、移动设备感知数据的多源融合技术、移动增强现实的数字场景技术、智慧场景智能导览等关键虚拟场景技术，室内外定位导航等物联网关键技术，以及相关前沿技术的跨领域协同与商业应用。目前，获得行业相关的已授权的发明专利60余项，开发申请授权软件著作权10余项，授权美国专利2项、PCT国际专利2项。同时，不断深耕物联网领域产学研发展，致力于技术服务于产业、服务于社会，技术成果被逾百家企事业单位采用，为华为、美的、佳兆业、博智林机器人、公安部第三研究所等多家企业、科研单位提供关键技术研发服务，创造了大量的社会效益和经济效益。物联网研发部团队研发的相关产品已经在香港科技大学（广州）、广州白云国际机场、广州南站、广东省博物馆、广东省人民医院、南方医科大学附属南方医院、深圳湾科技生态园、前海基金小镇等众多场景应用落地，并获得了2022年杭州亚运会解决方案最佳奖。

物联网研发部基于自身在室内定位、轨迹跟踪、多传感器数据融合算法方面的优势，研发出识路（SeekLane）精准室内位置服务，旨在为大型室内空间提供轻量级的室内精准定位导航服务，实现室内外一体化无障碍"找路、找车、找人、找店"。识路支持基于位置的商铺营销和多维监控的管理平台，并首创国内精准室内驾车导航、超高空高精准室内定位导航，达成室内应用场景全覆盖、室内外定位导航无缝接合。另外，识路具有高扩展性与强兼容性，全面支持安卓和苹果系统应用的研发与接入，支持小程序、公众号或第三方APP，也可以与第三方系统对接并支持更新迭代。目前，霍英东研究院已与国内多家知名智能停车系统制造商合作，实现智慧能力加成，也已经为超过百个行业客户提供了精准室内外一体化位置感知服务。

先进材料：小材料，大未来

近年来，全球进入智能化信息时代，人们的工作和生活越来越离不开半导体元件、集成电路技术，智能化的人类社会各种行为将逐步构建在体积越来越小、处理能力越来越强的半导体芯片上。也就是说，半导体芯片技术的重要性日渐凸显，能否在半导体产业形成突破，将在很大程度上影响我国未来的国际地位。

半导体等先进材料同样是霍英东研究院瞄准的重点领域。霍英东研究院成立了先进材料研发部，其下属工程材料及可靠性研究中心业务之一就是研发新材料。

香港科大霍英东研究院工程材料及可靠性研究中心（CEMAR）由我国著名材料学专家、微电子封装专家吴景深教授于 2007 年创立，多年来 CEMAR 与 AMD、Nexperia（原 NXP）等国际领先企业开展密切合作，为其提供了大量芯片封装可靠性分析及优化方面的一流服务。随着我国近期在芯片制造领域的快速发展，CEMAR 也更加重视与华为、威凯、电子五所等国内顶尖科技企业、科研院所的合作，为我国半导体产业的快速发展贡献了一份力量。

CEMAR 提出了一种不同于传统的"经验+试错"的芯片可靠性优化方法，即以材料全表征为基础、以先进数值仿真技术为核心的芯片封装可靠性解决方案，通过构建合适的仿真模型，结合准确的材料性能输入，以数字化的形式指导芯片产品的材料及结构设计、工艺设计及优化、可靠性验证和失效分析，就像一个"数字化全科医生"，能够为高端芯片的质量、可靠性精准把脉，进而保证芯片能够长期使用，并保证其稳定性。

CEMAR 提出的这套解决方案有何特别之处？其关键在于这套解决方案能够适用于应用场景的准确材料特性数据，也是高精度数值仿真的基础。在十几年内，CEMAR 打造了一支以博士、硕士为主且具有丰富实战经验的跨学科资深工程师队伍，形成了一整套内容丰富的芯片封装用商业化材料性能数据库，积累了大量芯片封装可靠性研究的实用理论和宝贵经验，能通过搭建自身研发平台及共享港科大世界一流的研究资源，达到高效完成封装材料成分分析、热力学分析、材料机械性能表征、产品可靠性评价等综合测试表征，并为合作伙伴提供准确的芯片封装仿真技术服务，定量优化芯片产品可靠性的效果，其范围涵盖机械应力分析、传热分析、热机械分析、模流分析、振动疲劳分析、动力学分析、结构优化及参数敏感性等方面。

大事记

2005 年 7 月，霍英东基金会向港科大捐赠专款，资助南沙霍英东研究院项目。

2007 年 1 月，霍英东研究院在广州市南沙经济开发区南沙资讯科技园内正式奠基成立。

2008 年 5 月，霍英东研究院获科技部颁授为"国际科技合作基地"。

2009 年 12 月，广州市科技和信息化局批准霍英东研究院成立"广州市数字生活工程技术研究中心"。

2010 年 6 月，霍英东研究院新大楼开工建设。

2014 年 12 月，霍英东研究院新大楼开幕典礼在广州南沙资讯科技园科技楼举行。

2015 年 4 月 21 日，霍英东研究院粤港澳（国际）青年创新工场在中国（广东）自由贸易试验区挂牌仪式上，获广东省省长朱小丹授牌。

2015 年 12 月，霍英东研究院被认定为广东省首批新型研发机构。

2016 年 3 月 3 日，香港科大百万奖金（国际）创业大赛广州赛区启动仪式在霍英东研究院举行。

2016 年 8 月 6 日，由港科大、广州南沙开发区管委会、广州市科技创新委员会、广州市科技进步基金会联合主办的香港科大百万奖金（国际）创业大赛总决赛在霍英东研究院举行。

2016 年 8 月 22 日，霍英东研究院作为"港澳青年学生实习就业基地"首批挂牌单位，被授予牌匾。

2017 年 5 月 19 日，霍英东研究院"国际智能制造平台"（International Smart Manufacturing Platform）正式启动。

2019 年 1 月，霍英东研究院成功获批设立广东省博士工作站。

2021 年 8 月 27 日，港科大与香港科技园公司签订战略合作备忘录，携手建立香港科技园南沙孵化基地，启动区设置在霍英东研究院。

2021 年 9 月 24 日，粤港澳（国际）青年创新工场获颁"广州市港澳台青年创新创业基地联盟理事长单位"、首批"广州市港澳台青年创新创业服务基地"。

2022 年 6 月 6 日，国务院印发《广州南沙深化面向世界的粤港澳全面合作总体方案》，重点提出加强"香港科技大学科创成果内地转移转化"，"优化提升粤港澳（国际）青年创新工场"。

2022 年 6 月 18 日，霍英东研究院与越秀地产签订 iPARK 穗港产学研基地合作协议，携手共建科技产业园，打造南沙科创新枢纽。

案例小结

视角	维度	机构特征
二元	过程	霍英东研究院自 2007 年建设以来，以港之科技，促粤之产业，具有明显的粤港合作特色，其发展主要分为三个阶段。 ①建设阶段（2007—2013 年）：霍英东研究院在广州市南沙经济开发区南沙资讯科技园内正式奠基成立；获科技部颁授为"国际科技合作基地"。 ②成长阶段（2014—2016 年）：国家超级计算广州中心和霍英东研究院签署合作协议，国家超级计算广州中心南沙分中心落户霍英东研究院；2015 年 4 月 21 日，粤港澳（国际）青年创新工场获得授牌；2015 年 12 月，霍英东研究院被认定为广东省首批新型研发机构。 ③发展阶段（2017 年至今）：2017 年 5 月 19 日，霍英东研究院"国际智能制造平台"正式启动。2022 年 6 月 6 日，国务院印发《广州南沙深化面向世界的粤港澳全面合作总体方案》，重点提出加强"香港科技大学科创成果内地转移转化"，"优化提升粤港澳（国际）青年创新工场"。
	状态	霍英东研究院是香港科技大学的理念、愿景与霍英东先生夙愿相结合的产物，依托香港科技大学的科研及教育优势，以穗港科技合作枢纽、原始创新与商用技术的桥梁以及粤港澳大湾区青年科技创新创业基地为发展定位，依托香港科技大学的科研及教育优势，以科技创新为核心驱动，致力于粤港深度合作下的应用研发与成果转化。
三层	组织架构	霍英东研究院设有院长办公室，包括创新与市场办公室、科研与合作办公室、综合办公室。研究院下设四大研发部作为技术供给单元，包括物联网研发部、先进制造与自动化研发部、先进材料研发部、绿色建筑与环境研发部。各研发部由香港科技大学的知名教授学者担任领头人，以本地全职研发团队为核心研发力量。
	体制机制	霍英东研究院建立市场化的研发导向、新型的产学研机制和企业化的运营模式，以香港科技大学国际领先的科技资源为依托，有效引进国际性的优秀人才、技术和科研设备，逐步建立了"技术引进-应用研发-技术开发服务和产业化"的可持续发展模式。
	运营模式	霍英东研究院是民办非企业类新型研发机构，采用"民办官助"运营模式，即霍英东研究院是由民间而非官方主导建立的，独立运作与发展，但政府对其开展的研发活动给予一定的资金扶持。
四维	主体	霍英东研究院是香港科技大学设在内地最重要的技术研发和成果转化平台。
	制度	建立了完善的科研管理制度，鼓励通过技术委托开发、技术服务、技术咨询、培训收入及承担科技计划项目获得盈利，有效提高可持续造血能力。
	技术	在芯片封装可靠性分析、面向大场景元宇宙的高效渲染引擎、多模式融合室内精准定位与导航、高精度注塑产线协同控制系统、吸附式制冷系统、环保材料、重金属废水深度处理等领域开展创新技术研发和科技成果产业化。
	人才	依托南沙国际化人才特区优惠政策，努力建设融通港澳、接轨国际的人才发展环境，完善人才引进、培养、评价、激励、使用等制度，现有人员约 200 人，其中研发人员占比约 68%。

参 考 文 献

[1] 香港科大霍英东研究院·我们的 2021. 香港科技大学霍英东研究院公众号，https: // mp.weixin.qq.com/s/hpWlCSuwAYC0qx3Mmxnldw，2022 年 1 月 29 日。

[2] 潘慧. 广州市霍英东研究院：打造粤港科技合作成功典范 [J]. 广东科技，2014，23（23）：39-40.

[3] 从南沙自贸区官方宣传片里了解霍英东研究院！香港科技大学霍英东研究院公众号，https: // mp.weixin.qq.com/s/e7Z__PE037NCVEbdRGaIjA，2016 年 8 月 26 日。

[4] 陈文婷. 当梦想撞上机遇：专访广州市霍英东研究院院长倪明选教授[J]. 广东科技，2012，21（10）：23-26.

[5] 为梦想发生|粤港澳（国际）青年创新工场. 香港科技大学霍英东研究院公众号，https：// mp.weixin.qq.com/s/JCA6l9hx98OTx3tpX4QL5Q，2021 年 2 月 8 日。

[6] 三月初春，霍英东研究院迎来多个调研考察团，见证创新工场梦想发生！香港科技大学霍英东研究院公众号，https://mp.weixin.qq.com/s/fo-JUxQ3zae14iThNmHvQw，2021 年 3 月 22 日。

[7] 穗港两地合作论坛探讨南沙机遇，我院与创新工场被提及. 香港科技大学霍英东研究院公众号，https://mp.weixin.qq.com/s/KpvNR1kQvHwb0YkokmIEng，2021 年 10 月 28 日。

[8] 香港科技大学（广州）拟于 2022 年 9 月开学. 人民网，http://gd.people. com.cn/n2/2020/1030/c123932-34383224.html，2020 年 10 月 30 日。

[9] 港澳及海外团队借道南沙 享国家超算资源. 搜狐网，https://www.sohu.com/a/364649117_100195858，2020 年 1 月 4 日。

[10] 三月初春，霍英东研究院迎来多个调研考察团，见证创新工场梦想发生！香港科技大学霍英东研究院公众号，https://mp.weixin.qq.com/s/fo-JUxQ3zae14iThNmHvQw，2021 年 3 月 22 日。

[11] 高民：大湾区科创合作飞速发展，广州超算助香港夺奥运奖牌. 南方都市报，https：// www.sohu.com/a/507299395_161795，2021 年 12 月 11 日。

[12] 霍英东研究院出席"推动粤港澳科技创新要素对接"专题研讨会，探讨粤港澳科研科创规则融通. 香港科技大学霍英东研究院公众号，https://mp.weixin.qq.com/s/gyOIdNNwbhaRH5uPXj_3iw，2021 年 4 月 2 日。

[13] 南都专访|霍英东研究院物联网研发部实现远程为桥梁"把脉". 香港科技大学霍英东研

究院公众号，https：//mp.weixin.qq.com/s/VsKcHe0FM766r1as1iD92g，2016 年 7 月 6 日。

[14] 刘启强. 创数字生活 享智慧物联：专访广州市霍英东研究院物联网研发部 [J]. 广东科技，2016，25（Z1）：21-25.

[15] 刘启强，王启航，陈晓萍. 革新"大脑"燃起塑料加工业的我国梦：专访霍英东研究院先进制造与自动化研究所所长高福荣 [J]. 广东科技，2013，22（17）：52-54.

[16] 广州：南沙首条纯电动公交车线路，搭公交像坐地铁一样平稳！广州政府网，https：//www.sohu.com/a/131727871_664905，2017 年 4 月 2 日。

[17] 姚科博士团队项目南沙开花 南沙 18 路变身纯电动公交. 香港科技大学霍英东研究院公众号，https：//mp.weixin.qq.com/s/zK8lxJUuuIBIwPxbo0cWUA，2017 年 3 月 31 日。

[18] 广州南沙自主研发锂电池管理系统 已在纯电动公交开展应用. 客车网，https：//www.chinabuses.com/supply/2017/0407/article_77995.html，2017 年 4 月 7 日。

[9] 这次，我们聊聊新材料. 香港科技大学霍英东研究院公众号，https：//mp.weixin.qq.com/s/mqFW8XB07kwoRybS0vhjcQ，2018 年 11 月 22 日。

[20] 香港商报|吕冬博士专访|用先进材料点亮产业协作之光. 香港科技大学霍英东研究院公众号，https：//mp.weixin.qq.com/s/TBdGWgOXZt0Hr3kz0rkyOQ，2017 年 4 月 7 日。

[21] 陈劲，阳银娟.协同创新的理论基础与内涵 [J]. 科学学研究，2012，30（2）：161-164.

[22] 芯片封装的"数字化全科医生"：基于数值仿真的芯片封装可靠性技术. 香港科技大学霍英东研究院公众号，https：//mp.weixin.qq.com/s/_nNVjj6CvDCMqMEKPMT0Wg，2020 年 10 月 27 日。

[23] 媒体聚焦|甘剑平教授：广州让香港科学家有更大的施展空间. 香港科技大学霍英东研究院公众号，https：//mp.weixin.qq.com/s/y1wkWuJfAeGJvioeHFdb4g，2022 年 3 月 14 日。

[24] 媒体聚焦|广州超算助力新数据互动系统"看穿"湾区海洋. 香港科技大学霍英东研究院公众号，https：//mp.weixin.qq.com/s/uOP4XgYp8kIw8YgpvJWZkw，2022 年 4 月 26 日。

"孵化成功率 80%+"：东莞松山湖国际机器人研究院搭建机器人产业学院派创业生态系统

摘要：2016 年 2 月，按照"企业主导、政府资助"模式建设，市场化、公司化方式运作，实行董事会领导下的执行委员会负责制的东莞松山湖国际机器人研究院有限公司正式成立。本案例将着重分析这家研究院是如何在一名大学教授的带领下，短短数年间通过筹建集孵化创业平台、加速平台、人才培养、公共平台建设于一体的全功能性新型研发机构，实现孵化成功率的较大跃升，达到全球鲜有的水平？又是如何走学院派创业之路，搭建机器人产业学院派生态系统，打造一流机器人产业集群，成为具有全国影响力的产业集聚区的？

关键词：学院派；机器人研究院；创业生态系统

机器人产业的发展水平是衡量一个国家科技创新和高端制造业水平的重要标志，是传统产业升级改造，实现生产过程自动化、智能化、精密化的必经之路。随着劳动力成本持续上升，土地资源和能源供给紧张，东莞作为世界工厂的地位也在不断受到挑战，传统产业的转型升级迫在眉睫。

在此背景下，东莞市委市政府将目光投向了学院派创业者——香港科技大学李泽湘教授团队，大力支持其团队建设市场化、公司化运作的新型研发机构——东莞松山湖机器人产业发展有限公司，下设松山湖国际机器人研究院。瞄准机器人产业，发展东莞机器人产业，探索新型研发机构的发展模式，建设东莞松山湖国际机器人研究院，以期提升我国智能制造业的核心竞争力，支撑东莞乃至广东省机器人产业的发展。

2016年2月1日，在东莞市委市政府、松山湖（生态园）工委和管委会的大力支持下，东莞松山湖国际机器人研究院有限公司（简称"机器人研究院"）正式成立。同年10月，机器人研究院被认定为广东省第二批新型研发机构（仅56家），自此机器人研究院被纳入省市两级新型研发机构管理，享受相关扶持政策，也迎来了快速发展。有关数据显示，机器人研究院80%以上的在孵团队能够成功孵化成为科技型创业公司，李泽湘教授评价，"这种成功率，尤其在硬件孵化领域，世界上很难再有第二个"。

让中国机器人和智能装备产业在世界上占有一席之地是机器人研究院的战略目标，它专注于"一个系统"、"两大产业"和"三个链条"的构建："一个系统"即健康的可持续的学院派创业生态系统，"两大产业"指机器人和智能装备产业，"三个链条"即世界一流潜质青年创业家培养链、机器人和智能核心技术和核心零部件研发研制链、世界一流企业孵化和产业培育链。

机器人研究院是企业法人的人才培养和技术研发基地，也是一个企业的孵化和产业培育基地；它的建设资金一部分来自于地方政府，一部分来自于民间和社会资本，完全按照市场化和公司化运作；它以创业和创业者为本，在创业孵化过程中把创业者利益放在首位，创业企业核心团队成员在创业各阶段都占绝对控股地位，并持续保持在董事会和经营班子两个层面的控制权和决策权。机器人研究院董事会成员与执委会成员、各业务部门负责人和核心业务骨干都是创业者背后的创业者，彼此之间是新型的合伙人关系。机器人研究院运营团队与创业者、创业企业和合作伙伴是共同创业的利益共同体。

为实现上述目标，机器人研究院在团队筛选、创业指导、项目管理、投融资、研发支持、财务管理、在地服务等方面建立了完备的管理制度和激励机制。

松山湖边的机器人梦想

机器人被誉为"制造业皇冠顶端的明珠"，其研发、制造、应用是衡量一个国家科技创新和高端制造业水平的重要标志。在新一代信息技术、新材料技术等与机器人技术加速融合的背景下，前瞻谋划布局机器人产业正当其时。

从中兴事件，到"我不是药神"，核心技术、原创能力的欠缺已让国人警醒。发展战略性新兴产业需要大量优秀人才，这时教育却成了"卡脖子"的关键一环。如何革新教育，培养产业发展所需要的人才，学院派创业者李泽湘教授为我们做了最好的诠释。

学院派创业者：李泽湘教授

对于很多人来说，李泽湘这个名字既熟悉又陌生。说熟悉，是因为知道他是香港科技大学的一名教授，也是一位专注高科技领域的投资者，孵化出了大疆创新、云鲸智能等高科技公司。说陌生，是因为大部分人除了上述信息，对李泽湘知之甚少，更不明白他为何偏爱投资学生创业团队，走学院派创业之路。

作为大学教授的李泽湘，以"导师+学生"的天使投资模式，成功投资孵化了大疆创新、云鲸智能及海柔创新等一系列高科技企业。对李泽湘来说，不是每一粒种子都能开花，但播下种子就比荒芜的旷野强百倍。

多年来，李泽湘出资鼓励学生们积极创业，建立了横跨行业、教育与投资之间的生态闭环，成功走出了一条"导师+学生"的创业孵化道路。回顾 20 多年来他做的事和走的路，"产学研结合"是最好的关键词。

"机器人产业，包括让我们痛心的芯片产业，还有材料、生物医药等，我们有共识的战略性新兴产业至少有 10 个。要做这些产业，普通的、从学校里招的或者是工厂里现有的工人，干不了吧？我们需要的是 1 个顶 50 个的优秀工程师。那么我们做个测算，10 个行业需要多少这样的工程师。"李泽湘教授曾说到。

这一路上，李泽湘从 1992 年到香港科技大学，创办了自动化技术中心，这条路他在香港摸索了 20 多年。1999 年，他在深圳创办固高科技，2004 年与哈尔滨工业大学深圳研究生院合作，创办控制与机电工程学科部，培养了上百名学生，这些学生后来办了几十家公司，这些都是他在深圳"产学研结合"的实践。而后，他在东莞创立了松山湖机器人产业基地，孵化几十家初创企业。他还与广东工业大学、东莞理工学院、长沙市政府等合作，建立机器人学院，培养产业界紧缺的高素质人才。

这20多年，李泽湘亲身创业，以创新产业促进创新教育，以创新教育推动创新产业，试图走出一条"产学研结合"的坦途。而发展机器人产业，突破智能机器人关键核心技术成为李泽湘教授学院派创业之路上的又一目标。

雏形初现，埋下机器人梦想种子

李泽湘教授深知，长期以来，产业链齐全、成本较低是东莞制造，甚至是中国制造参与国际竞争的优势。然而，当前不管是中国制造还是东莞制造竞争优势赖以保持的多种要素约束日益趋紧，已经使粗放式的发展道路越走越窄。

作为广东乃至全国的工业重地，东莞市制造业基础雄厚，具有技术改造需求性强、服务资源综合质优等优势，具备打造工业机器人产业的基础要素、政策配套、资本供给等各方面条件，东莞工业机器人产业走在了全国的前列。通过松山湖机器人产业基地等产业载体，东莞逐渐形成了运动控制与高端装备等领域企业集群，涌现出逸动科技、拓荒牛等一批拥有自主知识产权的创新型机器人企业，人才和项目加速集聚，创新创业机制和产业链配套体系日臻完善。发展潜力巨大的企业集群，对发挥知识产权制度功能、促进产业创新发展，产生了巨大的需求。

但从东莞市当时工业机器人产业发展的情况来看，虽然已涌现出少数产业集群，但其产业规模都较小，其原因主要是大规模企业数量极少，缺乏龙头企业的带动作用。此外，借助东莞市原有的电子信息、造纸、电气机械等传统产业需求拉动而发展起来的工业机器人产业集聚度很低，尚未形成明显的产业集群。

对于高层次人才和专业技术人才供给严重不足及流动频繁问题，很多工业机器人企业人才难招且难留。其中，比较突出的是研发技术人才问题，研发技术人才是企业生存和发展的技术基石，通常涉及企业的核心能力问题。市场上通用型人才相对较多，如刚毕业的大学生，但企业反映此类人才基本上不能用，可能需要培养3—5年后才能熟悉技术。工业机器人企业需要的是有经验的专业性人才，这类人才普遍难招到。此种情况下，企业获取所需研发人才的途径主要有两种，一是挖其他企业的墙脚，连人带技术一起挖过来，这种方式非常普遍；二是企业自己培养，这种模式培养过程长，人才培养成熟后面临难留、容易被竞争对手挖走的困境。因此，企业更喜欢采用"挖墙脚"这种捷径方式，这会导致人才市场混乱。

对于熟练技术工人问题，工业机器人产品技术水平高低最终还是要落实到技术工人身上，技术工人的技能水平是保障工业机器人工艺水平的关键因素，因此技术工人尤其是熟练专业性技工成为工业机器人企业争夺的重要资源。调查发现，工业机器人企业并不缺乏普通工人，市场上普通工人容易招，但具有一定专业技能的熟练工人非常难招，而普工从学徒到熟练技工需要一定的培养成本，招来普工进行培养也会面临难留、被挖墙脚的困境。因此，多数企业也倾向于直接招聘熟练技术工人，尤其是涉及核心工艺技术的工人。

再就是特殊人才引进问题。海外技术人才来莞工作较为普遍，在与国内技术人员交流过程中会带来巨大技术溢出效应，对于提升东莞各行业技术水平有重要作用。然而，调查发现，海外技术人才入境工作手续非常复杂，牵涉的政府部门非常多，如劳动局、外经贸办、公安局等，并且很多部门对涉外人才没有明确的服务规范，各种备案资料要求不明晰，海外技术人才入境手续需要 1 个多月才能办好，而这类人员来莞工作时间也就 1 个多月。

此外，高等院校和技术院校尤其是地方院校的人才基地功能体现不足。调查发现，工业机器人企业的技术人员中来自东莞理工学院和其他东莞本地院校的很少，企业与地方院校的对接较少。

因此，在这个背景下，发展以制造业为核心的实体经济逐渐成为东莞的抓手，"机器换人"与"工业机器人产业"齐飞共舞、相辅相成，机器人梦想的种子也由此埋下。"机器换人"对企业来说，是一种改造的手段和措施。对工业机器人的制造商来说，工业制造步入自动化升级意味着巨大的市场和无限的发展空间。因此，东莞综合配套政策同时出台，实现"机器换人"和工业机器人智能装备产业捆绑发展。

怀揣梦想，兴建机器人研究院

随着东莞"机器换人"计划的深入，机器人不仅在各个行业中得到广泛普及，一批拥有核心技术的企业也随之涌现，东莞的机器人产业初具规模。东莞市委市政府将目光投向了李泽湘教授团队。

李泽湘教授在孵化大疆创新的同时，成立了清水湾创投，进一步孵化手中的学生创业团队。这些团队多数项目都是围绕机器人产业进行，只是可惜一直没找到合适的研发基地。

当时，作为国际制造业重要一环的机器人产业已经发展得如火如荼，日本、德国以及美国在这个领域占据绝对优势。机器人概念火热，国内一拥而上成立了上千家的机器人公司。可这些公司多数都是集成性企业，通过购买国外核心零部件进行产品组装，产品成本高且没有真正的自主知识产权。

东莞市政府希望将机器人产业发展作为经济转型的重要推手，于是邀请李泽湘在松山湖创立了机器人产业基地，不仅提供场地，还给予部分启动资金，帮助他和他的学生创业团队启动项目。

在东莞市政府的大力支持下，李泽湘及其团队开始建设市场化、公司化运作的新型研发机构。2015 年 11 月，东莞市政府批复同意《东莞松山湖国际机器人研究院建设方案》，由市财政安排 2 亿元，松山湖（生态园）管委会配套 3000 万元，共 2.3 亿元支持松山湖机器人产业发展有限公司建设企业法人的新型研发机构——松山湖国际机器人研究院有限公司。机器人研究院按照"企业主导、政府资助"的建设模式，主要建设和运营资金由股东负责，政府资助但不占股份。时任东莞市委书记徐建华、市长袁宝成多次批示并亲临指导机器人研究院筹建，推动项目迅速落地。

机器人研究院完全按照市场化、公司化运作，实行董事会领导下的执委会负责制，董事会是最高领导和决策机构，执委会是对董事会负责的运行管理工作执行机构，另设有专家委员会负责咨询指导，下设服务中心（行政、人事、公共关系）、项目管理部、投资财务部、宣传推广部、人才培训或企业服务部。

机器人研究院依托创始人李泽湘教授和股东企业的雄厚技术研发能力、国内外知名高校的人才培养能力、国内外知名企业的产业带动能力，形成全新产学研合作生态链。在学院派创业者的推动下，形成了几大产学研合作平台，深化产学研合作，助力松山湖机器人梦想的实现。

一方面，建设粤港机器人学院。机器人研究院与东莞理工学院、广东工业大学、香港科技大学四方合作共建粤港机器人学院。它是广东省第一家机器人学院，采用基于项目和课题学习的办学模式，培养机器人智能装备研发工程师和创业领军人才。粤港机器人学院的生源均来自于广东工业大学和东莞理工学院机器人相关专业大一新生，学院为他们设计了基于项目和课题学习的全新专业课程，两年在学校学习，两年到机器人研究院创业或实习。

另一方面，与香港科技大学机器人研究院保持密切合作和交流。机器人研究院的主要创始人李泽湘教授、高秉强教授，以及机器人研究院所创办企业的核心成员基本都来自于香港科技大学机器人研究院。机器人研究院的创业俱乐部、创业学院和机器人学院都依托于香港科技大学机器人研究院主办，这为机器人学院的发展提供良好条件。

集聚创新资源，搭建学院派创业生态系统

在李泽湘教授的带领下，机器人研究院走上了学院派创业之路，在平台建设方面开展了大量工作，全方位整合全球创新资源和渠道，搭建机器人产业全生态体系，致力于打造一个集产学研于一体的综合公共创新服务平台，为东莞的高端人才培养、制造业升级和产业结构转型提供有力的技术和人才支撑。

建设世界级机器人产业园区

为满足入驻企业孵化和人才发展需求，松山湖机器人产业园区项目启动建设，并成为东莞市重点建设项目和松山湖发展机器人产业的核心载体。项目占地 98 亩，总建筑面积约 11.3 万米^2，项目总投资为 5.2 亿元，目前已投入 4.1 亿元。该项目专注于机器人和智能硬件方向，重点围绕智能 C 端、工业 4.0、农业 4.0 以及智慧城市等板块发展，形成集人才培养、技术研发、创业孵化、生产制造、终端应用、展示展览、休闲娱乐等多功能于一体的机器人产业示范园区。

为了实现科技创新与成果转化"无缝链接"，产业需求和市场有机结合，机器人产业园区同时建设地上中试车间和地下智能工厂，以满足园区企业和团队的需求，例如建设满足创业团队和初创公司进行样机制作、小规模打样的中试车间，打造满足在孵公司高度精密制造工艺与技术测试需求的恒温恒湿智能工厂。

打造特色科技企业专业孵化器

机器人研究院创建不久便成功获批了国家级科技企业孵化器、全国创业孵化示范基地。

机器人研究院以培育运动控制与高端装备企业群、工业与服务机器人企业群、高端消费产品企业群为核心，为在孵科技公司和团队提供了全方位的帮助，实现从场地设施支持到人才输送、从创业资金扶持到核心技术支持、从创业导师服务

到各种资源对接等。

在孵化场地方面，机器人研究院设有创业企业区、创业团队区、公共会议室、洽谈区、悠闲区、展厅、智造坊和实验室等多个功能区。同时，为了满足孵化平台企业快速发展需要，机器人研究院也在松山湖大学路建设了容量更大的机器人产业园区，支撑在孵企业加速发展。

截至 2022 年，经过多年的发展和运营，机器人研究院已经取得一定的孵化成效，投资孵化科技企业 60 余家，存活率超过 80%，约 15%成为独角兽或准独角兽企业，头部孵化企业总估值超过 800 亿元。在这里已形成初具规模的机器人产业集聚效应，在孵企业累计产值超 24 亿元。此外，得益于东莞供应链优势，机器人研究院在孵公司及团队的成长速度和更新迭代能力非常强，对新生事物具有快速学习能力，对市场反应也十分迅速，一度成为世界知名风投机构眼中的"香饽饽"。截至 2022 年，机器人研究院在孵的 60 多家创业公司获得累计近百亿元风投资本。

在产业布局方面，机器人研究院联合全球资源，整合机器人和高端装备上下游产业，在智能 C 端、工业、农业、环保及物联网领域进行大量布局。同时关注核心零部件及高端装备的研发和应用，致力于突破制约我国产业发展的减速器、控制器、传感器、电机、电池、驱动器、视觉及软件算法的技术瓶颈，其中多项技术已获突破；致力于多个核心零部件突破国外技术封锁，逐步进入产业化阶段。孵化的公司和团队类型更是多样化，辐射至机器人各相关行业。每家公司和团队的底层共性技术相辅相成，形成技术和产业的交互，有利于机器人共性技术的升级。机器人研究院一直在构造和探索以人才和核心技术为支撑的全生态机器人创新创业生态体系。

在孵化服务方面，机器人研究院为在孵公司和团队提供全方位全链条的服务，覆盖了从硬件支持到人才、资金、供应链、创业导师、技术支持、资源共享的方方面面。例如，机器人研究院为在孵团队租用办公场地，为配套人才宿舍提供租金减免或优惠，还提供免费使用的公共空间如会议室、讨论室、图书馆、休息室、健身房，以及公用办公设备、研究仪器等，从硬件设施上给予最大的便利和支持。此外，研究院还提供创业资金支持、创业导师全程跟进、资源共享服务、咨询服务、产品推广服务、技术支持、投融资/IPO 等咨询和培训服务等增值服务。

在孵化机制方面，机器人研究院明确规定在孵企业运营范畴为机器人和高端装备产业，制定了详细的入驻流程和项目毕业及淘汰标准。机器人研究院所有运营团队都是创业者的服务员，为在孵公司和团队提供全程全方位的创业跟踪服务，做到"软环境"与"硬环境"齐抓共促，打造宜居宜业创新创业生态系统。

建设机器人产业人才可持续培养模式

构建高质量创新体系是机器人产业发展的核心。机器人研究院从创立起，便将建设机器人产业可持续性生态体系作为最核心的工作任务，致力于整合东莞本地优质的产业资源和得天独厚的供应链链条，瞄准人才、产业、供应链、技术，打造世界级的创业园区。

"基地就是以培养人才、创业孵化来闭环，把产学研做到一体。我们和广东工业大学、东莞理工学院合作办机器人学院，培养顶级联合创始人或者优秀工程师。"李泽湘教授曾说到。

人才是第一资源，是机器人研究院长足发展的基石。机器人研究院充分利用便捷的交通和东莞毗邻深圳、广州、香港的地理优势，做好人才引进和培养工作。一方面，机器人研究院瞄准香港众多高校的储备人才和海外高端人才，加大人才引进力度，吸引其来莞发展，丰富高端人才资源；另一方面，与高校积极开展新工科人才培养，培养创新型创业人才、高端技术人才和稀缺技工人才。在人才团队引进方面，注重吸引对创新科技、产业发展、商业模式与公司运营有深刻认识的领军团队，通过引进和培养一流人才，包括引进海内外创业领军人才、商业运营人才、技术管理人才以及核心技术人才等，共同整合各方资源，打造完整的可持续创新创业体系。

机器人研究院也致力于实现产业资源的合理利用。东莞拥有成熟、多样化的产业资源，以产业集群为特征的专业镇在全国范围内首屈一指，形成互联网，智能制造、电子元器件，零部件及加工，仓储物流等众多产业的集群效应。此外，东莞还拥有一批强劲的支柱产业，电子信息、电气机械及设备、造纸及纸制品业、仓储物流等产业发展十分迅速，在电子信息产业已拥有华为、OPPO、vivo、金立等智能手机龙头企业，在机械及设备产业也拥有台一盈拓、大族激光、拓斯达、伯朗特等实力超群的智能装备企业。在这种生态体系下，机器人研究院通过提前布局孵化企业或公司，依托平台和粤港澳大湾区的影响力，充分利用东莞的产业资源推动行业发展。

发挥东莞的供应链优势也是机器人研究院的一大抓手。东莞作为全球著名的"世界工厂"，供应链是东莞制造最重要的基础和保障。无论是研发实验，还是制造生产都离不开上下游产业链的支撑和配合。而东莞制造经过这么多年的发展，供应链已经相当成熟，也颇具国际竞争力。因此，可以利用东莞的供应链优势来吸引世界各地大型工厂的落地投资，利用东莞"世界工厂"的成本优势来提升产品竞争力和利润空间。即使在人力成本和原材料持续上升的时期，在世界各地依然随处可见东莞制造，"全球四部智能手机就有一台来自于东莞"，时任东莞市副市长刘炜在介绍东莞市智能移动终端产业发展现状时说到。东莞的制造成本、生产效率和产品品质在国际上都具有不容忽视的优势。同样的硬件产品，东莞制造成本是国外的十分之一甚至更少，生产效率却是国外的十倍及以上。李泽湘教授团队便牢牢把握这样的优势，推动初创公司和团队快速实现产品的更新迭代，在不断试错中打造出优质的硬件产品和科技产品，从根本上解决产品成本高、产能低、质量差的难题。

除此之外，他们还着眼于关键核心技术，用技术来说话。他们开发的软件硬件模块技术和产品经行业验证已完成产品化，且极具竞争优势，前沿性模块和整机技术也通过了实验室验证；他们还逐步突破智能机器人行业中驱动技术、传动技术、控制技术、传感技术、视觉技术、通信技术、芯片组件技术、动力和系统软件等10类关键共性技术，以及研发减速器、驱控一体化控制器、智能相机、传感器、电机等关键功能器件。机器人研究院通过把大学科研院所的研究成果应用于市场和产品中，建立一个新型产学研平台，达到可持续发展。

建设松山湖学院派创业生态系统

在李泽湘的带领下，机器人研究院致力于培养学院派创新创业人才。这个由李泽湘提出并成功实践的创新生态体系和创业孵化平台，以松山湖机器人孵化平台为载体，吸引了来自美国、英国、德国、瑞士等十几个国家和地区的学生创业者，逐步建成"松山湖学院派创业生态系统"。

截至2019年4月，已有40家由学生创业者创办的公司实体正常运营，绝大多数实体发展势头良好，创业公司基本都开始进入中试阶段或已经量产对外销售，获外界风险投资累计金额约3.9亿元。

机器人研究院积极推动和促进港澳两地深度交流和资源重组、共享，通过成立粤港机器人学院，建立清水湾创业基金、创业俱乐部、创业学院，在港科大建立北漂圈，多次组织香港高校宣讲会、研讨会，大力鼓励和服务粤港澳创业公司和团队。目前已形成小规模港澳创业圈的集群效应，未来也会有越来越多的港澳人才集聚在这个群体。

目前，机器人研究院在香港的工作具有显著成效，一方面，引进了香港初创型高科技企业及项目，包括由香港科技大学、香港理工大学和香港浸会大学创办的广东逸动科技有限公司、东莞市李群自动化技术有限公司等。多个在孵港澳台企业呈现爆发式增长，其中大疆创新、李群自动化、逸动科技等企业更是呈"独角兽"和"瞪羚企业"趋势。例如，大疆创新研制的农业无人机（GM-1）是在机器人研究院内自主研发的首款农业智能产品，此款产品因其卓越的性能和创新设计在农业领域引起一股热潮。截至 2018 年，在松山湖累计产值超过 20 亿元，利税数千万元，2016 年大疆创新获国家高新技术企业称号。李群自动化 2018 年再次获瑞鹰资本亿元级 C 轮融资，累计获风投资本超 2.28 亿元，其"工业机器人分布式驱控电一体智能控制器的研发和产业化项目"成功获批广东省重大科技专项，李群自动化获国家高新技术企业称号，2018 年销售产值近 8000 万元，获评优秀机器人企业，旗下多项产品被授予高新技术产品称号。

另一方面，机器人研究院着力引进创业团队，如来自香港科技大学、上海交通大学、中国科学技术大学的服务机器人团队，来自英国谢菲尔德大学、香港科技大学的无人机协同团队，由香港科技大学在读硕士生，华南理工大学、中国美术学院毕业的本科生和硕士生组成的移动代步机器人团队，由瑞士苏黎世联邦理工学院和香港理工大学的本科生和硕士生组成的物流移动机器人团队，以及香港科技大学水下机器人团队、单人电动水翼冲浪板团队、多关节机器人团队、农业检测团队，香港大学视觉检测机器人团队等，通过搭建创新创业圈子，在香港高校搭建"北漂圈"，吸引香港人才回内地就业、创业；运营清水湾创业天使基金，该基金是由香港科技大学李泽湘教授、高秉强教授、甘洁教授等多名机器人专家投资组建的；成立了专注机器人以及相关技术创业的"清水湾创业俱乐部"，从约 100 位申请者之中，选择了 20 位有信心、有决心、技术背景强的申请人为清水湾创业俱乐部成员。

创新体制机制，支撑东莞建设机器人小镇

机器人研究院自建设以来，便致力于打造一个集机器人核心零部件和各类机

器人系统的研发、制造、应用推广于一体的世界一流机器人研发基地、创业基地和产业基地。

东莞作为全球著名的制造业城市，其终端产品、零部件和硬件产品的制造在全球范围内都具有独一无二的优势：一是有着全球最优质的供应链全生态体系，不仅可以快速找到几乎所有硬件产品所需要的原料、生产、加工、物流以及销售的供应渠道，而且制造成本只是美国硅谷等发达地区的十分之一，速度却是它们的十倍及以上，因此可以让初创公司以低成本快速迭代；二是拥有非常多的科研院所和高校，科研和产业化氛围极佳；三是具有数量众多的高新技术产业园区，以松山湖为例，这里汇聚了大量诸如华为、大疆创新、固高科技等高科技公司，可以很好地将高校的科研成果市场化；四是拥有独特的地理环境，东莞毗邻深圳、广州、香港，交通十分便利，可以很好地吸引香港及海外众多高校人才资源，实现高层次人才聚集；五是东莞市政府对科研和产业化高度重视，出台一系列人才引进和培养的政策。在这几大优势的有机结合和国家对粤港澳大湾区的政策推动下，东莞松山湖极有可能成为下一个成功的世界级高新科技产业园区。

开展体制改革，政府投资不占股

如何将粤港澳大湾区"人才资源、创新资源、产业资源"及"东莞供应链优势"聚集在一个平台，让它发生最大的化学作用，促进东莞制造业整体转型，推动中国智能制造发展显得至关重要。

首先需要一个创新体制，可以支撑和加速制造业改革。其次需要一批具有全球影响力和产业组织能力的领路人，可以迅速、有效地将全球范围内的技术和人才资源进行优化和整合。在机器人技术和高端装备领域，李泽湘教授不仅有成功的产业化经验，而且作为世界级的知名学者，完全有能力和力量整合全球范围内的机器人创新技术、高端人才和产业资源。同时，李泽湘教授对中国的产业升级和人才培养有极大的热情和抱负，还有东莞本土的产业化经验，是非常合适的人选。

他在 2009 年就以深圳为轴心，考察周边 200 千米适合创业的城市，并最终选择在东莞创办了李群自动化、比锐精密等公司。他熟知东莞和世界范围内的产业优势和创业环境，也愿意尽己之力在东莞和中国的制造业领域做出贡献。2014 年，在东莞市委市政府、市科技局、松山湖（生态园）管委会以及各职能部门的高度重视和大力支持下，他成立了东莞松山湖机器人产业发展有限公司，同时成立了东莞松山湖国际机器人研究院有限公司。他开始从体制机制创新、项目孵化模式、生态体系打造、新工科人才培养、运营管理等多方面进行创新改革。经过四年的运营和探索，投资孵化了 60 余家公司，已有 11 家孵化企业获批国家高新技术企业称号，年产值百万级、千万级企业十余家，累计总产值达二十余亿元。

为支持机器人产业发展和民族企业建立，东莞市政府首开先例，以政府投资不占股的形式，投入 2.3 亿元财政资金建设非政府形式的新型研发机构——机器人研究院，这一创新做法极大地促进了机器人产业的发展。

机器人研究院既承担为机器人产业发展提供公共服务的功能，同时在项目孵化模式上成功开创学院派的创业模式，打造机器人全生态创新产业链。在资金投入上采取企业投入为主、政府资金为辅的投入方式。在运营管理上设立董事会和执委会二级管理机制，从根本上保障机器人研究院的创新创业活力和可持续发展。

让中国机器人和智能装备产业在世界上占有一席之地是机器人研究院的终极目标，建立完善一整套从产业生态体系到创业孵化体系再到新工科人才培养体系，为中国的未来产业发展提供可持续的体系支撑，是机器人研究院的最终愿景。为了达成终极目标、实现最终愿景，机器人研究院专注于健康的可持续的学院派创业生态系统，培育机器人和智能装备产业，构建世界一流潜质青年创业家培养链、机器人和智能核心技术和核心零部件研发研制链、世界一流企业孵化和产业培育链。

在考核模式上，机器人研究院也与众不同。机器人研究院的前期建设经费来自于政府专项资助，但其资助不占股。政府对机器人研究院的考核不同于"科技东莞"工程专项资金，考核重点是技术创新和产出孵化能力，着重于绩效考核，并不对其具体决策和经营行为进行干涉。

在体制机制上，机器人研究院也做出大的变革。机器人研究院的建设资金主要来自于民间和社会资本，完全按照市场化和公司化运作，建有人才培养和技术研发基地、企业孵化和产业培育基地，在体制上具有灵活性。同时，机器人研究院以创业和创业者为本，在创业孵化过程中把创业者利益放在首位，创业企业核心团队成员在创业各阶段都占绝对控股地位，并持续保持在董事会和经营班子两个层面的控制权和决策权。

在合作关系上，机器人研究院也进行了创新。机器人研究院董事会成员与执委会成员、各业务部门负责人和核心业务骨干都是创业者背后的创业者，彼此之间是新型的合伙人关系。机器人研究院运营团队与创业者、创业企业和合作伙伴是共同创业的利益共同体，与各级政府是新型的政企关系。

改革运营模式，设立两级管理机制

在建设模式上，机器人研究院以企业资金投入为主、政府资金支持为辅，政府与社会资本合作共建。政府资金支持主要用于创业人才和团队前期引进、技术管理和领军人才培养、研究院运营及创业生态体系构建的前期基础工作，企业资金投入主要用于机器人产业园区建设及运营、公共创新平台或实验室建设、新工科创新人才培养、创业团队和公司引进、孵化企业高速成长期投资等。

机器人研究院实行董事会领导下的执委会负责制，下设五大职能部门：宣传推广部、人才培训或企业服务部、项目管理部、投资财务部和服务中心。通过培育创新创业团队，全面掌握机器人产业核心共性技术，完善机器人技术人才培养体系，建立创业团队和企业的引进、入驻、服务、激励和退出机制，吸纳优质企业、创业团队入驻。

广纳英才，创新机器人产业发展模式

众所周知，产业发展有两种方式：一种是招商引资，如移植大树，难度较小，易成规模，但难以扎根；另一种是招才引智，自我组织，难度很大，但一旦成功，便根深叶茂。

对一个二线城市而言，如果单纯走招商引资之路，招内资招得最好也是一个分公司或子公司，招外资招得最好也是一个组装厂或加工厂。在当今世界机器人产业强手如林、机器人"四大家族"对中国虎视眈眈的大环境之下，我国机器人产业发展不自我创新，重复走招商引资的老路，只会重复中国汽车产业的悲剧——市场让出去了，核心技术没掌握，民族品牌没有建立，也绝对不会出现有世界影响力的民族品牌机器人企业。正是看到招商引资带来的长期隐患，机器人研究院下定决心，不管多难，都要从人才自主培养、核心技术突破、创业团队孵化等各方面进行探索。

机器人研究院从本科生的课程改革开始建立新工科人才培养载体——粤港机器人学院。依托粤港机器人学院开展科创训练营活动，从核心技术和高端产品的协同攻关，建设从一流创新创业人才团队的遴选甄别到行业龙头企业的孵化和培育的全生态创新产业链。

机器人研究院坚持以创新创业团队和项目引进培育为发展方向，以机器人产业发展的人才和技术培育为重点，按照以市场为导向、以平台促创新、以创业和创业者为本的思路，竭尽全力汇聚一批机器人产业组织者，聚焦资源、创新机制、构建生态、广纳英才，吸引全国乃至全世界机器人领域的发明家、创业家、资本家、应用者到机器人研究院创新创业，推动我国机器人产业核心技术突破和机器人民族品牌建立。

机器人研究院一直在培养和造就一批在机器人产学研各领域均有广泛影响力，又愿意不遗余力热心推动机器人产业大力发展的产业组织领军人物。在机器人技术应用领域，有致力于原始创新、前沿技术创新和颠覆性技术创新的科学家，有基础扎实、动手能力强、有团队精神、有志向与潜质建立世界一流机器人企业的创业家，有懂得科技创新和产业发展规律、愿意把资金投向一流企业家的资本家，还有愿意以自己多年积累的经营资源帮助扶持机器人企业创业家，尤其是愿意为机器人推广应用提供机会的先行者。

提高孵化能力，打造一流机器人产业集群

突破关键核心技术，建立民族品牌

机器人技术和产业是改变东莞经济和产业结构的关键。目前，我国精密制造整体水平不高，关键零部件技术缺失，严重依赖进口，特别是高性能交流伺服电机和精密减速器方面与国外技术差距尤为明显。这种局面就造成国产机器人成本居高不下，严重制约了中国机器人产业发展和民族品牌的形成。

在我国，工业机器人成本主要由核心零部件及机械本体成本构成，其中精密减速器 36%、伺服电机 24%、控制系统 12%、机械本体 22%、其他 6%，可见核心零部件成本占 72%，而日本分别占有精密减速器、伺服电机 85% 和 50% 的市场。由此可见，突破机器人核心零部件技术是中国机器人产业智能升级的关键，国有核心零部件的产业化才是保障机器人民族品牌形成的根本所在。

机器人研究院洞悉到了这一点，将工作的重点定为突破智能机器人迫切需要解决的驱动技术、传动技术、控制技术、传感技术、视觉技术、动力技术等，通过产学研合作平台及其自身技术优势，瞄准关键环节开展技术研发和应用。

值得一提的是，机器人研究院通过整合世界范围内的先进科学技术和高端人

才资源，协同国内外的高校、研究所、上下游供应链，搭建机器人从核心零部件到系统应用的全生态体系，为孵化公司和团队提供全方位资源支持，建设一个面向全球的机器人和智能硬件创业平台。

创新项目孵化模式，成功率高达80%

机器人研究院的项目孵化模式本质上是从世界一流名校、机器人课堂到企业的生产一线生产和验证，再到走入资本市场产业化，老师带领着学生们逐个走出象牙塔，在机器人的产业里开始了学院派的创业之路。

为何机器人研究院能够助力这些学院派创业者成功逆袭、解决项目孵化这一世界问题？这得益于机器人研究院成功解决了核心技术和一流企业家从哪来，如何培育和孵化出一流企业这三个关键问题。

机器人核心技术主要来源于机器人研究院创办者原有企业、国内合作伙伴、国际合作伙伴，以及协同创新创业团队的技术攻关。

对于"一流企业家从哪来"这个难题，一方面，机器人研究院通过创业俱乐部、创业学院、机器人学院、机器人比赛、夏令营等多种形式和活动，吸引具有成长为一流企业潜质的创业群体。另一方面，大疆创新、固高科技、李群自动化、优超精密和逸动科技等核心骨干，香港科技大学机器人研究院，粤港机器人学院等都是机器人研究院的潜在创业群体。

如何培育和孵化出一流企业？机器人研究院有自己的独特做法。研究院一方面提供必不可少的基本设施和创业服务，如场地、宿舍、饭堂、交通、招聘、专利、工商注册等；另一方面提供更加重要的增值创业服务，如技术指导、人才资源共享、导师指导、供应链合作库以及投资基金等。由创业导师带领创业者到世界各地参观访问世界一流企业，拜访世界一流的企业家和投资人，帮助创业者打开世界格局，让其快速地了解每一个行业现在是什么状态和企业的具体需求，从而确定创业企业的产品定位。同时帮助创业者寻找协同创新、共同创业的人才和资源，为创业企业寻找高端大客户。另外研究院提供创业资金支持，与红杉资本、高瓴资本共建3500万美元的自有基金——清水湾创业天使基金，共同扶持优质创业项目。为了满足机器人研究院在孵企业的发展和规模，计划筹建资金体量为10亿元的产业基金，提供风投基金库用来扶持孵化企业做成行业龙头企业，以期最大程度为创业企业提供有效的孵化服务。

也正因如此，机器人研究院在机器人硬件创业门槛高、投入大、周期长、成功率极低的大背景下，创造了高达 80%的孵化成功率。

机器人研究院在孵创业企业深受国内外著名风险投资商青睐，累计共有 60 家以上的创业企业获红杉资本、高瓴资本、明势资本、天鹰资本、赛富基金、清水湾创投、布莱恩等多家著名风险投资机构的上百亿元风险投资。其中，2016 年有 8 家在孵创业企业，获风投资金约 1.54 亿元；2017 年有 16 家在孵创业企业，获风投资金约 7933 万元；2018 年有 24 家在孵创业企业，获风投资金约 3.3 亿元，机器人研究院在孵创业企业获千万级以上融资高达 10 家。

此外，能达到如此高的孵化成功率，或许还可以从机器人研究院创业前孵化的创业模式和平台中找到答案。

机器人研究院与其他的孵化平台、模式的不同之处在于不是单纯提供场地、资金或技术，也不同于偏向引进、孵化或合并成熟、大型公司的孵化平台，机器人研究院推行的是将技术和成果扎根在东莞，探索的是一条以学生项目和初期项目为雏形的孵化模式，这种模式最大的好处是可以把核心技术和人才都留下来，也有利于机器人产业整体格局和创业氛围的形成。其孵化模式本质是基于高素质的创业人才+核心技术的"学院派创业"，由高校创新创业人才培养、前孵化阶段的创业团队、孵化阶段的初创企业三个部分组成。

无论处于哪个阶段，孵化项目核心都在于基于人的项目和技术发展前景评估，创始团队的性格、眼界和格局对项目成功与否来说至关重要。机器人研究院需要的是对创业有持续热情、对中国产业升级有想法和信心、有能组建团队的能力和大格局大胸怀的创业者和先行者。

从只有样机和创业想法的早期团队开始到已经开始市场化、产业化的发展期公司，机器人研究院都会从团队建设、创业导师、供应链、技术支持、创业资金以及资源导入等方面帮助扶持团队一步步成长起来。

机器人研究院通过联结国内外的高校、研究院所及上下游供应链、产业链资源，建设一个面向全球的机器人和智能硬件孵化平台，打造一流的机器人产业集群。其开放的创业环境、独特的孵化模式和创业机制，吸引越来越多来自港澳的创业企业和初创团队。截至 2019 年 4 月，机器人研究院引进和孵化港澳台企业近 20 家，成功获批东莞市港澳台科技创新创业联合培优示范基地，为来莞创业的港澳创业者提供更理想的创业环境和更优质的服务。

　　机器人研究院在创始人李泽湘教授的带领下,开展了一系列的创业孵化模式、新工科人才培养模式、产业生态体系等方面的摸索和实践,留下大量可借鉴和复制的创业经验及体系。

　　机器人研究院摸索并实践出创业孵化平台,从团队建设、人才培育、创业资金扶持、创业导师辅导和供应链整合等方面帮助初创团队和企业快速学习和成长。搭建机器人和高端装备领域的行业布局,完善工业、农业、智能家居、人工智能、环保领域的产业生态链条,考虑如何让生态链条活动起来,做到相辅相成,形成技术闭环。研发机器人领域的核心共性技术,让这些核心共性技术为企业所用,让成果真正产业化和市场化。集全球力量攻克机器人核心技术,包括核心零部件、减速器、电机、控制器、机器视觉等限制中国机器人产业发展的瓶颈。建设面向全球的创新创业孵化平台,吸引年轻创业者来机器人研究院成立团队和企业,将核心技术和产业化成果生根发芽到东莞松山湖。以机器人研究院孵化体系为基础,从芯片、核心零部件、装备到终端产品实行链条式、苗圃式的培育,为中国的产业发展探索一条可复制的孵化模式。

　　总的来说,机器人研究院为东莞乃至中国探索出一条成功培育初创团队和企业的模式和道路,推动我国直接进入国际机器人产业市场竞争新阶段。

成效显著,成为极具影响力产业集聚区

　　机器人研究院通过聚焦资源,将东莞丰富的产业资源、成熟的供应链融合,建设一整套从人才、创业导师、机器人核心共性技术到供应链的支撑体系,逐步搭建机器人产业生态体系和创新型创业孵化平台,吸引了无人机、机器人和高端装备领域越来越多素质超群的年轻创业者的目光。来自香港科技大学、香港理工大学、北京大学、上海交通大学、中国科学技术大学、北京理工大学等一流名校的学院派年轻创业家 900 多人不约而同来到机器人研究院创业,促使松山湖学院派创业生态系统日渐完善,形成规模性的粤港澳创业集群效应,已引进大疆创新、固高科技、李群自动化、逸动科技、远铸智能、睿魔智能等 60 余家创业企业进驻。同时,引进服务机器人、代步机器人、手术机器人、按摩机器人、陪伴机器人、无人机阵列、自助摄影机器人、工业 4.0 等 32 个创业团队。

　　此外,机器人研究院也积极开展与国内高校和民营企业的合作,取得了显著的成效。在运动控制器、减速机和超声电主轴等核心技术攻关和核心零部件研发

研制方面突破了德国、日本的技术封锁。机器人研究院创业企业李群自动化的工业机器人、逸动科技的船外机、鼎盛开元的车载安全系统、远铸智能的 3D 打印技术已打入国内外高端和主流市场，CCTV、新华社、广东电视台、人民日报、南方日报等媒体进行了跟踪报道。

机器人研究院推行以创业人才教育推动中国产业升级的新工科创新创业人才培养体系。通过创办粤港机器人学院，采用多学科融合、基于项目和学习的方式来培育新工科创新人才。通过参观学习麻省理工学院、以色列创新创业学院，思考中国国情下创立创新创业学院的可行性方案，并邀请麻省理工学院校长、教授前来讲学，指导工作。同时，不遗余力地推进中国产业化发展和人才培育体系，在全球范围内宣传新工科创新创业人才培育，是中国新工科教育的凿壁者和先行者。

此外，在全球各地宣传东莞和松山湖的创业环境，为东莞树立"创造之都"的形象。吸引了来自产业界、学术界、风投界的目光和关注，引发了大家对东莞和松山湖的关注、了解和探讨。机器人研究院吸引了 30 余家创业团队和 80 家创业公司在松山湖创业，更为重要的是引进了东莞固高科技、蓝思科技、顺丰科技及广东亿嘉和科技落户东莞松山湖。

机器人研究院以李泽湘教授团队为基本力量，在东莞市委市政府、松山湖（生态园）工委和管委会的大力支持下，经过多年的运营和建设，已经成为国内50 多个机器人产业园区中高层次人才和核心技术最为集中、创新创业氛围最为浓厚、最有活力和潜力的产业聚集区，受到了国内外的高度关注。

大事记

2016 年 2 月 1 日，机器人研究院在东莞市工商行政管理局登记成立。

2016 年 10 月，机器人研究院被认定为广东省第二批新型研发机构。

2018 年 7 月 2 日，机器人产业基地创始人李泽湘教授获得了 2019 国际电气和电子工程师协会（IEEE）机器人与自动化大奖。

2018 年 9 月 6 日，东莞松山湖国际机器人产业项目作为东莞市重点项目工程在松山湖正式开工，是松山湖生态园发展机器人产业的核心载体。

2018 年，机器人研究院 8 家在孵企业被认定为国家高新技术企业。

2020 年 8 月 10 日，松山湖国际机器人产业项目正式完成封顶。

2023 年 12 月，李泽湘教授、高秉强教授、甘洁教授联合创办的 XbotPark 机器人基地的新总部基地在松山湖落成开园。

案例小结

视角	维度	机构特征
二元	过程	机器人研究院成立于 2016 年，是一家以学院派创业为特色的新型研发机构，致力于搭建机器人产业学院派创业生态系统，其发展可分为三个阶段。①成立阶段（2016—2017 年）：2016 年 2 月，机器人研究院在东莞市工商行政管理局登记成立；2016 年 10 月，被认定为广东省第二批新型研发机构。②成长阶段（2018—2019 年）：2018 年，机器人研究院 8 家在孵企业被认定为国家高新技术企业。③发展阶段（2020 年至今）：2020 年 8 月 10 日，松山湖国际机器人产业项目正式完成封顶。
	状态	机器人研究院创新机制，实现我国机器人产业核心技术自有化和自有品牌产品的产业化，完善和建立健康的可持续的机器人产业创新创业生态体系；建设一个集机器人核心零部件和各类机器人系统的研发、制造、应用推广于一体的世界一流机器人研发基地、创业基地和产业基地。
三层	组织架构	实行董事会领导下的执委会负责制，下设宣传推广部、人才培训或企业服务部、投资财务部、项目管理部和服务中心等。
	体制机制	机器人研究院实施"市场化、公司化运作"的体制机制。
	运营模式	机器人研究院采用董事会领导下的执委会负责制，在组织内部实施去行政化改革，建立与科研活动规律相适应的科学管理模式，由企业主导、政府投入资金资助运行。
四维	主体	李泽湘教授、高秉强教授、甘洁教授、东莞固高科技、东莞李群自动化共同发起成立机器人研究院。
	制度	建立了科技成果转化、创业型人才引进、创新激励等制度体系，促进机器人研究院形成优越的创新创业环境。
	技术	机器人研究院围绕机器人核心技术开展技术研发和攻关。
四维	人才	机器人研究院坚持以创新创业团队和项目引进培育为发展方向，以机器人产业发展的人才和技术培育为重点，竭尽全力汇聚一批机器人产业组织者，建立了新工科人才培养载体"粤港机器人学院"。

参 考 文 献

[1] 大疆、云鲸背后的无名英雄：神奇教授李泽湘. 无人系统在线公众号，https：//mp.weixin.qq.com/s/iKFrdUGpHNiKfHMk_MUazA，2022 年 10 月 8 日。

[2] 李泽湘：核心技术卡脖子，需要打通产学研的教育改革. 知识分子公众号，https：//mp.weixin.qq.com/s/CyrGWaHpGl5dHeypzIoHJA，2018 年 8 月 14 日。

［3］高志全. 东莞高高举起机器人产业大旗［N］. 东莞日报，2015-11-09（A02）.

［4］"十三五"规划前的工业机器人产业状态之东莞篇. 机智联公司公众号，https：//mp.weixin.qq.com/s/drN_DlN2QXM0s0z0nfEJPQ，2016 年 8 月 25 日。

［5］黄美庆. "机器换人"成东莞产业升级突破口［J］. 广东科技，2015，24（17）：14-16.

［6］再出发|XbotPark：持续探索机器人产业育才新模式. 创新松山湖公众号，https：//mp.weixin.qq.com/s/_qOkfRUvQSCLwuQX-yy3Sg，2022 年 2 月 23 日。

中国科学院广州生物医药与健康研究院：以构建生物医药创新链重构行业发展新生态

摘要：中国科学院广州生物医药与健康研究院是中国科学院与地方共建、共管、共有的新型研究机构。它在不断的创新改革中探索出"四个创新、两翼驱动"发展模式，通过重塑生物医药领域创新生态链，走出了一条独具特色和优势的发展道路，取得了一批具有国际影响力的科研成果，其自主研发的多类药物获得临床试验批件，且成功孵化了多家生物医药高科技企业，逐渐发展成为国际一流的生物医药研发机构。本案例重点介绍了中国科学院广州生物医药与健康研究院的创新管理体系及发展模式。

关键词：生物医药；干细胞研究；成果转化；协同创新

2003 年 SARS 过后，中国科学院广州生物医药与健康研究院（简称"广州健康院"）在中国科学院、广东省政府、广州市政府三方共同建设下应运而生，正式成立于 2006 年 3 月。广州健康院主要从事干细胞与再生医学、化学生物学、感染与免疫、公共健康等领域的研究，是中国科学院首个面向地方经济社会发展需求、在实施"知识创新工程"试点中与地方共建的研究院，采取院、省、市联合共建以及理事会领导下的院长负责制。广州健康院的成立填补了当时华南地区生物医药领域国立科研机构的空白，为我国该领域新型研发机构发展积累了丰富经验。

经过多年的创新改革，广州健康院探索出了"四个创新、两翼驱动"发展模式。其中四个创新是"机制创新、原始创新、技术创新、协同创新"；"两翼驱动"是科技创新和产业创新两翼驱动发展。广州健康院通过机制创新激发创造活力，通过原始创新、技术创新、协同创新构筑核心竞争力。在"探索—转化—开发"的组织学习模型下，广州健康院通过坚持原始创新，构筑自主创新优势；强化技术创新，提升成果转化能力；深化协同创新，助推区域产业发展。在创新发展体系下，广州健康院取得了一批具有国际影响力的科研成果，其自主研发的多类药物获得临床试验批件，且成功孵化了多家生物医药高科技企业，有力地引领和支撑了我国生物医药产业的发展。

推动体制创新，激发创新创造活力

实行全新运行体制机制

广州健康院隶属于中国科学院系统，继承了传统大院大所的基础优势。同时，在体制机制上不断探索，采用理事会领导下的院长负责制，从院长、管理人员到研究人员实行全员聘用制，加强了员工的危机意识和责任意识，激发了创造活力，强化了管理人员的服务思想。经过多年的发展，广州健康院已经形成了一支优秀的国际化人才队伍。截至 2022 年 12 月，广州健康院已有学科领域的方向带头人 40 余人，其中 80% 以上从海外引进，均具有国外知名高校、国际知名生物医药企业的研究或开发背景；已承担多项国家重大研究计划项目；获得国家自然科学奖二等奖 2 项、广东省科学技术奖一等奖 6 项。

整合资源搭建药物研发平台

广州健康院在借鉴国外药物研发经验后，在国内首次提出"流水线"概念，摒弃传统的课题组单独负责制，按照新药研发价值链构建团队。按照国际制药巨头的管理模式从事新药开发，大大提高了研发效率，得到了业内专家的高度评价。2009 年，广州健康院整合资源，成立了药物研发中心（DDP）。成立 DDP 的目的是通过集中资源，快速推进重点药物研发，加快重点药物产业化进程。同时，DDP 成为广东省重要的药物研发和生物医药产业升级关键技术公共平台，并为华南地区各大医药企业、高校和科研机构提供药物研发服务。

自成立以来，DDP 取得了非常耀眼的成绩。广州健康院已成功建立药物化学、结构生物学、药物代谢动力学等研发平台来支撑药物研发，通过自主培养和引进高层次人才，形成了一支优秀的项目研发团队，具有较强的新药研发能力。同时，在广泛征集、严格筛选的基础上，广州健康院推进了一些研究基础扎实、产业化前景良好的项目。比如，治疗耐药性白血病药物、口服抗阿尔茨海默病药物等研究项目。在互惠互利的基础上，DDP 与美国领先的制药企业、科研院所和中国科学院上海药物研究所建立了良好的合作伙伴关系。

创建高价值专利育成孵化体系

广州健康院高度重视成果转化工作，对不同的项目成果采取分级分类管理。对早期研究开发的项目，广州健康院采用建立联合实验室的形式，吸引投资机构投入资金；对中期研究开发的项目，广州健康院采用合作开发或作价入股的形式，推动项目产品上市；对较为成熟的项目采取转让，广州健康院提供技术支持，由企业主导推向产业化和市场化。

另外，基于干细胞及新型药物开发领域的高价值、高实用性的特点，广州健康院围绕关键技术进行知识产权战略布局，探索创建了一套以专利战略总体规划为纲、逻辑架构与外围专利布局策略相匹配的高价值专利培育体系，较好地实现知识产权保护策略。

目前，广州健康院已构建了一套专利价值评估体系，从质量、先进性等多方面构建了专利评价模型，实现了对专利的分级管理。

具体来说，广州健康院在科研项目立项前，将进行知识产权检索分析、科研项目创新性分析、知识产权预警预测，提出项目能否立项和调整优化的建议。在项目验收过程中，进行知识产权申请与权利获取分析、知识产权维护分析、知识产权价值评估分析，为产业化做准备；在项目的产业转移转化阶段，进行技术标准和专利池分析、知识产权许可分析，提出知识产权转移转化建议。同时，广州健康院利用信息化手段，建立了适合研究院的知识产权全生命过程管理系统。该系统规范了知识产权工作流程，提高了工作效率，严把知识产权成果质量关。

此外，广州健康院还建立了干细胞技术研发重大专项知识产权创新服务系统，开展产业专利分析及预警工作，从多方面和多层面分析生物医药产业的产业、技术和专利布局情况，辨析知识产权风险，明确生物医药产业链、技术链、创新路径及突破口，提出有针对性的产业发展建议。

支持研究人员在岗创业

支持研究人员在岗创业，是广州健康院的又一项创新举措。生物医药研发的特点决定了不管是做药物技术研发还是做药物成果转化，都需要大量的时间积累。只有项目能够真正实现落地，才能更好地为公众服务，同时也能加快科研成果转化的进程，促进科研成果产业化。截至 2018 年，广州健康院在岗创业的研究人员成立的公司近 60 家，广州健康院参与控股的公司 16 家，涌现了如广州市恒诺康医药、广东华南疫苗、广州市锐博生物等优秀企业，为广州健康院产业化提供了良好的平台，极大地带动了广东省生物医学产业的发展。

2004 年，广州健康院张必良研究员就在广州创办了广州市锐博生物科技有限公司。从初创时期仅 60 米^2 的场地，到现在 6000 多米^2 的规模，广州市锐博生物科技有限公司正一步步发展壮大，已承担多项国家及省市重点科研项目，获"国家火炬计划重点高新技术企业""广东省企业技术中心"等荣誉称号，获批成立南方医院转化医学产学研合作基地、广州市博士后创新实践基地等；已通过 ISO13485 与 ISO9001 国际质量管理体系标准认证，其管理与研发能力得到权威认可。

开放与包容并兼的广州健康院为科研人员提供了良好的科研与创业氛围。在这里，科学家们不仅能做好科研，同时也能让成果真正落地、生根，实现产业转化的终极目标。

坚持原始创新，构筑自主创新优势

基础研究是广州健康院的立院之本。近十年来，广州健康院坚持走原始创新之路，在干细胞与再生医学和疾病治疗等领域产出了一批具有国际影响力的原创性科研成果。

多能干细胞研究走在世界前列

随着 2012 年度诺贝尔生理学或医学奖的揭晓，诱导多能干细胞技术逐渐走进大众视野，不再那么神秘。该技术使发育成熟的体细胞变为干细胞成为可能，具有极其广阔的应用前景，若利用该技术进行细胞药物研发、药物筛选，将会为多种疾病的治疗提供更加快速高效的治疗方案。然而，在体细胞变为多能干细胞的研究过程中，还有大量的关键技术难题未被破解。

广州健康院在国内率先开展诱导多能干细胞研究，时任院长裴端卿领导的研究团队围绕细胞命运转变的调控机制这一关键问题，取得了一系列原创性的成果，发现多个新型诱导因子，构建了干细胞多能性重建起始阶段的理论框架，发展了高效、安全、快速的 iPS 诱导技术体系，为我国干细胞研究和再生医学的发展打下良好的基础。该研究成果在国际上引起极大的关注，并获得 2014 年度广东省科学技术奖一等奖。

干细胞是一类具有无限的自我更新与增殖分化能力的细胞，国际上对于干细胞的科学研究由来已久。2007 年美国与英国科学家因胚胎干细胞和哺乳动物的 DNA 重组方面的开创性成绩获得诺贝尔生理学或医学奖；2012 年英国与日本科学家因"发现成熟细胞可被重写成多功能细胞"获得诺贝尔生理学或医学奖。然而最初建立的诱导多能干细胞技术体系并不完善，大多存在耗时长、效率低的问题，科学家并没有解决技术的关键问题，换句话说，普通细胞逆转成诱导多能干细胞这一过程需要靠运气。

2007 年，裴端卿研究团队在实验中发现，在体细胞重编程早期，细胞由成纤维状态突然变为紧密排列的上皮细胞状态，该过程类似于 MET 过程（间质表型细胞转化为上皮细胞的过程），这可能是整个体细胞重编程过程中的重要路标。

此后，研究团队围绕假设设计了一系列实验来验证猜测的正确性。经过多次实验和反复论证，团队首次揭示了 MET 是体细胞重编程的起始机制，发现了多种表观遗传学修饰通过影响 MET 调控细胞命运转换，还发现了一系列新型的因子可以有效促进多能干细胞的诱导。该研究成果不仅破解了诱导多能干细胞过程的关键问题，而且还为这一过程研究提供了一个优秀的理论模型。后续国际上大量工作验证了 MET 过程与诱导多功能干细胞有直接的关系，证明了这一猜测的正确性。

有了明确的研究方向后团队取得了一系列重要突破，取得了 3 项授权专利并在 *Cell Stem Cell*、*Journal of Biological Chemistry* 等国际知名杂志上发表多篇论文，这一系列具有重大科学价值的成果为干细胞应用研究奠定了坚实基础。

此外，研究团队还发现了能够极大提高诱导多能干细胞效率的方法——利用维生素 C。维生素 C 能够极大提高体细胞变为多能干细胞的效率，使得体细胞诱导多能干细胞的效率提高 100 倍，并且维生素 C 还能缓解重编程过程中细胞衰老的问题，真正让人"返老还童"。

早期诱导多能干细胞研究存在转化率差、成功率低等问题，多能干细胞的诱导有效率只有万分之一，严重地制约了干细胞技术的应用。研究团队通过大量的实验发现维生素 C 可以帮助组蛋白去甲基化酶（一种可以提高细胞重编程效率的酶）释放一种"制动开关"，在胚胎受精之后控制干细胞的基因活性，从而提高细胞"变身"效率。最重要的是，维生素 C 并没有破坏细胞里面的 DNA 损伤修复反应，保证了诱导多能干细胞的安全性。

这一研究成果引起了国际上的高度关注。美国著名的干细胞生物学家马吕斯·魏理格说："这一研究结果说明，维生素 C 和组蛋白去甲基化酶协同作用，使得重编程所必需的沉睡基因苏醒，大大促进重编程这个过程，这是人们在分子水平上理解细胞重编程机制的重大发现，对细胞和再生医学研究具有深远意义。"

在前期研究成果的基础上，研究团队还发现了尿液的特殊用途。裴端卿说："在体细胞诱导为多能干细胞这一过程中，好的起始体细胞十分重要。我们发现人体尿液中含有上皮细胞，可以高效率地诱导成多能干细胞，也可以直接诱导成神经干细胞，为治疗神经系统疾病提供了新途径。"

2012 年团队采用诱导多能干细胞技术成功将尿液中的普通细胞转化成了神经干细胞，研究成果发表在 *Nature Methods*、*Nature Genetics* 等杂志上，引起了巨大的反响。神经干细胞是一种发现于成年脑组织中的干细胞，具有自我更新能力和多能分化潜能。它们可以分化为神经元、星形胶质细胞和少突胶质细胞，也可以转化为血细胞和骨骼肌细胞，被认为是治疗神经损伤和退行性疾病的理想细胞。虽然神经干细胞非常优秀，但其来源是一个问题。异基因来源的神经干细胞会被患者的免疫系统排斥，最好的解决方案是从自体来源获取神经干细胞。泌尿系统中的毛细血管非常丰富，一些细胞会掉入尿液中。少量活细胞可以诱导回到干细胞状态。虽然只有少数尿液细胞可以诱导转化为神经干细胞，例如，在 200 毫升尿液中可以获得近十万个尿液细胞，其中的 1%—2%可以转化为神经干细胞，几乎可以获得 1000—2000 个神经干细胞，已经达到了应用水平。

著名神经生物学家、美国国家科学院院士 Fred Rusty Gage 教授认为，利用尿液中的肾上皮细胞生成多功能细胞是干细胞领域中的一大重要突破，尤其是利用尿液细胞在体外获得神经干细胞这一技术，在干细胞领域具有重要的应用前景，或许在不久的未来，诸如帕金森综合征这类神经性疾病的治愈，将不再是神话。

癌症免疫治疗研究国际领先

癌症是当今最可怕的疾病之一。世界卫生组织国际癌症研究机构（IARC）发布的 2020 年全球癌症负担数据显示，2020 年全球癌症死亡病例高达 996 万例。极高的致死率使人们谈癌色变。目前，各国科学家都在积极致力于研究癌症的治疗手段以攻克癌症。

癌症是如何产生的？科学界认为，造成癌症最重要的因素之一是基因的突变。在人类基因复制的过程中，可能会发生基因突变。当突变基因的表达影响我们体细胞的基本功能时，它可能会导致癌症和其他疾病。

T 细胞治疗是目前国际上攻克肿瘤领域最前沿的研究方向。广州健康院的李懿团队多年来一直从事 T 细胞受体（TCR）的研究。该团队利用各种方法，如基因工程 T 细胞受体和抗体，以提高免疫系统识别癌细胞的能力，从而治疗癌症。

T 细胞受体是 T 细胞表面的重要免疫分子，大多数是高度可变的α亚基，β亚基由二硫键形成。每个亚单位包含两个细胞外结构域：一个可变区和一个恒定区。可变区决定了 TCR 识别抗原的特异性和多样性，使 TCR 具有对多种外来抗原进行特异性识别和应答的巨大潜力。TCR 可以介导 T 细胞对感染或肿瘤细胞表面呈现的异常抗原的特异性识别，从而诱导 T 细胞对受感染或肿瘤的杀伤作用。在高亲和力 T 细胞受体与免疫效应分子融合后，它们可以连接 T 细胞和肿瘤细胞，使免疫系统的 T 细胞监测癌症细胞的外观并将其清除。

此前科学界普遍认为，T 细胞受体难以实现高亲和力，不能像抗体一样用于靶向治疗。从事抗体工程研究的李懿教授使用体外引导进化技术首次获得了高亲和性 TCR 的研究成果，这一突破使 TCR 用于肿瘤免疫治疗成为可能，由此开创了一种具有前景的、有可能治愈癌症的新型肿瘤免疫治疗方法——T 细胞治疗。

T 细胞治疗需要从患者体内分离免疫 T 细胞，并在体外对这些细胞进行基因改造，使其具备识别癌症细胞表面抗原的"嵌合抗原受体"。改良后的免疫 T 细胞就像一支装备了最新武器的军队，能够识别癌症细胞并对其发动无情的攻击。随后，这些经过修饰的细胞在实验室中被广泛扩增，然后注入患者体内进行癌症治疗。在这个研究方向，研究团队已在 *Nature Biotechnology*、*Nature Medicine* 等著名杂志发表多篇文章，获得 10 余项专利。

成功培育首个亨廷顿舞蹈症猪模型

研究人类疾病时，临床试验往往难以随时采集各种数据以了解人类疾病全过程。而在动物中，猪的生理特征、器官组织结构和人类比较类似，尤其猪的肝脏、心脏等器官与人类的相似性很高，因此对于猪的转基因研究就有了重要的意义，例如研究把猪的器官移植到人身上，实现异种器官移植；建立患病猪模型，将人类疾病转移到猪模型上，利用疾病猪模型研究疾病作用机理、药物治疗及疫苗实验效果等。

广州健康院赖良学研究员从事动物克隆、转基因和基因打靶技术研究多年，二十多年来以猪作为对象研究基因敲除技术，取得了一系列广受国际关注的科研成果，多次在 *Science*、*Nature* 等顶级科学期刊上发表论文。2018 年他带领团队首次培育出了亨廷顿舞蹈症的猪模型，成为生物学界里程碑式的事件。

亨廷顿舞蹈症是一种常染色体显性遗传性神经退行性疾病。该病由美国医学家乔治·亨廷顿于 1872 年发现而得名。一般患者发病表现为舞蹈样动作，随着病情发展逐渐丧失说话、思考和吞咽的能力，最终导致患者死亡。人类对此迄今没有任何有效的治疗方法和药物。因此，医学界急需建立该病的动物模型，用于对药物、干细胞、基因治疗等多种疗法的试验。

赖良学研究团队使用"基因剪刀"CRISPR/Cas9 技术，将人类亨廷顿突变基因序列精确插入猪的亨廷顿基因。进行基因敲除后，利用体细胞核移植技术克隆出携带突变基因的亨廷顿猪。

经过五个月的观察，研究团队最终获得了六只携带亨廷顿舞蹈症突变基因的F0 代猪仔，它们都表现出运动障碍等进行性症状。更令人欣喜的是，这些病理和行为表型可以稳定地遗传给后代。研究团队通过将携带亨廷顿舞蹈症突变基因的猪与健康的种猪交配，培育了 F1 和 F2 代亨廷顿猪。当 F1 和 F2 代亨廷顿猪出生时，它们像正常的小猪一样活泼可爱。然而过了几个月后，它们逐渐开始无法控制自己的身体：身体颤抖，步态不稳，有些在行走时交叉后腿。在跑步机上，它们无法向前移动，只能蜷缩成一团。

经过 4 年努力，亨廷顿舞蹈症猪模型终于培育成功，这标志着中国团队在国际上首次建立了与神经退行性病人突变基因相似的大动物模型，该模型能够使得科学家更加深入地了解亨廷顿舞蹈症机制以及寻求更有效的治疗方法，破除亨廷顿舞蹈对人类的威胁。

构建全球首个新冠肺炎非转基因小鼠模型

在新冠疫情早期，国际新冠肺炎转基因小鼠保有量有限，临床症状不典型，造成我国新冠肺炎诊疗方案、致病机制体内验证及疫苗开发严重滞后。

2020 年 6 月，在钟南山院士指导下，广州健康院联合多个单位，将应用表达新冠病毒的腺病毒转导小鼠，快速建立了全球首个新冠肺炎非转基因小鼠模型，用于新冠肺炎致病机制、新冠肺炎治疗药物效果评价及疫苗效果测试等多方面研究。

研究团队还利用此小鼠模型评价了新冠病毒感染康复者血浆和瑞德西韦对新冠病毒感染的治疗作用，结果显示，给予血浆治疗和药物组的小鼠肺脏病毒滴度均明显降低，且病理损伤减轻。

该新冠肺炎非转基因小鼠模型有效缓解了我国新冠肺炎动物模型缺乏的难题，有力地支撑了我国新冠疫情防控、病人救治以及科学研究。

强化技术创新，提升成果转化能力

成果转化是对广州健康院原始科研创新的有力支撑和承接，近十年来，广州健康院与多方合作进行成果转化，成绩斐然。

"抗结核药物"进入临床前研究

结核病（TB）是由结核分枝杆菌引发的主要通过呼吸传播的致死性传染病。结核菌主要侵犯肺脏，称为肺结核病。人类与结核病抗争多年，积累了不少经验。然而，由于长期的药物治疗周期、不当使用和严重的不良反应等问题，耐药菌株不断增加，导致大量的多重耐药结核病和广泛耐药结核病，甚至完全耐药结核病，形成越来越严峻的挑战。根据世界卫生组织 2019 年的报告，估计全球 25%的人口是潜在的结核病感染者，每年有 1000 万人新被诊断为结核病患者。目前，结核病治疗仍然是一个巨大的挑战。

抗结核病药物开发难，身为行业中人、现为呼吸疾病全国重点实验室结核病学组组长的广州健康院研究员张天宇深有体会。他认为，低下的实验效率和不精准的药物筛选模型是阻碍结核病新药研发进程的主要问题。

一般来说，判断一种化合物是否对结核病有效，核心是观察使用此化合物后结核分枝杆菌的增殖和死亡情况。根据传统方法，一个实验周期就要 3 个月左右，实验周期太长，效率极其低下。在不断的深入研究中，张天宇团队开发出了一种能够稳定自主发光的结核分枝杆菌。通过检测自主发光菌株发光强度，1—3 天即可监测活体小鼠体内的药物活性，进而判定药物、疫苗的抗菌能力。无须漫长的实验周期，快速、经济且高效，可进行大规模小鼠体内活性直接筛选。

此外，漫长的药敏检测时间也是阻碍结核病治疗的主要因素之一。如果可以缩短药敏检测时间，提高药敏检测结果的准确性，将大大提升结核病治疗进程。针对这一需求，研究团队研发出了一种可投送自主发光元件的温敏型分枝杆菌噬菌体（ARP），可用于快速药敏实验。利用传统的罗氏培养法，需 4—6 周才能出检测结果，而利用 ARP 法仅需 1—3 天即可获得药敏检测结果，大大缩短了检测时间。

如今，研究团队借助上述发明构建起高效抗分枝杆菌药物筛选评价平台，并在国内外建立了广泛合作，获得了多个具有良好开发前景的抗结核病化合物。其中最值得一提的，便是抗结核病候选药物 TB47。

随着越来越多耐药结核病出现，临床上急需能克服耐药菌的具有新机制的药物。研究团队发现 TB47 能够抑制或杀灭分枝杆菌，不仅可以缩短疗程，还可以在很大程度上降低耐药发生的可能性。

目前，TB47 已经获得中国和美国专利授权，在转让给呼研所医药科技（广州）有限公司后，被博济医药科技股份有限公司"看重"。2020 年 6 月，两家公司签订了《化药 1 类新药 TB47 原料药和制剂临床前研究》的协议，标志着 TB47 正式进入临床前研究。

"抗阿尔茨海默病新药"获临床试验批件

阿尔茨海默病俗称"老年痴呆症"，是一种中枢神经系统退行性疾病，引发患者的认知障碍和记忆能力损害，导致患者生活能力日益减退和死亡。已故的美国前总统里根、英国前首相撒切尔夫人等名人均受此病困扰和折磨。

早期科学家们认为，阿尔茨海默病产生的重要原因是细胞分泌了β淀粉样蛋白，蛋白在聚集后就产生极强的神经毒性作用。是否清除掉这些有害蛋白，患者症状就可得到缓解呢？实际的情况远非那么简单，制药巨头强生、辉瑞、罗氏等公司投入巨资用于研发治疗阿尔茨海默病的药物，但都没有成功，上亿元的资金都打了水漂。很多人直呼，研发治疗阿尔茨海默病的药物，简直是一个巨大的坑。

基于前面很多失败的项目，广州健康院胡文辉教授研究团队另辟蹊径，将药物研制的视线转移到了阿尔茨海默病所出现的炎症反应。研究团队先后设计合成了 500 多个化合物，先后运用表型筛选、疾病动物模型的药效评价和药代毒理评价，最终筛选出了 GIBH130 为治疗阿尔茨海默病的候选药物。

研究团队发现，在将 GIBH130 注射到转基因小鼠的阿尔茨海默病模型中后，该药物能够有效穿过血脑屏障到达大脑发挥作用，改善小鼠模型的记忆和认知能力并有效缓解痴呆症状。进一步研究揭示，GIBH130 能够在体外选择性地抑制神经免疫细胞释放促炎性细胞因子，并抑制疾病模型动物脑部微胶质细胞的活化和促炎性细胞因子的表达，从而阻断阿尔茨海默病中的炎症恶性循环，保护神经元。

2012 年，广州健康院（GIBH）和华南创新药物研究中心（SCCIP）达成合作协议，开展"一类抗阿尔茨海默病候选药物 GIBH130"的临床前研究；2016 年 2 月，GIBH130 及其片剂经专家审批获得临床试验批准，这是中国科学院"一三五"规划指导下五个培育方向之一的重大炎症疾病药物开发的重要成果。

"慢性髓细胞白血病新药"获批上市

2021 年 11 月，广州健康院自主研发的 1 类新药奥雷巴替尼片正式获得国家药监局的上市批准，用于治疗慢性髓细胞白血病。它是首个由中国本土企业研发的第三代 BCR-ABL 抑制剂，也是广州健康院建立以来第一个 1.1 类新药获批上市。

谈起 BCR-ABL 抑制剂，也许还有人不熟悉。但提起格列卫，大家并不陌生，电影《我不是药神》曾让这款抗癌药物广为人知。于 2001 年问世的格列卫正是第一代 BCR-ABL 抑制剂，拯救了无数慢性髓细胞白血病患者。之后，为了解决其耐药问题，二代、三代 BCR-ABL 抑制剂陆续被开发。而奥雷巴替尼就是获批上市的第三代 BCR-ABL 抑制剂。

白血病通常令人"闻之色变"，但有一种类型的白血病却意外地被人们称为"最幸运"的白血病，它就是前面提到的慢性髓性白血病。为什么它是"最幸运"的，这要从 20 世纪一位研究者一次不经意的发现说起。

1956 年，美国科研团队在对染色体进行标记时偶然发现，在慢性髓细胞白血病患者的癌细胞中，第 22 号染色体普遍要更短。而正是它的异常导致了此类慢性白血病发生。之后科学家们逐步发现，短上一截的 22 号染色体其实是发生了易位——人类的 9 号染色体与 22 号染色体发生了一部分的交换，9 号染色体上的 ABL 基因恰好与 22 号染色体上的 BCR 基因连到了一块儿，产生了一条 BCR-ABL 融合基因。这条融合基因编码了一种不受控制的酪氨酸激酶，它一直处于活跃状态，导致不受控的细胞分裂，引起癌症。

基于这些科学发现，科学家很快进行研究成果转化，最终于 2001 年迎来了全球首个 BCR-ABL 抑制剂的获批上市，它就是后来广为人知的格列卫。格列卫的出现，使慢性髓细胞白血病患者在确诊后 5 年生存率从 30% 提高到 89%，且在 5 年后依旧有 98% 的患者取得了血液学上的完全缓解。格列卫的诞生，也成为人类抗癌史上的"奇迹"。

然而，科学家很快发现了新的问题——耐药。研究发现，相当一部分患者服用几年格列卫后，体内会产生耐药性。耐药性一旦产生，药物的作用就会明显下降。对格列卫来说，在耐药慢性髓细胞白血病中的发生率高达 25% 左右，而市面上的一、二代 BCR-ABL 抑制剂药物对其均无效，因此，在过去一直面临无药可医的窘境。

为了破解耐药难题，广州健康院丁克研究员研究团队花费多年成功构建了 BCR-ABL 突变耐药的细胞、动物模型，以及安全性测试平台和激酶测试平台。通过基于结构的理性药物设计策略，设计合成了数百个全新分子，经过一系列测试研究，最终得到一类咪唑[1,2-b]并吡嗪骨架的分子，具有显著的细胞活性并能克服耐药。

2012 年，研究团队完成了奥雷巴替尼的临床前成药性研究的关键数据，充分证明了其有效和安全性，并在药物化学顶级期刊 *Journal of Medicinal Chemistry* 上公开报道了奥雷巴替尼的临床前数据；2013 年，广州顺健公司签订了知识产权转让协议，获得了其开发权益；2016 年，奥雷巴替尼获得 1.1 类新药临床批件，后由广州顺健的母公司推进临床试验；2021 年 11 月 24 日奥雷巴替尼获得上市批准。

奥雷巴替尼是潜在同类最佳新药，临床数据显示，奥雷巴替尼在耐药慢性髓细胞白血病患者中均具有良好的疗效及耐受性，且随着治疗时间的延长，缓解率和缓解深度会进一步增加。

奥雷巴替尼是我国自主研发并拥有自主知识产权的创新药，是中国第一个也是唯一一个第三代 BCR-ABL 抑制剂，解决了耐药慢性髓细胞白血病患者无药可医的重大问题。这是由广州健康院科研院所研发、企业接力进行产业化的新药研发成果转化的典型成功案例。

深化协同创新，助推区域产业发展

服务于地方区域产业发展，是广州健康院社会价值之所在，是广州健康院发展的目标和宗旨。广州健康院结合区域产业发展，积极与广州地区高校、企业开展协同创新，获"中国产学研合作创新奖"和"中国科学院院地合作先进集体奖"。

积极开展全球布局 推动国际合作

"科学无国界，合作无远近。"广州健康院积极参与粤港澳大湾区及"一带一路"建设，在生物医药与生物领域积极开展全球布局，以共建联合实验室、开展科技项目合作、加强互访交流等方式与国（境）外国家及地区开展密切的科技合作与交流，谋求推动建立互利共赢的国际科技合作。

广州健康院立足粤港澳大湾区，建院以来与香港大学、香港中文大学、香港科技大学等高校保持密切的沟通，共建联合研究中心协同攻关及共同培养科技人才，与香港大学共建"粤港干细胞及再生医学研究中心"，与香港中文大学共建"粤港干细胞与再生医学联合实验室"。基于前期良好的协作关系，广州健康院积极推动中国科学院在香港设立中国科学院香港创新研究院，并成为其下设的再生医学与健康研究中心建设依托单位，该中心是中国科学院参与打造粤港澳大湾区具有全球影响力的国际科技创新中心的重要组成部分和依托平台，有利于促进香港科技创新发展及国际科技交流合作，联合攻克科技难题，发挥粤港两地各自优势，推动大湾区建设。

广州健康院前院长裴端卿谈到，广州健康院香港中心的建立是广州生物走向国际、走向世界的一个重要举措。广州健康院把最新的生命医学技术，包括干细胞与再生医学技术，从某种意义上和香港进行交流合作，也能够加速其基础研究走向临床的进程。该中心的建立是推进干细胞科学研究发展的坚实一步，让各地科技人才与技术融合互通，能够最大化利用科研资源，以颠覆性的技术和疗法推动科研及医疗事业的进步。

广州健康院积极参与"一带一路"建设，与新西兰莫里斯·威尔金斯研究中心共同建立"中国-新西兰生物医药与健康'一带一路'联合实验室"，携手攻关生物医药领域的重大科学问题。2019 年，广州健康院举办了"一带一路"暨发展中国家分枝杆菌病研究进展培训班，与来自尼泊尔、巴基斯坦、印度等 11 个不同国家的学员进行了交流学习，增进发展中国家相关领域的科研人员对我国科研水平的了解，为发展中国家的科技人才培养尽绵薄之力，推动与发展中国家更加紧密的科技合作。

除此之外，广州健康院还与新西兰奥克兰大学、英国伯明翰大学、英国剑桥大学等高校建立了多项合作关系，共建国际科技合作平台并开展学术交流，包括与新西兰莫里斯·威尔金斯研究中心共建"生物医药与健康联合研究中心"，与英国伯明翰大学共建"转化医学研究联合中心"，与英国剑桥大学共建"GIBH-剑桥再生医学研究中心"等。

面向未来，广州健康院将抢抓粤港澳大湾区国际科创中心建设的机遇，深入实施"十四五"规划，发挥国家战略科技力量核心作用，持续为"健康中国"战略的实施贡献力量。

建立佛山中医药生物科技产业中心

佛山中医药是岭南中医药的重要发源地，享有岭南中医药宝库之称。近年来，在传统的中医药特色产业基础上，佛山逐步迈向新型生物医药产业之路。佛山市政府大力支持发展中医药行业，大力挖掘本土中医药文化，试图将中医药文化打造成为佛山市的城市名片。

2009 年，广州健康院与佛山市南海区政府共建了"中国科学院佛山产业技术创新与育成中心生物医药科技产业中心"合作项目，经过多年的建设和发展，佛山中医药生物科技产业中心目前已成为广州健康院科研成果产业化的重要基地，在 2012 年正式获批为"广东（南海）生物医药产业化基地"及"广东省科技企业孵化器"，这是省院合作推动地方产业发展的一项重要的创新成果。

2012 年，该中心在地方政府仅投资 6000 万元的基础上，成功孵化了 25 家高新技术生物制药企业，引进了 100 名高层次人才，带动社会资本投资 12 亿元。在佛山生物制药产业基础极为薄弱的情况下，该中心采取项目孵化、公共平台建设、低成本投资、高科技项目等多种方式，打造新的战略产业，探索广州生物医学研究院科技成果产业化的有效途径。

建立广州生物医药产业技术创新与育成中心

2010 年，广州健康院与广州市黄埔区管委会签约共建了广州生物医药产业技术创新与育成中心，该平台以中国科学院系统的科研成果产业化资源和人才技术优势为依托，具备生物医药企业育成、技术成果转化、应用技术研究、技术服务和人才培养五大功能，是联结生物院、中国科学院、国际国内生物医药产业化和成果转移转化、应用技术研发与产业培育的平台网络，成为中国科学院在全国生物医药领域重要的技术转移中心、企业育成中心和成果转化基地。

育成中心的建设得到了中国科学院和广州市政府的大力支持。2010 年中国科学院在育成中心布局了 4 个产业化储备项目，支持项目经费达 240 万元。2011 年，育成中心的 2 个候选项目因其关键技术成熟、产业化目标明确等特点被纳入"中国科学院支撑服务国家战略性新兴产业科技行动计划"中，共获得支持项目经费 120 万元，拉动地方政府和企业共同投入创新经费 480 万元，为育成中心的发展奠定了良好基础。

目前，育成中心已取得阶段性进展，正在初步发挥作用。例如"基因修饰猪科技产业中心"平台项目的顺利建立和运营，缓解了一直困扰广州健康院科学家的没有实验猪场的问题，为相关项目的顺利实施创造了有利条件。该中心的建立将成为该区实施提升自主创新能力和提升产业竞争力"双提升"战略、抢占产业发展制高点和技术创新制高点的重要支撑，对增强广州市黄埔区生物医药产业核心竞争力、构建黄埔区现代生物医药产业体系起到重要作用。

发起成立广州干细胞与再生医学技术联盟

干细胞和再生医学是近年来兴起和发展的生物医学新领域。它将给疾病机制的研究和临床应用带来革命性的变化，为各种疑难疾病的治疗带来新的希望，标志着医学将走出组织器官匮乏的困境和以牺牲健康组织为代价的"以伤治伤"的组织修复模式，进入"再生医学"的新时代。广州是我国干细胞研究起步较早的地区，但由于相关机构之间缺乏合作，科研资源分散，产学研之间无法进行密切合作，它的潜力还没有被探索过。因此，促进广州干细胞技术分工合作，提高干细胞技术应用和产业化水平，亟待建立紧密联合、优势互补的机制。

广州健康院充分利用自身学术影响力和科研实力，联合中山大学、暨南大学、广州汉氏联合生物科技有限公司等单位发起成立国内第一家干细胞领域的技术联盟——广州干细胞与再生医学技术联盟，联盟成员既有高校、科研院所也有企业公司，联盟以推进干细胞研究和成果产业化为主要目的，推动联盟成员之间的技术合作。联盟组织开展技术协作和攻关、资源共享技术培训，开展干细胞技术领域的科技交流活动，有步骤地推进产业化。

联盟成立至今，已多次主办或协办国际干细胞与再生医学论坛、国际（广州）干细胞与精准医疗产业化大会等国际盛事，其中不乏国外院士、国际知名专家来做报告，分享交流最新科研情况。联盟为干细胞领域的发展搭建了良好的沟通合作平台，为推动干细胞研究领域交流合作做出了突出贡献。

广州干细胞与再生医学技术联盟的成立，对于更好地应对快速发展的干细胞领域带来的机遇和挑战，提高广州乃至广东省干细胞领域的基础研究水平，产出一批具有自主知识产权的研究成果有重要的意义，也对国家干细胞领域的发展发挥重要作用。

大事记

2003 年 7 月，中国科学院、广东省政府、广州市政府共同建设国家级生物医药研究开发机构——中国科学院广州生物医药与健康研究院。

2006年3月10日，中央机构编制委员会办公室下发《关于中国科学院广州生物医药与健康研究院等单位机构编制的批复》，同意成立中国科学院广州生物医药与健康研究院。

2009年，中国科学院广州生物医药与健康研究院"诱导多能干细胞机理与技术研究"项目荣获广东省科学技术奖一等奖。

2013年，中国科学院广州生物医药与健康研究院"干细胞多能性与重编程机理研究"项目荣获国家自然科学奖二等奖。

2015年，中国科学院广州生物医药与健康研究院"猪基因突变技术创新及基因修饰猪模型的建立"项目荣获广东省科学技术奖一等奖。

2018年，中国科学院广州生物医学与健康研究院积极承担起筹建生物岛实验室的重任。

2018年，中国科学院广州生物医药与健康研究院"EMT-MET的细胞命运调控"项目荣获国家自然科学奖二等奖。

2019年，中国科学院广州生物医药与健康研究院"尿液诱导多能干细胞技术及体细胞重编程机制"项目荣获广东省自然科学奖一等奖。

2020年6月，在钟南山院士指导下，中国科学院广州生物医药与健康研究院联合多个单位快速建立了首个新冠肺炎非转基因小鼠模型。

2021年，作为核心组建单位承担支撑广州国家实验室建设，5月成功挂牌；作为人类细胞谱系大科学研究设施的依托单位，推动设施纳入国家"十四五"专项规划。

2021年11月，中国科学院广州生物医药与健康研究院自主研发的1类新药奥雷巴替尼片正式获得国家药监局的上市批准，是广州健康院建立以来第一个1.1类新药获批上市。

2023年7月，由中国科学院广州生物医药与健康研究院承担建设的"人类细胞谱系大科学研究设施"可行性研究报告获国家发改委正式批复。

案例小结

视角	维度	机构特征
二元	过程	中国科学院广州生物医药与健康研究院聚焦生命健康领域前沿重大科学问题和重要疾病机理，以建成国际一流的生物医药与健康领域新型研发机构为目标，发展过程包括以下几个阶段。 ①建设阶段（2003—2006 年）：2003 年，中国科学院广州生物医药与健康研究院在中国科学院、广东省政府、广州市政府三方的共同建设下应运而生。2006 年 3 月，中央机构编制委员会办公室下发《关于中国科学院广州生物医药与健康研究院等单位机构编制的批复》，同意成立中国科学院广州生物医药与健康研究院。 ②成长阶段（2007—2015 年）：2015 年，中国科学院广州生物医药与健康研究院被认定为广东省新型研发机构，进入高速发展阶段。 ③发展阶段（2016 年至今）：在中国科学院、广东省、广州市共同努力建设下，产出了一批重要科研成果，在干细胞、大动物模型等领域研发方面成绩突出，在抗白血病药物、抗疟疾药物以及抗肺癌药物研发方面发展迅速，在流感病毒示踪、新型疫苗研制、铜催化、生物活性分子合成等领域也有一定的建树，已成为国内生物医药领域的佼佼者。
二元	状态	中国科学院广州生物医药与健康研究院聚焦生命健康领域前沿重大科学问题和重要疾病机理，以建成国际一流的生物医药与健康领域新型研发机构和创新人才培养高地为目标，持续为"健康中国"国家战略的实施贡献力量。
三层	组织架构	中国科学院广州生物医药与健康研究院组织架构为：院务会、学术委员会、学位委员会、咨询委员会，下设研究中心、重点实验室、支撑平台和转化中心。
三层	体制机制	中国科学院广州生物医药与健康研究院采用理事会领导下的院长负责制。
三层	运营模式	中国科学院广州生物医药与健康研究院通过推动体制创新、原始创新、技术创新及协同创新，以构建生物医药创新链重构行业发展新生态。
四维	主体	中国科学院广州生物医药与健康研究院由中国科学院、广东省政府和广州市政府三方共建。
四维	制度	中国科学院广州生物医药与健康研究院建立了覆盖科学研究、项目管理、平台整合、成果转化等多层次的制度体系。
四维	技术	中国科学院广州生物医药与健康研究院主要从事干细胞与再生医学、化学生物学、感染与免疫、公共健康、科研装备研制等领域的研究。
四维	人才	中国科学院广州生物医药与健康研究院在人才工作方面实行全员聘用制，强化管理人员的服务思想；积极引进培育高端人才。

参 考 文 献

[1] 叶青. 揭示体细胞"变身"多能干细胞诱导机制：中科院广州生物医药与健康研究院获省科学技术奖一等奖 [J]. 广东科技，2015，24（5）：20-21.

[2] 叶青，朱丹萍. 中科院广州医药与生物健康研究院获国家自然科学奖二等奖 维 C，让干细

胞"变身"效率提升 100 倍［J］. 广东科技，2014，23（11）：10-12.

［3］王诗琪. 中科院广州生物医药与健康研究院干细胞研究领域重大突破：尿液细胞中培养出神经元［J］. 广东科技，2014：23（5）：63-64.

［4］庞贝，张彦玲. 使癌症得治愈：访中科院广州生物医药与健康研究院研究员、千人计划特聘专家李懿教授［J］. 科技创新与品牌，2012（10）：41-43，81.

［5］白文龙. 潜心新药研发 勇当抗痨先锋 记中国科学院广州生物医药与健康研究院研究员张天宇［J］. 中国科技产业，2021（3）：70-71.

［6］冯海波. 中科院广州生物院全力打造国际一流的生物医药研究机构［J］. 广东科技，2018，27（9）：30-33.

［7］潘慧. 中国科学院广州生物医药与健康研究院：科技创新和产业化两翼驱动地方经济发展［J］. 广东科技，2014，23（23）：36-38.

［8］黄燕婷，王能青. 中国科学院广州生物医药与健康研究院 科技支撑 重点突破［J］. 高科技与产业化，2012（1）：36-39.

第三篇

前沿技术研发：新型研发机构的研发模式和突破路径

北京理工大学深圳汽车研究院：新能源汽车工程科技的中坚力量

摘要：北京理工大学深圳汽车研究院依托北京理工大学技术积累及人才优势，立足粤港澳大湾区汽车产业高质量发展需求，开展"创新驱动技术发展，资本驱动成果落地"的双驱创新模式，实施"孵化—加速—产业化"发展路径，聚焦汽车"电动化、智能化、网联化、轻量化、共享化"五大发展方向，开展关键核心技术攻关，着力打通技术、资本、市场通道。在孙逢春院士带领下，科研队伍不断壮大，技术研发取得了诸多创新成果，成果转化实现了较大突破，成功孵化了汇能智联、华瞬等实力不凡的企业，与比亚迪在先进能源、智能网联、动力电池等领域展开合作，实现了高校与企业的"强强联合"，极大促进了广东省新能源汽车产业发展。

关键词：新能源汽车；智能网联汽车；燃料电池技术；交通与汽车技术

　　北京理工大学深圳汽车研究院（即电动车辆国家工程实验室深圳研究院，简称"北理深汽院"）是一家面向汽车产业技术研发和产业化的新型研发机构，自成立以来就面向国际技术前沿，服务"汽车强国"建设，依托北京理工大学技术积累及人才优势，聚焦汽车"电动化、智能化、网联化、轻量化、共享化"发展方向，大力发展汽车产业技术。

　　在孙逢春院士的带领下，北理深汽院结合粤港澳大湾区汽车产业高质量发展需求，围绕新能源汽车和智能网联汽车发展方向，深入开展技术研究、试验检测、成果转化、技术咨询、教育培训、学术交流等多项业务，着力打造先进技术输出高地和高端人才聚集高地，重点建设科学研究与技术创新平台、成果转化与产业孵化平台、实验验证与公共服务平台、人才引培与国际合作平台等。那么，北理深汽院是如何一步一步助力粤港澳大湾区国际科技创新中心建设的，又是如何服务北京理工大学"双一流"建设的？值得深入思考与研究。

走进北理深汽院

校地共建的新型研发机构

　　北理深汽院成立于 2019 年，是由深圳市政府、坪山区政府与北京理工大学依托电动车辆国家工程研究中心（原电动车辆国家工程实验室）共同建设的事业单位，同时也是广东省认定的高水平新型研发机构。

　　北理深汽院聚焦汽车"电动化、智能化、网联化、轻量化、共享化"五大发展方向，围绕基础性、前瞻性、战略性技术，重点在车辆系统集成与控制、智能网联、动力电池、燃料电池、电驱动、轻量化、基础设施、前瞻与交叉、产业战略等领域开展技术攻关，目标是建设成为"国内一流、国际领先"的国家级研发平台，致力于将自身打造成"交叉融合、开放共享、投资多元、运行高效"的国际化新型研发机构。

顺势而生与顺势而为

　　自北理深汽院诞生之日起，各方就对其寄予了厚望。不仅有来自北京理工大学依托电动车辆国家工程研究中心的内生力量，也得到了深圳市政府和坪山区政府的大力支持。当谈到北理深汽院未来的发展时，孙逢春院长着眼于当今汽车产业的国际国内形势，点明北理深汽院的发展使命：助力粤港澳大湾区国际科技创新中心建设，服务北京理工大学"双一流"建设。

"科技是国家强盛之基，创新是民族进步之魂。"以习近平同志为核心的党中央多次强调，必须把科技创新摆在国家发展全局的核心位置。深圳是粤港澳大湾区创新驱动发展的重要引擎，北京理工大学也正全力朝着中国特色世界一流大学的建设目标迈进。我国汽车产业已进入发展新阶段，为推动国家汽车产业创新，紧抓粤港澳大湾区建设重大历史机遇，深圳市政府联合北京理工大学，依托电动车辆国家工程研究中心成立了北理深汽院。

北理深汽院发挥创新引擎作用，跑出发展加速度。从先行先试到先行示范，北理深汽院继续传承深圳"敢为天下先"的精神，整合北京理工大学以及粤港澳大湾区的优质科研、人才资源，全力聚焦科学研究、试验检测、成果转化、合作交流等业务发展，深耕汽车领域的技术研究，从对内、对外两个维度共同发力，具体表现为：对内"引进来"，积极布局和引进高端人才、优质项目和金融资源；对外"走出去"，积极推动前沿科技成果落地孵化，将科研能力转换为社会生产力。

在仰望星空追梦的同时，北理深汽院也在脚踏实地前行。汽车产业正经历百年一遇的大变革，面对新的任务和新的挑战，北理深汽院明确目标，时刻牢记使命，以一往无前、风雨无阻的奋斗姿态，致力于实现"汽车强国"发展目标，推动我国汽车产业高质量发展。

院士谈智能网联新能源汽车

各国竞相抢占新能源汽车创新高地

汽车产业的可持续发展，对保障全球能源安全、应对气候变化、改善生态环境有着重要作用，也将是促进未来全球经济持续增长的重要引擎。近年来，全球新能源汽车市场处于高速增长态势，我国新能源汽车产业已进入市场化的高质量发展阶段，智能网联成为新能源汽车重要考量因素。

目前，美国、日本、欧洲等国家和地区都制定了国家层面的智能网联汽车发展战略，以政产学研方式积极推进。欧盟委员会于2010年推出"欧盟2020战略"，提出面向数字社会的"欧洲数字化议程"智能增长计划。2013 年，日本内阁发布日本复兴计划《世界领先 IT 国家创造宣言》，其中智能网联汽车成为核心之一。2014 年 7 月，美国将《联邦机动车辆安全标准》立项，主要任务是研究车辆强制安装专用短程通信技术（DSRC）联网设备。随着智能网联汽车对数据需求量的不断增加，技术革新正在成为智能网联汽车发展的强大驱动力。

中国新能源汽车产业的崛起

近年来，我国新能源汽车产业蓬勃发展，规模全球领先，产业体系基本建立，技术进步明显，广东省也涌现了比亚迪、广汽、大洋电机等一批电动汽车领域的优势企业，并在国际上具备了一定的竞争力。但是，总体来看，我国新能源汽车产业与国际先进水平相比还存在一定差距，体现为技术基础薄弱、原始创新能力低、核心技术欠缺等。

随着我国智能网联汽车发展逐步上升至国家战略，智能网联汽车的发展定位也从原来的车联网概念，转向了智能制造、智能网联、智能交通等发展方向。

北理工与广东的"强强联合"

自 2018 年孙逢春院士与时任广东省委副书记、省长马兴瑞进行座谈以来，北京理工大学相关团队与广东省相关部门密切合作，在新能源汽车领域开展了各项合作。具体表现为以下两个方面。

一是北理深汽院建设规划和组织架构不断完善。截至 2023 年底，已完成机构注册和研究院建设规划，10 万米^{2}研发与实验中心落成。国际知名汽车设计制造及 CAE 技术专家李光耀教授等一批行业领军人才及先进动力电池、燃料电池、智能网联等领域一批创新团队加入北理深汽院，在汽车"电动化、智能化、网联化、轻量化、共享化"方向开展基础性、前瞻性与战略性研究。

二是在佛山市成立广东省新能源汽车监管平台（华南新能源汽车大数据服务与管理中心）和北理新源（佛山）信息科技有限公司，旨在为广东及华南地区新能源汽车提供大数据监测与管理方面的基础保障，开展华南地区新能源汽车服务市场的数据分析挖掘与应用工作。

孙逢春院士谈到，今后计划将围绕国际化一流人才引进、国际一流平台建设、国际前沿及颠覆性科技项目研发以及广东省产业化落地等重点任务开展工作。

在科研项目方面，北理深汽院积极开展智能决策与车路协同、车电能源互联技术研究及产业化开发等领域研究，推动北京理工大学主持在研国家重点研发计划项目落户广东，以国家级项目的实施带动汽车产业创新能力提升。

交通与汽车工程科技未来 20 年

2021 年 7 月 24 日，"'双碳'目标下的中国交通与汽车工程科技创新论坛"在深圳召开。此次论坛在中国工程院机械与运载工程学部和广东省科技厅指导下，在"中国工程科技未来 20 年发展战略研究"重大咨询项目支持下，由北理深汽院、广东省大湾区新能源汽车产业技术创新联盟联合举办，围绕交通与汽车产业发展方向，邀请政府有关部门、院士专家及产业链上下游企业代表，研讨"双碳"目标下的中国交通与汽车工程科技未来 20 年发展战略、技术路径等。

论坛以"交通与汽车工程科技未来 20 年"为主题，邀请多位行业大咖展开高端圆桌对话。中国电动汽车百人会副理事长、中国汽车工业协会原常务副会长兼秘书长董扬担任圆桌对话主持人，中国工程院院士严新平、公安部道路交通安全研究中心主任王长君、深圳市城市交通规划设计研究中心股份有限公司时任董事长张晓春、广汽研究院院长吴坚针对此项话题进行了深入的探讨。

会上，孙逢春院士表示，北理深汽院着力打造"国内一流、国际领先"的国家级研发平台和"交叉融合、开放共享、投资多元、运行高效"的国际化新型研发机构，助力粤港澳大湾区国际科技创新中心建设。

科技成果转化硕果累累

企业孵化渐成规模

在科技成果转化方面，北理深汽院坚持以产业化为目标，积极开展"创新驱动技术发展，资本驱动成果落地"的双驱创新模式。以"孵化—加速—产业化"为路径，聚焦汽车领域"卡脖子"技术，聚集了政府、企业、资本等多方资源，打通技术、资本、市场通道，推动前沿科技成果落地孵化，使其成为本地经济增长的新引擎、新动能。

北理深汽院依托实验设备、技术人才、研发场地等资源，提供具有市场化前景的入孵成果、项目、团队和企业，不仅提供办公会议场所，还提供多项科技成果转化服务。

北理深汽院还不断吸引国内外创业投资机构，针对企业所处生命周期的不同阶段，设立了创投基金为中小微企业提供融资、产业整合、财务咨询等多方位孵化服务，为科技成果的产业化和市场化提供便利与保障。

经过近几年的发展，针对 CAE 工业软件、磁脉冲先进制造、车载网络等团队的成熟技术，北理深汽院在短短 3 年时间内累计孵化了 3 家企业，包括汇能智联（深圳）科技有限公司、华瞬（深圳）智能装备有限公司等，在企业孵化育成方面实现了"加速快跑"。

新能源储能技术的国产化替代之路

2021 年 4 月 16 日，汇能智联（深圳）科技有限公司（简称"汇能"）诞生了，它是由北理深汽院孵化的首批创业公司，同时也是一家集科、工、贸于一体的，专门从事新能源载运装备电子产品、储能产品的研发和生产以及新能源技术服务的高新技术企业。主要产品涵盖整车控制器、智能网关、储能设备、智能空调、空气悬架等。

汇能始终坚持以国际先进技术研发为方向，以国内市场需求为导向，研究和开发用于新能源载运装备的电子产品、储能产品及行业标准制定，实现进口产品的国产化替代。

汇能始终坚持"人才就是竞争力"，高度重视科技人才的引进与培养。国内外专业人士通力合作，企业与高校的技术力量相互补充。汇能的主要成员来自于新能源领域核心技术团队，参与国家重点研发计划以及相关国家/行业标准的制定，对企业发展策略的把握具有独到优势。另外，大部分成员有十年以上在新能源汽车行业及储能技术领域的工作经验，有固定而广泛的客户群。

汇能正不断加大对高科技产品的研发投入，关注国际科技发展态势，不断地把新技术应用到新能源产品当中，提高产品的先进性、可靠性和实用性，赢得用户，占领市场。

电磁脉冲技术的华丽转身

华瞬（深圳）智能装备有限公司（简称"华瞬"）成立于 2020 年 8 月，是由北理深汽院与湖南大学共同孵化培育的产业公司。华瞬专注于电磁脉冲技术（EMPT）的科技成果转化与行业应用，旨在成为国内领先的先进制造和特种加工技术服务的科技创新型企业。

华瞬依托国家级研发机构，由院士、杰青领衔，博导教授团队率领 40+硕博研发队伍对 EMPT 进行基础科学问题研究与工业应用探索。目前已经在异种材料连接、轻质合金成型等国际性难题上做出了关键突破，积累了大量经验数据。多年来，研究团队与行业内知名企业和科研院所展开了多方位的科技合作，在航空航天、新能源、汽车、家电等行业朝着工业化、集成化、智能化的方向完成 EMPT 应用的技术升级。

华瞬目前已形成了有组织有分工的阶梯型研发团队，并实现了 EMPT 在多个领域的验证试制应用，承担多项国家级、省部级项目和企业课题，申请了多项发明专利。

为了适应市场需求，进一步推动电磁脉冲先进制造技术的产业化进程，华瞬在深圳坪山建立了 EMPT 柔性生产单元，目前正在筹建 EMPT 自动化产线集群工厂，为合作企业提供实验验证、样件试制、批量加工等配套服务，并强化成套装备、自动化产线设计在内的整体商业产品方案提供能力。

与电动车巨头的协同创新

北理深汽院与比亚迪于 2022 年 7 月签订了合作建立研发中心的合作备忘录，旨在发挥双方在自主研发方面的优势，依托自主研发的先进能源、智能网联、动力电池等领域技术成果，建立一个基于自主研发的智能网联新能源汽车研发与应用的产学研合作平台。

从 2021 年开始，北理深汽院与中国汽研、天津力神、比亚迪、深圳巴士、速腾聚创等确立了战略合作伙伴关系，实现多种形式的国际交流与协作，提升我国新能源汽车行业的辐射带动能力。

北理深汽院现在正稳步推进广东省高水平新型研发机构建设，获批广东省电动汽车工程技术研究中心、广东省高水平创新研究院等省级平台，引进深圳市高层次人才 14 人，获批深圳市高层次人才创新创业计划 1 项，承担科技部、工信部等国家级、省部级科技课题 10 余项，并作为理事长单位牵头组建了广东省大湾区新能源汽车产业技术创新联盟，成功孵化 3 家产业化科技公司，对于产业高质量发展的促进效应逐步显现。当前，北理深汽院正力争打造国家级平台，将自身的发展目标与坪山区的新能源汽车产业发展融为一体，助力坪山区新能源汽车产学研深度融合发展。

大事记

2018 年 10 月，北京理工大学与深圳市政府、坪山区政府签订框架合作协议。

2019 年 5 月 23 日，北理深汽院正式注册成立。

2019 年 12 月，北理深汽院被认定为广东省新型研发机构。

2020 年 1 月 17 日，北理深汽院召开第一届理事会第一次会议，研究院建设进入新的阶段。

2020 年 6 月 29 日，位于坪山坑梓国家新能源汽车产业基地的永久院区启动开工。

2021 年 1 月 16 日，北理深汽院当选广东省大湾区新能源汽车产业技术创新联盟理事长单位。

2021 年 7 月 23 日，北理深汽院召开第一届战略咨询委员会与技术专家委员会第一次会议。

2023 年 5 月 25 日，北理深汽院获国家知识产权局批准建设深圳市首家国家级产业知识产权运营中心——新能源汽车产业知识产权运营中心。

案例小结

视角	维度	机构特征
二元	过程	①建设阶段（2018—2019 年）：2018 年 10 月，北京理工大学与深圳市政府、坪山区政府签订框架合作协议。2019 年 5 月，北理深汽院正式注册成立。2019 年 12 月，北理深汽院被认定为广东省新型研发机构。 ②成长阶段（2020 年）：2020 年 1 月 17 日，北理深汽院召开第一届理事会第一次会议，研究院建设进入新的阶段。2020 年 6 月 29 日，位于坪山坑梓国家新能源汽车产业基地的永久院区启动开工。 ③发展阶段（2021 年至今）：2021 年 1 月，北理深汽院当选广东省大湾区新能源汽车产业技术创新联盟理事长单位。

续表

视角	维度	机构特征
二元	状态	北理深汽院面向国际技术前沿，服务"汽车强国"建设，依托北京理工大学技术积累及人才优势，结合粤港澳大湾区汽车产业高质量发展需求，围绕新能源汽车和智能网联汽车发展方向，开展技术研究、试验检测、成果转化、技术咨询、教育培训、学术交流等业务。
三层	组织架构	北理深汽院下设理事会、技术咨询委员会、科研部门等。其中，技术咨询委员会由国内外科技领域知名专家学者和相关行业协会、高校、科研机构、重点企业负责人等组成，作为研究院的战略性、专业性咨询智库，对研究院发展战略及方向、重大技术问题等提供咨询意见建议。
三层	体制机制	坚持以产业化为目标，积极开展"创新驱动技术发展，资本驱动成果落地"的双驱创新模式。以"孵化—加速—产业化"为路径，聚焦汽车领域"卡脖子"技术，聚集了政府、企业、资本等多方资源，打通技术、资本、市场通道，推动前沿科技成果落地孵化，使其成为本地经济增长的新引擎、新动能。
三层	运营模式	依托实验设备、技术人才、研发场地等资源，提供具有市场化前景的入孵成果、项目、团队和企业，不仅提供办公会议场所，还提供多项科技成果转化服务，囊括了试生产等服务、学术和技术交流服务、人才服务、知识产权服务、创业导师服务、市场对接与推广服务等。
四维	主体	由深圳市政府、坪山区政府与北京理工大学依托电动车辆国家工程研究中心共同建设的新型研发机构。
四维	制度	建立和实施科技成果转移转化管理和评估体系，开展对科技成果转移转化的管理、组织、协调和对接；组织科技成果转化方案的可行性论证和评估；积极与各地政府、企业联系沟通，收集科技成果需求信息，建立需求信息库，策划组织产学研合作；组织科技成果推介会和企业需求挖掘会。
四维	技术	研究院聚焦汽车"电动化、智能化、网联化、轻量化、共享化"五大发展方向，围绕基础性、前瞻性、战略性技术，重点在车辆系统集成与控制、智能网联、动力电池、燃料电池、电驱动、轻量化、基础设施、前瞻与交叉、产业战略等领域开展技术攻关。
四维	人才	北理深汽院共建了8个产业关键共性技术研发实验室，积极探索政产学研金介度融合的协同创新模式，以此模式为基础，吸引集聚了一大批国内外优秀战略人才和技术人才，引入各类高层次人才，形成了一批由"首席科学家+学术带头人"引领的年轻化科研队伍。

参 考 文 献

［1］潘慧，尚学峰. 智能网联：新能源汽车发展的新机遇——访中国工程院院士、北京理工大学教授孙逢春［J］. 广东科技，2019，28（11）：14-17.

［2］深圳：打造世界一流智能网联汽车产业高地. http://finance.sina.com.cn/china/dfjj/2022-09-13/doc-imqmmtha7069832.shtml?finpagefr=p_111 ，新浪财经，2022 年 9 月 13 日.

［3］北理深汽院与比亚迪签署战略合作协议. 北京理工大学深圳汽车研究院公众号，2021 年

12 月 11 日.

[4] 北理深汽院入选深圳市未来智能网联交通系统产业创新中心理事单位. 北京理工大学深圳汽车研究院公众号，2021 年 8 月 16 日.

[5] 北理深汽院与中国汽研签署合作框架协议. 北京理工大学深圳汽车研究院公众号，2021 年 11 月 24 日.

[6] 北理深汽院获批广东省电动汽车工程技术研究中心. 北京理工大学深圳汽车研究院公众号，2021 年 8 月 25 日.

[7] 广东省大湾区新能源汽车产业技术创新联盟第一期"大湾区汽车创新论坛"在深圳成功召开. 北京理工大学深圳汽车研究院公众号，2021 年 1 月 25 日.

[8] 北京理工大学深圳汽车研究院获批广东省新型研发机构. 北京理工大学深圳汽车研究院公众号，2021 年 1 月 8 日.

[9] 张杰. 构建中国国家战略科技力量的途径与对策［J］. 河北学刊. 2021，41（5）：171-181.

广东粤港澳大湾区国家纳米科技创新研究院：抢占未来纳米技术产业发展制高点

摘要： 广东粤港澳大湾区国家纳米科技创新研究院成立于 2019 年 9 月，是由国家纳米科学中心和广州高新技术产业开发区共建的新型研发机构。它聚焦纳米技术创新链，推动重大科技成果产业化，填补基础研究与技术应用之间的鸿沟，形成政府引导的"科学家+金融家+企业家"无缝衔接的市场化技术创新体系，为广东抢占未来纳米技术产业制高点提供技术支撑。作为纳米技术创新平台，广东粤港澳大湾区国家纳米科技创新研究院为何发展迅速？成立以来推动高质量发展的举措有哪些？未来发展愿景是什么？让我们一探究竟。

关键词： 纳米技术；纳米 10 条；中国纳米谷；成果转移转化

1959 年，诺贝尔奖获得者、理论物理学家理查德·费曼（Richard Feynman）教授在加州理工学院发表了题为 *There's Plenty of Room at the Bottom* 的演讲。费曼在演讲中提到"人类社会目前的生产方式总是'从上而下'的，为什么不可以从单个原子出发，进行组装，达到我们的要求？"这被认为是纳米技术思想最早的来源。

1981 年，德国物理学家格尔德·宾尼希（Gerd Binnig）和瑞士物理学家海因里希·罗雷尔（Heinrich Rohrer）在 IBM 实验室发明了扫描隧道显微镜，开辟了微观科学的新天地。1981 年被广泛视为纳米元年。

1989 年，IBM 研究人员唐·艾格勒（Don Eigler）博士和他的团队用自制的扫描隧道显微镜操控 35 个氙原子，拼写出了"I、B、M"三个字母，这是人类第一次实现了操纵单个原子。由此开启了纳米科学和纳米技术的新纪元。

此后，基于纳米技术研发的新型材料逐步走向市场，纳米科技在世界范围内受到重视，被视为有可能引发新一轮技术革命的重要力量。欧美及日本等近年来纷纷制定相关战略计划，抢占纳米技术战略高地。日本成立纳米材料研究中心，把纳米技术列入新 5 年科技基本计划的研发重点；德国成立六个纳米技术卓越群；美国将纳米计划视为下一次工业革命的核心，不断加大核心技术的研发投入。

令人欣慰的是，我国早已制定了纳米技术发展的计划。2001 年，科技部与多个部委合作，发布了《国家纳米科技发展纲要（2001—2010）》，成立了国家纳米科技指导协调委员会，旨在加强基础研究、关键技术攻关和培养关键人才；2016 年，国务院发布了《"十三五"国家科技创新规划》，加大对新型纳米功能材料、纳米光电器件及集成系统、纳米药物等领域的重大研究和部署。2000—2019 年，我国在纳米技术领域颁发了近 31 万件专利，占全球专利总数的 45%。与此同时，我国培养了一支专门从事纳米技术研究的专业团队，在纳米技术研究领域，迄今为止约有 120 名两院院士。总的来说，我国在纳米技术基础研究领域已经积累了一系列科研成果，在国际上基本处于领跑和并跑并存的地位。但是一方面，我国的纳米技术成果转化率很低，还不到美国的十分之一；另一方面，虽然我国纳米技术领域的专利申请量占全球专利总数的 45%，但专利竞争力亟待提高。归根到底，我国纳米技术发展的主要问题是人才问题，比如纳米人才结构失衡、纳米产业化人才培养不足，无法支持纳米技术成果的快速转化。纳米科技成果转化的机遇巨大，相关的新型研发机构正在迅速涌现。

2019 年 9 月，广东粤港澳大湾区国家纳米科技创新研究院（简称"广纳院"）成立，广纳院通过"专家之眼"洞察前沿科技，以"市场之手"推动成果产业化，布局推进了七大基础设施建设，建成了 10 个"卡脖子"高科技实验室，组建国家纳米智造产业创新中心，已经成长为粤港澳大湾区纳米科技创新和产业发展的重要力量。广纳院聚焦于在"论文"和"产业"之间建立桥梁，把科学家的个人能力转化为产业能力，实现创新资源与产业资源协同互通，整合创新源、产业支撑体系、公共技术服务平台、基金、产品企业等要素，推动纳米产业集聚发展，构建全链条纳米产业协同创新生态。

2022 年 4 月，广东省委省政府把"建设粤港澳大湾区纳米产业创新高地"作为粤港澳大湾区国际科技创新中心建设"十四五"规划的重点任务纳入部署，2023 年 6 月，国家发改委批复同意依托广纳院建设纳米产业领域唯一的国家级产业创新中心——国家纳米智造产业创新中心。该中心是依照公司体制运营的创新平台，由广纳院牵头组建，并与石药集团、纳通科技、立景创新科技等不同行业龙头企业共同出资设立。目前，已在量子点、MEMS 元器件、纳米医药等方向开展工作，同时建设纳米生物医药安全及微纳加工等研发平台，支持行业共性技术研发和初创企业孵化。国家级平台的落地将促使广纳院成为全国纳米科技产业技术研发、产品创新、中试验证、成果转化的资源汇聚地。

重铸纳米科技创新链

过往创新实践证明，科技创新涉及政府、高校、科研院所、企业等各个方面。要推动创新，就要推动创新链与政策链、产业链、金融链等融合衔接，打造覆盖创新全过程、全要素的链条体系。

中国科学院院士、广纳院院长赵宇亮院士将科技创新链归纳为 9 级，其中创新链 1—3 级是指基础研究阶段，阶段的主体是进行科学研究的科学家，主要工作是科学研究、发表文章、申请专利；创新链 4—6 级是指成果转化阶段，阶段的主体是科学家和工程师，从基础研究成果中研发工业工艺技术，实现技术创新；创新链 7—9 级是指产业商业化阶段，阶段的主体是企业，从技术创新成果中发现可实现产业化和商业化的部分，加快实现产业化和商品化，推动经济社会发展。

世界著名的科学出版商爱思唯尔（Elsevier）最新报告显示，2015—2019 年，世界 960 个最热的研究课题有 89% 与纳米科技有关。纳米科技已经成为当今前沿交叉研究中最大的领域。纳米科技正逐渐成为人工智能、新材料和新能源、先进医学等人类重大科技领域的底层核心技术与关键技术支撑。例如人工智能核心元件——智能传感器、在手机上制作滤波器等，均需高灵敏纳米材料和先进微纳加工技术。此外，宏观物体中大多数功能起源于纳米尺度，生命从无到有的转变同样是在纳米尺度上进行的。人类期盼着能掌握更加发达的技术、获得更大的科研突破，纳米科技是一个极其重要的突破点。

现阶段纳米科技及产业化仍处于快速发展期，在今后的新兴技术领域有很大的潜力与发展空间。当今时代，纳米科技在信息技术、人工智能、量子技术、新能源和新材料等领域都得到了广泛的应用，特别是化工催化和绿色制造、大健康和新医学、类脑科学、深海深空在内的各个领域蓬勃发展。在美国 2018 年公布的限制 14 类新技术出口清单上，生物技术（其中包括纳米生物学）居首，其重要性可见一斑。

赵宇亮院士是最早开展纳米生物安全研究的研究人员之一，他推动了纳米生物安全领域在我国的发展，使我国成为该领域最具影响力的国家之一。赵宇亮院士的研究成果已被引用近 5 万次，并获得包括中国、美国、欧盟在内的授权专利 30 余项；获得国家自然科学奖二等奖（2 次）、中国科学院杰出科技成就奖、TWAS 化学奖、中国毒理学杰出贡献奖等科研奖项。

赵院士认为，9 级科技创新链中，在 1—3 级基础研究方面，我国纳米科研成果显著，但在 4—6 级成果转化方面是最薄弱的。尽管我国纳米基础研究很强，但相关研究成果大都留在论文中、躺在专利上，纳米科技基础科学研究和技术成果转化没有衔接起来。如何促进 4—6 级创新链与 1—3 级创新链的高效衔接？这成为赵院士一直思考的问题。

高水平的 4—6 级成果转化需要做基础研究的工程师队伍支撑。为此，赵院士提出要在基础科研人员中选拔培养工程师，并成立创新研究院，构建高科技成果转移转化平台，以此推动高校、科研院所和企业协同联动，跨界融合发展。在行业完备的高科技企业中，先试点，快落地，在市场化机制下灵活经营，面向市场需求，实现科研成果的转移转化。

为了实现这个目标，2019 年，在中国科学院和广州市政府的支持下，赵院士牵头在广州市黄埔区成立了广纳院。广州包容、创新、高效、务实的科技创新环境吸引了一批高水平科研人才加盟，开启了粤港澳大湾区纳米科技产业发展新篇章。

广纳院成立后，赵院士先后跑了多家企业，了解它们对纳米技术的需求，研究如何在纳米技术领域走好创新链 4—6 级的道路。赵院士反复思考，广纳院是什么、做什么、怎么做？最终他确定了发展方向：广纳院的使命是聚焦技术创新链 4—6 级，从事应用研究、技术开发和转移转化工作，填补基础研究和技术应用之间的鸿沟，助力我国纳米科技产业化。

锻长板补短板，建设中国纳米谷

广纳院的使命是为国家科技创新补齐短板。作为广州市新材料产业链的"链主"机构，广纳院定位于国际一流的纳米技术转化基地，聚焦科技创新链 4—6 级，打造完整的 1—9 级科技创新链，形成创新链上中下游的同步协调发展机制。

纳米产业专项政策出炉

为积极推动粤港澳大湾区纳米科技产业发展，落实科技兴国、创新强国的战略目标，2019 年 12 月，广州市正式发布《广州市黄埔区 广州开发区促进纳米产业发展办法》（"纳米 10 条"）。中新广州知识城管理委员会、科学城（广州）投资集团有限公司、广纳院三方宣布共同聚力打造"粤港澳大湾区纳米创新产业集聚区"，引进国内外优秀的纳米科技人才团队和高端项目，建成面积超过 1 千米^2 的中国纳米谷，在粤港澳大湾区形成世界领先的"纳米技术创新生态圈"，未来将打造千亿级的纳米产业集群，努力成为全球知名的纳米高端产业辐射带动中心。

"纳米 10 条"的核心条款包括七项支持奖励，分别是研发平台奖励、金融扶持与奖励、重大产业项目建设奖励、技术研发与产业化专项奖励、"纳米之星"大赛奖励、办公用房补贴和重大推介交流补助。核心内容是针对纳米产业项目和科技平台的重要奖项，支持微型、小型和中型企业的发展，以及 6 亿元的特别奖项。例如，全力支持建设纳米科技公共技术服务平台和重大纳米技术专项，根据固定资产总投资分别达到 5000 万元、1 亿元、5 亿元和 10 亿元的，黄埔区将分别奖励 500 万元、1000 万元、5000 万元和 1 亿元。针对上一年主营业务收入达到 1000 万元以上的微型、小型和中型企业，优选不超过 10 家企业，以直接股权投资等形式予以支持，每家企业最高可达 500 万元。此外，广东省科技厅和广州高新区管委会共同组织实施"纳米科技"重点专项。从 2020 年开始，双方按照具体规模和需求，以 1∶1 的比例每年投入 1 亿元，通过定向委托或公开竞争，支持优秀的国内外团队在黄埔区开展纳米技术研究和纳米科技成果产业化。

"纳米 10 条"是国内支持力度最大、政策体系最全的纳米产业专项政策，旨在推动我国近二十年纳米科技领域众多科研成果落地转化，为粤港澳大湾区全力构建全方位纳米生态体系提供政策支撑。

建设中国纳米谷

广纳院将引进国内外优秀的纳米科技人才团队和高端项目，打造世界领先的"纳米创新集群"，形成纳米技术产业集聚区和辐射效应圈，建成中国纳米谷。

纳米产业集聚区规划按照"一区四园"模式分阶段开发建设，包括纳米智能技术科技园、纳米生命与健康技术科技园、纳米创新能源与环境科技园、纳米超级复合材料科技园四大园区。

纳米智能技术科技园。纳米技术深刻影响着以人工智能、量子技术、5G、物联网为代表的新一代信息技术的发展，纳米光电器件、碳纳米器件、纳机电系统、纳米器件神经电路等技术是新一代信息技术发展的基础。该园区主要开展纳米光电磁器件、纳米传感器、纳机电系统、智能超级测量技术、人工智能相关的纳米器件与设备等研发。

纳米生命与健康技术科技园。纳米技术在健康领域主要的应用有智能纳米药物、药物输送、纳米仿生材料、纳米孔基因测序、纳米造影剂、纳米诊断技术等方面。该园区主要开展纳米药物、纳米生物材料与纳米生物技术、智慧医疗技术、创新设备、体内纳米机器人等研发。

纳米创新能源与环境科技园。纳米材料有着优异的力学、电学、磁学、光学等特性。该园区主要开展环境纳米技术、纳米催化技术、智能城市与物联网等研发工作。

纳米超级复合材料科技园。该园区主要开展分子技术、纳米表面工业材料、革新机器人新材料、大数据驱动型复合纳米材料等研发。

中国纳米谷将集中承载国内外纳米技术成果转移转化和产业化工作，依托一批纳米重大专项的布局，培育和孵化一批高科技企业，引领和推动粤港澳大湾区在纳米科技领域从基础研究到成果转化再到产业化和商业化，建立纳米科技全链条创新体系，形成纳米科技产业集群和辐射效应圈。

此外，广纳院还建立了纳米生物安全中心，建设了新型病毒检测和治疗纳米技术研发平台、医疗卫生保护纳米技术研发平台、纳米生物技术研发平台以及冠状病毒疫苗和抗体研发生产基地，形成了集纳米生物安全和疫情防治于一体的"一中心三平台"布局。广纳院以高起点、高速推进、高质量研发、市场导向发展，快速建立了一个生物安全风险防控的纳米科学技术研发体系，以提升国家生物安全控制的科技实力。

赵院士积极推动驻地企业在中国纳米谷建设中形成红杉生态文化，红杉是世界上最高的树种，但它却不能独自生存，必须形成森林相互交织相互支撑才能成长下去。中国纳米谷的企业需要互为支撑和相互支持，企业遇到技术或资金等任何问题时，都可以得到快速解决。红杉生态文化将在开发创新、抢占世界科技和市场制高点方面发挥重要作用。

"黄埔速度"助推广纳院快速成长

2019 年 12 月，广纳院在广州市黄埔区正式启动。为了促进纳米产业重点项目的快速实施，充分利用信托预备设立机制，广州市黄埔区建立了项目开工"绿色通道"，实现了"引进即筹建、拿地即动工、竣工即投产"的项目建设模式。广纳院的首个产业化项目——5G 滤波器项目，从平地建设到投产线仅用了 10 个月的时间，刷新了"黄埔速度"。

近年来，广纳院经过快速发展，初步建立了完整的组织架构，聚集了一批技术研发能力强、专业水平高的纳米创新人才队伍。截至 2021 年底，广纳院采取双聘制、合同制等灵活方式引进高端人才，共招聘了杰青、优青、中国科学院"百人计划"入选者等在内的 600 余名纳米科技优秀人才。在引进项目方面，广纳院围绕纳米材料、纳米器件、纳米生物医药、纳米表面处理等领域，引进多个项目，包括 5G 滤波器、纳米稀土 LED、纳米热安全、纳米光栅波导、碳纳米锥电子枪等 22 个项目作为试点项目，总投资额约为 4 亿元。在技术服务方面，广纳院累计签订了 20 余份技术服务合同，总价值增加 2000 余万元。在成果孵化方面，广纳院通过直接和间接控制孵化并建立了 10 余家科技企业，涉及注册资本总额 6.85 亿元。

多措并举促发展，增强纳米产业影响力

自成立以来，广纳院一直致力于将纳米技术的基础研究成果快速转化为生产力，聚焦技术创新链 4—6 级，通过创新产学研合作方式，吸引高端创新人才，举办高质量发展论坛，进一步增强创新能力和行业影响力，为促进全省纳米技术创新和纳米技术产业集群发展贡献了重要力量。

创新产学研合作方式

广纳院一直致力于在市场需求和基础研究之间寻找结合点，推动产品产业发展。一方面，广纳院和中山大学附属第三医院共建纳米医学中心联合实验室，与广东省毒品实验技术中心、广纳达康（广州）生物科技有限公司共同成立纳米技术与禁毒诊疗工程联合实验室。另一方面，广纳院与南方电网数字电网研究院有限公司、广州开发区管委会就共建智能传感器创新链战略达成共识，围绕"互联网+"产业进行深入的探索和实践；与广晟集团达成战略合作协议，以科技创新等为导向，在更为广泛的空间中进行协作，有力支撑国资国企改革与发展。

另外，广纳院还通过担负各级各类科技创新项目及其他方式，牵头组建了广州开发区知识产权成果转化联盟，积极投身粤港澳大湾区建设，成立国家级技术创新中心、微纳元器件创新中心等，不断深入和高校科研院所、创新平台的合作，推进纳米关键技术攻关和产业化应用。

广纳院通过将上下游企业、研究机构、创新人才和产业资本等创新资源进行联动，探索建立"政府、产业、学术、研究和利用"协同创新网络。以此为基础，开放引入研究设备、试验生产线、测试仪器和其他专业软硬件资源，以孵化纳米技术产业化项目，为项目团队提供支持，加速产品研发和市场推广。同时，以平台建设带动成果转化，将科技成果快速向现实生产力转化为经济效益和社会效益，促进纳米技术产业集群发展。

构建相对完善的科研项目管理机制

为促进项目规范实施，防范项目风险，广纳院建立了全面的组织管理架构，建立了科研项目管理流程和实施管理规则；成立了风险控制部，建立了科学的内部控制管理体系，完善了创新创造和分配的激励机制，落实了科研成果转化权益、科技人员期权激励等收入分配政策；出台了一系列管理制度，包括《广纳院横向项目资金管理办法》《广纳院科技成果转化奖励办法》等，为广纳院的稳定发展提供了制度保障。

招引集聚高层次科技创新人才

人才是科技创新的根本保障。广纳院积极吸引纳米技术领域的高科技人才来粤工作或从事研究活动。目前，广纳院已经聚集了一批在纳米技术领域具有高水平专业技术和高研发能力的人才。未来，广纳院将进一步完善纳米技术人才队伍建设，努力打造一个拥有超过2000人的高水平国际化人才的团队，进一步提升粤港澳大湾区纳米技术研发和创新能力，加速纳米技术成果的转化和应用，积极打造中国的纳米科技谷。

探索纳米科技"以赛促创"道路

广纳院举办了第六届全国"纳米之星"创新创业大赛总决赛以及"科学与技术前沿论坛"等重要活动，探索用竞赛促进创新的可行之路。为纳米科技创新创业团队提供培训、落地、对接和宣传等"一条龙"服务，以及为团队搭建项目对接社会资源的重要平台，带动并发掘具有突出发展潜力的纳米科技创新创业团队。随着一大批前沿创新、原始创新成果涌现并被广泛应用，人才、技术、产业和资本等要素达到了深度融合，将科技优势转化为创业资源和发展动力，推动纳米科技成果的转化和转移，促进我国纳米科技产业的发展。

通过技术创新与科技金融赋能产业发展

纳米技术与新一代信息技术产业、生物医药健康产业和先进材料产业密切相关，相关技术的应用也推动了这些战略性新兴产业转型发展。广纳院提供领域工程师人才，大力支持新产品和新业态的发展，并在技术研究、评估、测试和认证方面提供支持，促进新产品和新业态的成长。

广纳院于2020年3月建立了投资基金，并将其作为广纳院主要的融资平台。2021年5月，广纳院下属广州纳米私募基金管理有限公司通过基金管理人备案，积极推动产业基金的落地。

广纳院不断整合创新资金链，不断提高产业链专业化水平。广州市黄埔区和国家纳米科学中心联合设立了 10 亿元的纳米产业投资基金，并联合推动在粤港澳大湾区设立 100 亿元纳米产业投资主基金。

先进科技惠民生，助推纳米产业化发展

纳米技术抢占民生科技产业制高点

在纳米材料方面，广纳院专注于纳米防火材料的研究与开发、高性能稀土纳米发光材料和半导体荧光量子点材料，以及其他前沿方向上的新工艺、新产品。其中稀土发光照明 LED 工程的使用寿命是传统 LED 的两倍，并且节能 15% 以上，电路加工简便，散热良好，成本低，便于产业化，打破国外的技术封锁，拥有完全自主知识产权。纳米防火材料实现了 0.5mm 厚的防火薄膜，能承受 1100℃ 火焰灼烧 10 分钟，涂层表面平整致密，无裂纹，而且它背面的温度也不会高于 120℃。利用这一技术可以解决新能源电动汽车电池堆组热聚失控保护所面临的技术瓶颈。目前，纯无机防火薄膜系列产品已在新能源汽车领域进行了大批量的试用。

在纳米智能技术方面，广纳院进行了 5G 滤波器、纳米光电磁器件、纳米传感器、纳机电系统、人工智能相关纳米器件和装置的研究开发。目前，5G 射频滤波器项目已投入生产，国产替代进程已经启动。磁自旋晶体管集成电路项目是世界上第一个创新原理颠覆性技术，商业化后，预计会创造万亿元级别的市场。聚焦下一代三维立体互联网络领域，以纳米光栅波导镜片为核心硬件、以超薄虚拟现实光学模组为支撑，进行立体空间运算、三维数据可视化等，开展数字孪生城市及其他前沿性应用的研究，创造一个展望未来的元宇宙。采用高级 1024 通道纳米级柔性脑神经流苏，对侵入式脑机接口技术进行了研究，占领生命科技制高点等。

在纳米生物药物与健康方面，创建创新型纳米药物产业集群、纳米医疗器械产业集群、纳米生物安全产业集群与纳米美丽健康产业集群等。盯紧"卡链处"，掌握关键核心技术，研制出国内外一流的纳米健康研究成果，加快纳米药物研究、纳米医疗器械、生物安全、纳米美容产品及其他前沿领域的科技攻关与成果转化。

如纳米药物 CB-PLG-NPs 在肿瘤血管周围的分布情况，能够实现血管阻断剂 CA4 与肿瘤相关巨噬细胞调节药物 BLZ945 的有效协同作用，对于富含血管分布的实体瘤有明显的治疗效果，在晚期肝癌的治疗方面很有前途。

前瞻布局谋未来　共建纳米产业新生态

当前，广纳院紧抓纳米技术广泛赋能产业发展的趋势与机遇，聚焦纳米科技创新链中较为薄弱的4—6级，多措并举、多管齐下，积极培育纳米产业创新生态，支撑更多纳米细分领域专业化、集聚化发展，旨在将广东打造成为全球顶尖的纳米产业创新发展高地。

一是加快推进中国纳米谷建设。广纳院按高标准、高规格不断推动我国纳米谷发展，推进纳米智能技术科技园、纳米生命与健康技术科技园、纳米创新能源与环境科技园、纳米超级复合材料科技园、国家纳米生物安全中心等项目建设。同时把中国纳米谷产业园区作为产业开发的主阵地，积极承担国内外纳米科技创新成果转化及产业化，孵化一批高科技企业，培育纳米产业集群。

二是全力导入创新项目资源。广纳院积极整合海内外纳米科技的研究与开发力量，引领和促进粤港澳大湾区构建纳米科技"基础研究—应用研究—产业化"创新链，建立"政府—新型研发机构—产业化公司"各方联动的产业发展生态。另外，广纳院还积极打造纳米产业大数据平台，集聚纳米技术产业生产要素，绘制纳米产业招商图谱，有计划地进行招商引资引才，推动纳米产业高质量发展。

三是打造纳米产业特色品牌。以广纳院创新创业平台为支撑，提升"纳米之星"在专业领域创业大赛中的品牌效应，深挖纳米科技领域创新创业种子落地转化平台。聚焦"纳米工匠"品牌创建，吸引和汇聚一批国内外纳米产业领域工程师，打造一支为纳米技术成果转化服务的人才队伍。搭建纳米产业的国际交流与合作平台，举办广州国际纳米产业论坛，努力打造有国际影响力的纳米产业品牌大会。

四是打造纳米技术创新应用场景。广纳院充分发挥自身优势，组织实施纳米技术赋能应用示范工程，着力打造一批纳米技术创新应用的企业标杆和典型应用场景。结合纳米技术下游行业领域发展特征，培育打造一批纳米技术赋能型的创新型标杆企业。

　　面向未来，广纳院围绕打造全球顶尖的纳米产业创新高地和世界级创新型产业集群的战略定位，制定了"三步走"发展战略，全力提升广纳院科技创新发展能力，引领带动全省纳米产业高质量发展。

　　第一步，到 2025 年初步形成纳米产业创新生态。打造若干重大创新平台、聚集一大批高端专业人才、加快纳米技术工程化进程、成功转化一批科技成果、培育一批国际竞争力强的高科技纳米企业，以纳米技术为先导，形成纳米科技创新的完整链条，显著提高创新效率，改善纳米产业的创新生态。

　　第二步，到 2030 年纳米产业品牌效应不断彰显。纳米技术的应用和发展模式日趋成熟，重点细分领域蓬勃发展，纳米产业成为地区集聚化和规模化发展的新经济增长点。品牌化效应突出，国际交流与合作、品牌赛事和活动达到常态化，中国纳米谷成为国内外知名的纳米产业发展集聚区。

　　第三步，到 2035 年建成实力雄厚的创新型纳米产业集群。跻身全球价值链高端，产业自主创新能力强，产业基础研究与关键技术不断取得突破，持续打造新产品、新模式、新业态、新需求、新市场，大力推动和支持 IAB（新一代信息技术、人工智能、生物技术）、NEM（新能源、新材料）等领域技术创新，形成综合实力雄厚的创新型产业集群，成为推动区域经济高质量发展的重要引擎。

纳米技术

纳米四大效应

　　表面效应：当固体材料的尺寸减小到纳米级时，其表面原子数与原子总数的比例将随着原子半径的减小而急剧增加。由于纳米颗粒表面原子的化合价不饱和，在其表面会形成许多悬浮键，即存在易于键合的电子，从而使纳米颗粒具有较高的表面活性。由于表面存在悬浮键，纳米颗粒很容易吸收溶液或其他介质中的其他离子，这使得纳米粒子的化学性质非常活跃，在实际研究和应用中具有较好发展前景。

　　小尺寸效应：当纳米颗粒的尺寸等于或小于光波长、导电电子的德布罗意波长、超导态的相干长度和透射深度等物理特性时，周期性边界将被破坏，粒子的声、光、电、磁性质将出现"新"现象。

量子尺寸效应：当粒子尺寸达到纳米级时，费米能级附近的电子能级从连续状态分裂为静止状态。当能级间距大于热能、磁能、光子能或超导态的凝聚能时，纳米材料将出现量子效应，从而改变磁、光、声、热、电和超导性能。

宏观量子隧穿效应：在经典力学中，当势垒的高度大于粒子的能量时，粒子不能穿过势垒。然而，在量子力学中，当粒子的总能量小于势垒的高度时，粒子仍然有机会穿过势垒，并且粒子穿过势垒的概率不为零。

四大效应是未来微电子器件的基础，在进一步微型化微电子器件时必须考虑四大效应。

前沿纳米技术的研究及应用

在能源领域，纳米技术为绿色清洁能源技术的快速发展及应用提供了新思路，为锂电池的发展开辟了新途径。通过纳米技术，传统锂电池领域的充放电过程得以优化，一些长期存在的重大问题如安全性、速度慢和电池不稳定等也得到了妥善解决。例如，利用硅纳米线或者具有空心壳层结构的 S/纳米 TiO_2 等材料可以显著提高电池的安全性和稳定性，碳纳米管的应用则能够提高充放电速度。这些创新的技术和材料为锂电池的未来发展提供了强有力的支持。

目前，纳米材料在锂电池发展上已经得到推广和应用。商用锂电池的能量密度已达到 300W•h/kg，锂离子电池动力汽车的续航里程可达 470 千米左右。随着纳米材料的进一步发展，锂电池的性能得到了进一步优化，其能量密度有望达到 500W•h/kg，实现 800 千米的续航目标。纳米技术可以帮助电池减重，同时进一步提高充电速度。一旦这些超级电池成功商业化，将给电动汽车行业带来颠覆性的变化。

钙钛矿太阳能电池是近几年新发展起来的高性能能源转换器件，我国科学家合成的全无机钙钛矿太阳能电池最高实现了 14.4%的转换效率，有机-无机杂化钙钛矿太阳能电池最高实现了 22.1%的转换效率，接近单晶硅太阳能电池的转化效率 26.3%。随着技术加工工艺的发展和成熟，应用了纳米技术的钙钛矿太阳能电池的光电转化效率有望超过硅基太阳能电池，进而推动太阳能电池行业转型发展。

在医学领域，纳米技术为药物在体内的传输和一些疾病的治疗提供了新的方式和途径。借助纳米载体，药物可以穿过人体的生物屏障，通过操控可直接到达病变部位，在提高局部药物浓度、增强治疗效果的同时减少了对其他组织的损害，其优势在癌症治疗中尤为明显。目前部分针对癌症的纳米药物已经面市。各种具有特定癌症治疗功能的纳米机器人相继被成功研发：能够在短时间内杀死癌细胞的纳米机器人；可找到肿瘤、控制其代谢并能有效抑制肿瘤转移的 DNA 纳米机器人；可以锁定癌细胞并运输治疗药物的纳米机器人；等等。纳米技术的应用为癌症治疗提供了一个良好的技术平台，其商业化必将极大地提高患者的生存率。

此外，利用纳米技术还可以实现疾病的早期诊断及监测。利用金纳米粒子制备的生物条形码可以将疾病生物标记物的检出底线大大降低，极大地提高了疾病早期发现的可能性。利用石墨烯制备的皮肤贴片改变了传统的手指穿刺测量血糖的方法，以非侵入的方式实现了对糖尿病患者血糖的监测和管理。纳米技术的应用解决了很多医学发展过程中出现的瓶颈，成为医药研究领域必不可少的技术。

在电子信息领域，纳米材料的研发是进一步提高电子信息产品性能和速度的热点。将纳米材料制成的多功能塑料用于冰箱和空调外壳时，可以更好地发挥抗菌、防腐和抗老化的作用。纳米材料级计算机存储芯片的存储容量是普通芯片的数千倍，可以用来制造集成的纳米传感器系统。这不仅大大减小了计算机的尺寸，而且降低了能源成本。

在航空航天领域，对于各种技术和材料的要求极高。纳米技术在航空航天领域的应用不仅可以增加有效载荷，更重要的是，以指数级的方式降低能源消耗指标。目前使用的许多微型航天器都使用纳米技术，能将电子设备与纳米技术、一些隔热和耐磨的纳米结构涂层材料等相结合。在卫星、航天器、太空发射器、火箭等领域，为了及时散热和降低表面温度，使用由金属 W 制成的纳米介孔金属框架，并在间隙或"汗孔"中填充熔点较低的 Cu 或 Ag，由"发汗金属"制成。由于纳米材料的应用，飞机的重量大大减轻，从而提高了飞行速度。

大事记

2019 年 9 月，为推动纳米科技成果产业化，国家纳米科学中心与广州高新技术产业开发区共同发起成立广东粤港澳大湾区国家纳米科技创新研究院。

2020 年，广东粤港澳大湾区国家纳米科技创新研究院研发团队"从 0 到 1"，引进高水平人才团队和科研项目达 18 个，其中由院士领衔的团队 5 个。

2020 年 1 月，广东粤港澳大湾区国家纳米科技创新研究院创办首批合资公司 8 家，包括广州广纳众成科技合伙企业（有限合伙）、广东广纳芯科技有限公司、广东广纳安疗科技有限公司等，促进科技成果转化落地。

2020 年 5 月，全球首个纳米生物安全中心暨广东粤港澳大湾区国家纳米科技创新研究院总部园区正式开工建设。项目规划总用地面积 8.4 万米^2，建筑面积 46 万米^2，总投资 40 亿元，着力打造纳米生物安全中心、纳米展示平台、微纳加工原子制造中心等国家级实验平台。

2020 年 11 月，广东粤港澳大湾区国家纳米科技创新研究院的下属一级单位子弥实验室正式挂牌成立，"小"中生"大"，思考、设计、产生尚未有的技术和产品，造福于人类。

2020 年 12 月，广东粤港澳大湾区国家纳米科技创新研究院谢毅院士领衔的纳米热安全项目核心材料已批量生产，奋战 30 天通过了甲方订单暴增 100% 的考验后，成功完成产能爬坡。

2021 年 11 月，由爱思唯尔期刊 *Nano Today*、广东粤港澳大湾区国家纳米科技创新研究院、国家纳米科学中心与爱思唯尔期刊 *Materials Today* 联合举办的第七届 Nano Today 大会圆满落幕。

2022 年 2 月，纳米技术与食药环侦工程联合实验室由广东省公安厅食品药物与环境污染犯罪侦查处与广东粤港澳大湾区国家纳米科技创新研究院共同成立。

2022 年 10 月，广东粤港澳大湾区国家纳米科技创新研究院正式乔迁至纳米生物安全中心暨广纳院总部园区一期。

2023 年 1 月，在广州市黄埔区、广州开发区召开高质量发展大会，广东粤港澳大湾区国家纳米科技创新研究院荣获广州市黄埔区、广州开发区 2022 年度研发创新优秀单位。

2023 年 6 月，国家发改委批复同意由广纳院牵头组建国家纳米智造产业创新中心，这是纳米产业领域唯一的国家级产业创新中心。

2023 年 11 月，广纳院陆续成立全国纳米技术标准化技术委员会纳米生物医药标准化工作组、广州市黄埔区粤港澳大湾区纳米产业创新联合会，实现建立健全纳米技术知识产权管理体系，促进纳米科技成果转化，打造纳米产业协同创新生态。

案例小结

视角	维度	机构特征
二元	过程	广东粤港澳大湾区国家纳米科技创新研究院于 2019 年 9 月成立，还处于初期发展阶段。2020 年，广东粤港澳大湾区国家纳米科技创新研究院研发团队"从 0 到 1"，引进高水平人才团队和科研项目达 18 个，其中由院士领衔的团队 5 个。2022 年 10 月，广东粤港澳大湾区国家纳米科技创新研究院正式乔迁至纳米生物安全中心暨广纳院总部园区一期。2023 年 6 月，国家发改委批复同意由广纳院牵头组建国家纳米智造产业创新中心，这是纳米产业领域唯一的国家级产业创新中心。如今广纳院已基本建成我国第一个科技创新链 4—6 级研发基地，建成 46 万米 ^{2} 总部研发园区，具备"超级孵化器"功能。
	状态	广东粤港澳大湾区国家纳米科技创新研究院构建了项目管理体系、科技成果孵化体系、资本运营体系等，形成了较为完整的纳米创新成果转化链，旨在将广东打造成为全球顶尖的纳米产业创新发展高地。
三层	组织架构	广东粤港澳大湾区国家纳米科技创新研究院组织架构为"理事会、院长、平台"（纳米智能技术科技园、纳米生命与健康技术科技园、纳米创新能源与环境科技园、纳米超级复合材料科技园）。
	体制机制	广东粤港澳大湾区国家纳米科技创新研究院采用理事会领导下的院长负责制。
	运营模式	广东粤港澳大湾区国家纳米科技创新研究院聚焦纳米技术创新链，推动重大科技成果转化和产业化，填上基础研究与技术应用之间的鸿沟，形成政府引导的"科学家+金融家+企业家"无缝衔接的市场化技术创新体系，打造世界领先的"纳米创新集群"，形成纳米技术产业集聚区和辐射效应圈，建成中国纳米谷。
四维	主体	广东粤港澳大湾区国家纳米科技创新研究院是国家纳米科学中心与广州高新技术产业开发区共建的新型研发机构。
	制度	广东粤港澳大湾区国家纳米科技创新研究院创新产学研合作方式，构建了相对完善的项目管理机制，并积极探索纳米科技"以赛促创"道路，成立纳米产业投资基金等。
	技术	广东粤港澳大湾区国家纳米科技创新研究院聚焦纳米技术创新链，持续开展纳米前沿技术的研发与成果转化，解决制约产业发展的关键核心技术问题，推动重大科技成果产业化。
	人才	广纳院科研人才队伍从最初中国科学院引入的 4 人发展到现在数百人规模，其中院士 5 人，国家级人才 17 人，海外会士精英人才 2 人，博士 97 人，硕士 305 人，累计吸纳近千名业界优秀科技、产业、金融人才落地广州市黄埔区，汇聚了一批研发能力强、专业技术水平高的纳米人才队伍，建立了覆盖老、中、青的多级人才梯队。

参 考 文 献

［1］丁肖嫦. 广东粤港澳大湾区国家纳米科技创新研究院落户 黄埔纳米化工产业迎来集中爆发期［J］. 广州化工，2020，48（5）：1-2.

［2］王瑛. 赵宇亮：纳米科技创新铸"链"人［J］. 中国政协，2020（17）：74-75.

［3］孙进，拓晓瑞. 广纳院：打造纳米科技创新发展高地 建设世界级纳米产业集群［J］. 广东科技，2022，31（1）：40-43.

［4］叶青. 金融服务为科技创新"添柴" 广州高新区高质量发展动力十足［N］. 科技日报，2022-03-23（007）.

广东大湾区空天信息研究院：打造中国太赫兹科学技术发展高地

摘要： 2019 年 5 月，中国科学院空天信息研究院粤港澳大湾区研究院①在广州市黄埔区正式成立。作为由广州市政府、广州高新技术产业开发区管委会和中国科学院空天信息研究院三方共建的高水平研究院，广东大湾区空天信息研究院"面向世界科技前沿和国家重大战略需求"，致力于太赫兹基础理论研究，努力突破制约我国太赫兹技术发展的技术瓶颈，形成一批引领国际的原创性理论和核心技术，抢占太赫兹科学发展的制高点，并形成太赫兹及相关技术产品创新链和产业链。

关键词： 太赫兹；基础研究；核心器件技术；雷达遥感

---

① 后更名为广东大湾区空天信息研究院。

初中物理教科书中有这样一句话："我们生活在电磁波的海洋中。"这句话引发了人们无尽的畅想：收音机为什么能够接收远处传来的歌声？手机为什么可以接收到千里之外亲人打来的电话？科学家们又是通过什么方式遥控着人造卫星翱翔太空？等等。实际上这些都离不开电磁波。那么电磁波究竟是什么？让我们带着这些疑问，一起追溯电磁波的起源，走进电磁波的神奇世界去一探究竟。

1865 年，英国的麦克斯韦做出了关于电磁波的预测，但这个预测并未被广泛接受。23 年后，也就是 1888 年，德国的赫兹用电火花实验证实了电磁波的存在，这使得麦克斯韦的电磁学说成了一种新的解释。6 年之后，意大利科学家马可尼利用电磁波建立摆脱电线限制的无线电通信技术，他效仿赫兹的实验，在家中成功制作了一套无线电铃。1897 年，马可尼在伦敦创立了马可尼电讯公司，使无线电通信进入商业，这比美国科学家特斯拉更先一步完成了无线电越洋通信。

从那时起，一批又一批的科学工作者在这一问题上奋发图强，如马可尼、彭齐亚斯、拉曼、迈克尔逊、伦琴，他们都因为在这一问题上的卓越成就而获得了诺贝尔奖。每当人类学会使用一个新的波段，就会对那个时候的生活和社会结构造成一种革命性的改变，从而促进电磁学相关技术产品被广泛应用到生产和生活的方方面面。可以说，近百年来，人类技术的发展，离不开对电磁波的认识及运用。

人们对所有的电磁波段都了解吗？人们最初使用的都是低频无线电。其实，电磁波的范围很广，根据其频率的高低，可以划分为无线电波、微波、红外线、可见光、紫外线、X 射线、伽马射线等。当前，除了太赫兹波（0.1—10THz）之外，从准 DC 至伽马射线（0—1021Hz）频段的所有频段均为人们所利用。

最近几年，由于毫米波与远红外线技术的不断发展，我们已经可以通过传统的微波与量子电子技术在全波长范围内实现从微波至光波的全波长发射，但由于我们对中间这一部分的了解还很少，无法获取可以应用于现实的太赫兹信号，这些信号被学界称作"THz Gap"，也就是"太赫兹间隙"，这也是当前尚未被发掘的电磁波频率。

在这个背景下，中国科学院空天信息研究院粤港澳大湾区研究院（后更名为广东大湾区空天信息研究院，简称"大湾区研究院"）于 2019 年 5 月在广州成立。大湾区研究院旨在围绕粤港澳大湾区国际科技创新中心建设发展需求，统筹协调并集聚创新资源，推动创新平台和重大项目在大湾区落地实施，构建中国科学院空天信息创新研究院粤港澳大湾区前沿科技体系，研究世界前沿太赫兹技术。

走进大湾区研究院

大湾区研究院的诞生

2019 年 8 月，穗港科技合作园核心区暨京广协同创新中心建设启动，在签约现场，不仅有来自香港的企业家和科研工作者，还有从北京远道而来的客人——中国科学院空天信息创新研究院（简称"空天院"）院长吴一戎，他为粤港澳大湾区带来了尖端科技太赫兹技术。

"太赫兹是电磁波频段的一种，是一个科研人员还未开垦的处女地。我们要针对这个频段在广州开发区建立一个研究院，集中力量开展系统性的攻克。"吴一戎院士说到，之所以下定决心要从北京中关村来到遥远的岭南，正是看中了粤港澳大湾区的产业发展前景。"这里有华为等国内顶级的通信产业企业，太赫兹通过广州开发区的平台，在粤港澳大湾区大有可为。"

大湾区研究院总投资 12 亿元，作为空天院"面向世界科技前沿和国家重大战略需求"而成立的事业法人单位，建设大湾区研究院暨太赫兹国家科学中心，开展太赫兹基础科学、雷达遥感研究、通信、生物医学、关键部件与组件研究。

大湾区研究院的成立是广州与北京合作的缩影，京广协同创新中心通过北京丰富技术资源和粤港澳大湾区丰富产业资源的强强联合、优势互补、资源整合，借助广州开发区政策支持，打造该区首个穗港科技合作示范基地，促进京穗港三地的科技、产业对接交流，为三地企业打通"南北通道"，搭建京广发展平台，高能对接港澳科技创新。该研究院重点引入了科技创新产业，建设以人工智能、智能装备为主产业的"摩天工坊"，打造集研发、设计、试生产、检测、制造、销售、产业服务于一体的全产业链条产业园区。

大湾区研究院的目标是发展并创建太赫兹量子电磁学理论体系，突破人类利用太赫兹频谱资源的关键科学问题和技术瓶颈，形成一批引领国际的原创性理论和核心技术，推动信息科学、现代物理学、材料科学、空间科学等领域的发展。构建完整的太赫兹科学技术创新链，从基础研究、核心器件再到实验系统及交叉应用，建立我国在电磁波谱研究与频谱资源开发利用领域的优势地位。

探寻太赫兹技术的奥秘

大湾区研究院围绕国家自然科学基金委太赫兹基础科学中心项目开展科研工作，前期重点解决太赫兹高功率信号产生和发射、太赫兹高效率信号探测或检测等核心问题，探索解决太赫兹量子电磁学基础理论问题，包括克服真空电子学器件的尺度效应、发展新型真空电子学器件、克服光子学器件能带限制、发展新型光子学器件，以及提供新的频谱资源、发展大容量通信和高分辨率雷达系统等。具体来说，可以分为四个方面。

在太赫兹基础科学研究方面，聚焦太赫兹频段高功率信号产生与高灵敏度探测的新方法和新理论，研究新型材料和器件在太赫兹频段的量子效应，突破太赫兹发展遇到的重大理论方法瓶颈，形成原创性的太赫兹量子电磁学理论体系。

在太赫兹核心器件研究方面，充分利用太赫兹量子电磁学的理论研究成果，突破由传统电子学和光子学器件往太赫兹频段扩展的科学与技术瓶颈，形成一批引领国际水平的太赫兹核心器件技术，研发一系列新型太赫兹量子电磁器件，为发展太赫兹科学平台和应用系统提供强有力的支撑。

在太赫兹应用科学研究方面，开展太赫兹雷达遥感、通信、超分辨率成像等方向的研究，着力解决太赫兹雷达遥感系统的高分辨率成像、太赫兹通信系统的超大容量信息传输、太赫兹生物医学应用系统的实时超分辨率成像等技术难题，形成若干太赫兹信息领域和应用交叉领域的世界级原创性成果。

在科技成果转化及产业化方面，以太赫兹应用技术为核心，通过政产研资紧密合作，建设将太赫兹基础科研、工程应用技术向产品或商品转化的工程化平台，在广州培育孵化高科技企业，为广东省、广州市打造立足国内、面向全球的太赫兹新兴产业奠定坚实的工程基础。

打造中国太赫兹科学技术的高地

掌握太赫兹竞争主动权

当前，世界上一些重要的发达经济体（如美国、日本、欧盟）对太赫兹的科研工作给予了高度的关注，纷纷出台了相应的政策，在推动太赫兹技术发展方面取得初步成效。2004 年，太赫兹技术被美国列入了影响人类社会的 10 项重大科技，被欧盟列入了影响人类社会的 6 项重大科技。日本在 2005 年 1 月将太赫兹技术列入十项重要的国家发展战略中的第一项，并在此基础上集中力量开展太赫兹技术的研究与开发。2005 年，我国在北京举办了"香山科学研讨会"，组织了多名在该领域具有一定影响力的专家学者对中国太赫兹技术的发展进行了专题研讨，提出了太赫兹技术的发展计划。

为了进一步推进太赫兹技术在成像探测、空间大容量通信等方面的广泛应用，我国国防科学技术工业委员会等多个部委纷纷出台了太赫兹技术的长远发展规划或者重点研发项目，促进我国国防工业的快速发展。目前，我国正围绕关键技术和前期科研项目开展一批太赫兹技术攻关，主要包括太赫兹隐身目标检测技术、太赫兹近场探测技术、太赫兹频段目标特征可控材料、太赫兹频带目标特征参数测试技术以及太赫兹频谱特征参数测试与模型构建技术等，这些技术有望在未来取得突破。

在太赫兹前沿学术领域，中国科学院电子学研究所一直处于全国领先地位，早在 2008 年前后就开始了相关研究，并在太赫兹辐射机理、自由电子激发、激元太赫兹表征、太赫兹开放式慢波结构以及量子点探测器等核心问题研究方面取得重大进展。现有研究发现，在太赫兹光子能量尺度下活跃着一系列特有激元，即准粒子和光子相互作用后形成的元激发，包括声子、激子、库伯对、磁子等，要想有效地操控和利用这些激元，需要从理论上对其特性进行系统描述，仅依靠经典电磁学理论或量子理论都不能够描述这些激元的特性，因此，急需发展一种新的理论框架来指导这一研究。

打造中国太赫兹科学中心

2019 年 9 月，大湾区研究院吴一戎院士领衔的基础科学中心项目"太赫兹科学技术前沿"获批立项，获得国家自然科学基金委约 1 亿元的项目经费支持。

2020 年 4 月 16 日，大湾区研究院以自有经费，与广州市规划和自然资源局签署合同，受让位于黄埔区护林路以北、丰乐北路以西的 80 000 余米^{2}土地用于研究院建设。大湾区研究院要发挥大湾区的产业应用优势，结合太赫兹理论和技术研究，推动未来产业发展。同时，围绕太赫兹在雷达遥感领域的重大战略需求和生物医学等交叉学科领域的科学前沿，为太赫兹雷达技术研究和相关交叉学科的发展提供强有力的技术保障。

　　为加快科研进度，大湾区研究院与暨南大学签署联合实验室协议，将太赫兹量子级联激光器系统的研发场地暂设于暨南大学番禺校区。截至 2021 年 5 月，大湾区研究院共承担各类在研课题 15 项，总经费 3.16 亿元，其中包括太赫兹超分辨率成像在内的 2 项广东省重点领域研发计划项目、超快太赫兹基础科学研究平台在内的 5 项自主部署科研平台建设课题，以及新型材料太赫兹量子效应研究在内的 4 项自主部署科研课题等。

　　大湾区研究院高度重视人才队伍建设，通过各种途径广泛招纳高层次科研人才，特别是以中国科学院百人计划"青年俊才"项目为依托，大力引进海外太赫兹领域的青年专家，为研发人员提供配套科研专项，协助组建相应项目团队。截至 2022 年 7 月底，已引进人才 183 人，其中硕士 140 人、博士 41 人（其中博士后 16 人）、海外引进高层次人才 8 人。

　　未来，大湾区研究院将继续加强海外高层次人才引进工作，继续与有意向加盟的青年专家进行沟通交流，依托长江优青、基金委海外优青等人才支持政策，不断引进更多太赫兹领域的海外优秀高层次人才，打造太赫兹人才高地。

感知太赫兹的庞大能量

吴一戎院士谈空天信息产业

　　对于空天信息技术与产业的发展，吴一戎院长在《空天信息创新与应用》的报告中提到，地球已经不能满足人类对于空间的追求，人类势必会不断地步入空天领域。现在的空天信息技术系统主要包括通信、导航、遥感等，空天信息技术已经成为信息技术发展的重大方向。

　　随着空天技术的发展，商业航天已经成为国家及商业竞争的全新领域。智能制造、材料器件更新使得卫星整星成本降低，火箭可回收技术逐渐成熟使得卫星发射成本降低，地面接收系统成本也大幅降低。空天技术的低成本化，正在加速使空天科技服务于百姓生活。

　　同时，卫星互联网计划不断涌现，特别是"星链"（starlink）计划，使得太空成为竞争的热点。星际激光链路传输速度达到 100Gbps/1Tbps，将可代替现有移动网络及光纤实现快速部署，显著降低成本和功耗，用于星间通信、空天一体化接入等。在临近空间飞行器方面也取得了重大突破，并在城市监测、移动通信等领域实现了应用。

2018年12月，我国北斗三号基本系统完成建设，开始提供全球服务。当前，物联网作为重要的发展方向，正在扩展并影响到所有行业领域。物联网发展的三个要素，包括高可信网络、传感器和高精度时空基准，其中高精度时空基准来自于卫星导航。例如，针对自动驾驶汽车，最为简洁高效的实现办法就是高可信、高精度的卫星导航。

在高分辨率对地观测系统方面，现在已经可以做到米级、亚米级影像获取，并积累了庞大的数据量。以空天院为例，每天可接收几十颗卫星100TB以上的卫星数据，且卫星数量还在不断增加，数据量不断扩大。数据量扩大就像高速公路，相互交织、不断扩大的高速公路网，产生了高速公路出行模式，而卫星的增加和卫星网络的形成，也使得卫星应用有了新的应用优势。

吴一戎强调，北斗与高分的融合，将助力构建更加精细化的时空大数据管控平台。时空大数据是同时具有时间和空间维度的数据，现实世界中的数据超过90%是时空数据。在时空框架下，可以组织、管理、显示、应用世界上几乎所有的数据。所以时空大数据是大数据的一个天然的时空框架，而大数据应用一定以时空框架为基础。

随着遥感大数据时代的来临，遥感大数据的价值有待深入挖掘。基于人工智能的信息自动获取、加工与提取技术，遥感信息能够更加快速广泛地应用于不同领域。在此过程中，运用好人工智能特别是深度学习技术，能带动遥感应用模式的创新，更好地迎接空天信息发展的新挑战与新机遇。同时，通过持续建设开放共享的遥感样本数据集，助力智能遥感解译研究等科研创新突破，实现产业生态繁荣。

培育太赫兹多元应用场景

太赫兹波因其独特的优点，在雷达成像方面有着极高的时间域光谱信噪比，与其他微波波段相比，它的图像更清晰。太赫兹波具有极高的穿透力，能够轻易地透过覆盖在其上的物质层。相比于X光等其他波段，太赫兹波的光子能量更低，安全性更高，且不会对被检测对象造成干扰，可以实现非破坏性的检测。

虽然国际上已经在太赫兹科技与相关学科中获得了一些重要的科研进展，一些应用体系已经由示范与检验逐渐走向商品化，但是太赫兹科技与相关学科的发展仍受到大功率、高灵敏度的探测技术的制约。目前，太赫兹源的生成与检测技术可分为两大部分：一部分是高频的太赫兹源，如真空电子设备、固体半导体设备等；另一部分是光技术在更高的频段上的应用，如量子级联激光等。

目前，传统的光电技术在太赫兹频段的应用中均面临着尺寸效应大、载流子传输能力弱、能量与太赫兹之间的能量不匹配等问题，急需发展新的理论与技术来解决太赫兹频段所面临的问题。在这些领域，大湾区研究院也在不断加大研发力度，不断解决一系列问题。

睁开窥探微观世界的"火眼金睛"

2022年2月，大湾区研究院成功研制出太赫兹扫描隧道显微镜系统，实现了优于原子级（埃级）的空间分辨率和优于500飞秒的时间分辨率，为国内首套自主研制的太赫兹扫描隧道显微镜系统。利用这套设备，人们不仅可以"看到"原子，还能对原子尺度内的超快过程一窥究竟，或许可以在万亿分之一秒的超快时间尺度下"看清"电子态。有人称太赫兹为"看不见的幽灵"，但它却能透视一切。太赫兹波是人类迄今为止了解最少、开发最少的一个波段。人们第一次"看到"分子和原子，要从20世纪说起。20世纪70年代后期，有两位物理学家想做一件以前没人做过的事：观察金属片中的单个原子。于是，在1981年，德国物理学家格尔德·宾尼希和瑞士物理学家海因里希·罗雷尔发明出世界上第一台具有原子分辨率的扫描隧道显微镜，并因此获得了诺贝尔奖。

扫描隧道显微镜（scanning tunneling microscope，STM）是一种用于观察和定位单个原子的扫描探针显微工具。通过原子尺度的针尖，在不到一个纳米的高度上，对不同样品进行超高精度扫描成像。STM在低温下可以利用探针尖端精确操纵单个分子或原子，不仅是重要的微纳尺度测量工具，也是颇具潜力的微纳加工工具，在原子级扫描、材料表面探伤及修补、引导微观化学反应、控制原子排列等领域具有广泛应用。但是，传统的电学调制速率限制了STM在更高时间分辨率的观测（一般具有微秒量级的时间分辨率）。

STM的发明，让人们第一次"看到"分子和原子的庐山真面目，同时也为人们实现操纵分子和原子提供了一种强有力的工具，许多研究人员试图将它与其他的技术结合，赋予 STM 技术新的机遇。太赫兹波泛指频率在 0.1—10THz 波段内的电磁波，处于宏观经典理论向微观量子理论、电子学向光子学的过渡区域。一些科学家将太赫兹技术与 STM 结合起来，用以测量样品表面发生的超快电子过程，并用光实现精准操纵。

2013 年，加拿大阿尔伯塔大学弗朗克·黑格曼（Frank Hegmann）教授首次将太赫兹脉冲和 STM 结合，实现了亚皮秒时间分辨和纳米空间分辨，随后德国、美国等的著名科研团队纷纷开展相关技术研究，但我国在该领域的研究一直处于空白。

大湾区研究院太赫兹研究团队——一个平均年龄不到 35 岁的研究团队，突破了太赫兹与扫描隧道针尖耦合、太赫兹脉冲相位调制等关键核心技术，成功研制出国内首台太赫兹扫描隧道显微镜（THz-STM），填补了国内该领域的研究空白。该项研究得到了国家自然科学基金委太赫兹基础科学中心、广东省科技厅、广州市、黄埔区等相关项目的资助。大湾区研究院研制出的这套设备具有埃级空间分辨率和亚皮秒时间分辨率（提升 100 万倍以上），可同时实现高时间和空间分辨下的精密检测（飞秒-埃级），为进一步揭示微纳尺度下电子的超快动力学过程提供了强有力的技术手段，可用于新型量子材料、微纳光电子学、生物医学、超快化学等诸多领域，有望取得具有重要国际影响力的原创性科研成果。

太赫兹产业的壮大

我国对太赫兹科学研究高度重视，将其列入"十四五"规划重点发展科研方向。广东省也大力发展太赫兹科学，在 2022 年《广州市战略性新兴产业发展"十四五"规划》中，太赫兹技术屡次被提到："依托华南理工大学、中国科学院空天信息研究院粤港澳大湾区研究院等高校院所，强化太赫兹通信领域基础研究和关键技术攻关，加快太赫兹技术在工业控制、安防设备、无线通信等领域的产品开发和商业应用。""开展区域合作，以产业链、价值链为纽带，通过上下游配套合作，共建区域性产业集聚区，推行'资本＋股权''资源＋项目''资产＋政策'等产业模式，推动太赫兹产业加快发展。"

大湾区研究院作为我国从事太赫兹领域研究的专业科研机构，肩负着开展太赫兹理论研究、突破关键核心技术、推动产业化应用的光荣使命，理应在太赫兹理论研究及产业化应用方面走在全国乃至全球前列。可喜的是，大湾区研究院在国家和地方政府部门的领导和大力支持下，各项工作均顺利开展，并取得一些阶段性工作成效，如大湾区研究院获得了国家发改委"十四五"重大科技基础设施项目支持。

根据建设规划，大湾区研究院在"十四五"期间将继续建设 6 个研发中心，包括基础研究中心、核心器件研发中心、雷达遥感研究中心、生物医学研究中心、通信技术研究中心和成果孵化与产业化中心，依托这些专业化研发中心，逐步推进太赫兹产业化发展。按照大湾区研究院发展规划和目标定位，在不久的将来，发展成为引领国际太赫兹科学发展的学术高地和科技创新中心。这一目标也与我国"十四五"规划纲要的重要发展任务之一——积极稳妥推进粤港澳大湾区建设，建设具有全球影响力的综合性国际科技创新中心的整体目标完美契合。

热环境研究成果获测绘科学技术奖二等奖

2020 年 10 月，2020 年度测绘科学技术表彰及颁奖仪式在郑州举行。空天院申报的"城市热环境多尺度定量遥感监测与调控关键技术及集成应用"项目获测绘科学技术奖二等奖，大湾区研究院在该项技术研发中也发挥了重要作用。

该项目构建了"近地热红外设备研制—热红外载荷定标—陆表温度反演—城市建成区提取—热岛强度等级分级—多时空热岛规律研究—热岛强度驱动机制分析—工业热污染提取—工业热岛效应监测与评估—热环境空间模拟与调控—多区域应用示范"的完整城市热环境遥感监测技术体系，研发了贯穿"热红外综合感知、多尺度城市热环境监测、城市规划和调控到应用示范"的城市热环境关键信息监测调控技术体系，并构建综合监测技术系统，建立了"国际多区域—国内重点省份—城市群—城市内部"多尺度的应用示范体系，为我国城市规划、热岛治理和城市精细化管理提供决策依据和技术支撑。

该项目围绕城市热环境多尺度定量遥感监测与调控关键技术及集成应用，取得 8 项关键技术成果，出版专著 2 部，授权发明专利 5 项，实审、受理发明专利 12 项、软件著作权 13 项、高新技术产品 4 项，发表学术论文 70 篇（其中 SCI 21 篇、EI 3 篇）、国际学术会议论文集 2 部、模型集 1 套。成果在环保、测绘等多行业，海南、广东等多省份推广。项目研究成果提升了城市热环境多尺度定量化遥感监测能力，取得重要影响。

大事记

2019 年 5 月，大湾区研究院在广州注册成立，开展太赫兹基础科学、雷达遥感研究、通信、生物医学、关键部件与组件研究。

2020 年 12 月，大湾区研究院、中国电子学会太赫兹分会主办第六届全国太赫兹科学技术学术年会，旨在协同全国太赫兹领域力量，共同探讨太赫兹领域发展现状以及产业化过程中所面临的问题。

2022 年 2 月，大湾区研究院成功研制出太赫兹扫描隧道显微镜系统，其核心部件——太赫兹载波包络移相器的研发成果发表于《先进光学材料（*Advanced Optical Materials*）》杂志。

2023 年 1 月，大湾区研究院作为广州市新型研发机构协同创新联盟首批成员参加了联盟筹备会议。

案例小结

视角	维度	机构特征
二元	过程	2019 年 5 月，大湾区研究院在广州注册成立，开展太赫兹基础科学、雷达遥感研究、通信、生物医学、关键部件与组件研究，目前研究院处于快速发展阶段。
二元	状态	大湾区研究院的成立，是粤港澳大湾区丰富产业资源和北京丰富技术资源的结合，二者强强联合、优势互补、资源整合，实现广州和北京两地的科技、产业资源高效对接交流。
三层	组织架构	大湾区研究院由管理部门、科研部门和项目组组成。
	体制机制	大湾区研究院以太赫兹应用技术为核心，通过政产研紧密合作，建设太赫兹基础科研、工程应用技术向产品或商品转化的工程化平台。
	运营模式	沿袭了空天院的运营模式，注重基础研发，同时也加强对大湾区丰富产业资源的结合，打造具有大湾区特色的空天院。
四维	主体	大湾区研究院是作为响应空天院"面向世界科技前沿和国家重大战略需求"而成立的事业法人单位，将建设大湾区研究院暨太赫兹国家科学中心，开展太赫兹基础科学、雷达遥感研究、通信、生物医学、关键部件与组件研究。
	制度	沿袭空天院的制度，包括科研部门、管理部门、支撑机构、所级中心、学术委员会，共同支撑院内的科技创新活动。
	技术	大湾区研究院致力于推动信息科学、现代物理学、材料科学、空间科学等领域的发展。构建完整的太赫兹科学技术创新链，从基础研究、核心器件再到实验系统及交叉应用，建立我国在电磁波谱研究与频谱资源开发利用领域的优势地位。
	人才	形成了以吴一戎（院士）、方广有为代表的研发团队，以提供人才绿卡等各类形式吸引全球优秀人才。

参 考 文 献

[1] 佚名. 广州深入打造"1+4+4+N"战略创新平台体系[N]. 广东科技报，2020-10-09，(014).

[2] 佚名. 一园一区两翼齐飞 穗港牵手共建湾区[N]. 南方日报，2019-08-29，(AA1).

[3] 乔流，拓晓瑞. 中科院空天院大湾区研究院：持续开展太赫兹科学研究 全力打造中国太赫兹科学中心[J]. 广东科技，2021，30（7）：42-46.

[4] 张航.【北京日报】中科院团队发布首套2020年全球30米地表覆盖精细分类产品[EB/OL].（2020-12-01）[2023-11-01]. https://www.cas.cn/cm/ 202012/t20201201_4768940.shtml.

[5] 孙自法. 助力嫦娥五号奔月采样返回 中科院承担突破系列关键技术[EB/OL].（2020-11-24）[2023-11-01]. https://www.chinanews.com.cn/gn/ 2020/11-24/9346347.shtml.

[6] 广州市科技局持续加大科技创新投入厚植科技发展新动能. 广州科技创新公众号，2021年4月6日.

[7] 王莹. 乘着嫦娥五号去月球！月壤结构探测仪了解一下[EB/OL].（2020-11-25）[2023-11-01]. http://www.xinhuanet.com/politics/2020-11/ 25/c_1210900287.htm.

[8] 邱晨辉. 青年出列 做创新创业先锋[EB/OL].（2020-11-17）[2023-11-01]. http://zqb.cyol. com/html/2020-11/17/nw.D110000zgqnb_ 20201117_6-01.htm.

[9] 甘晓. 盘它！嫦娥五号上的"中科院出品"[EB/OL].（2020-11-24）[2023-11-01]. https://news. sciencenet.cn/htmlnews/2020/11/449068.shtm.

[10] 陈柳钦，叶民英. 技术创新和技术融合是产业融合的催化剂[J]. 湖湘论坛，2007（6）：40-42.

[11] 何琦，艾蔚，潘宁利. 数字转型背景下的创新扩散：理论演化、研究热点、创新方法研究：基于知识图谱视角[J]. 科学学与科学技术管理，2022，43（6）：17-50.

从入行到顶尖：深圳市万泽中南研究院有限公司探索高温合金技术领域研发新路径

摘要： 长期以来，我国航空发动机技术与发达国家差距保持在 10 年以上，最关键的原因在于工作叶片和导向叶片、粉末冶金涡轮盘的材料性能和生产工艺无法达到先进水平。深圳市万泽中南研究院有限公司作为医药、地产公司战略转型的结晶，不怕艰辛，敢于瞄准高温合金领域"卡脖子"技术，短短数年，便在相关领域取得重大突破，彻底实现"门外汉"从入行到顶尖的蜕变。回顾发展历程，这家企业类新型研发机构为何选定航空发动机赛道，又为何敢于向高温合金市场进军？在国内外技术差距如此悬殊的背景下，短短数年内，又是如何通过自主创新实现技术追赶的？这个"门外汉"的崛起历程，又能给其他正在或试图战略转型的企业带来哪些经验启示？

关键词： 高温合金；"门外汉"；技术追赶

先进发动机产业是国家推进关键技术攻关的重要领域，但航空发动机和芯片一样，一直是我国的行业痛点。

"我们和欧美国家的差距至少有 30 年。"万泽实业股份有限公司总经理毕天晓曾说："世界航空发动机技术以欧美最为先进，俄罗斯和乌克兰属于第二梯队，与欧美存在较大差距。我国航空发动机技术的发展，长期以来主要依靠仿制消化俄罗斯、乌克兰技术，差距非常大。"

对飞机而言，航空发动机犹如"心脏"，航空发动机和燃气轮机的研发制造水平，集中体现了一个国家的科技、工业、军事实力，亦是综合国力的重要标志。我国高度重视航空发动机产业培育和发展，《中华人民共和国国民经济和社会发展第十四个五年规划和 2035 年远景目标纲要》指出，"加快先进航空发动机关键材料等技术研发验证""突破宽体客机发动机关键技术，实现先进民用涡轴发动机产业化"。

航空发动机和燃气轮机技术含量高、附加价值高，处于现代制造业最高端，被称为现代高端制造业技术"皇冠上的明珠"，关键材料与构件高品质制造直接决定了发动机的服役性能和可靠性，而高温合金材料及以其制成的粉末涡轮盘、单晶涡轮叶片、导向叶片（简称"一盘两片"）等关键零部件则严重制约着"两机"技术性能水平，可见高温合金技术重要性和意义非同一般。

然而，放眼全球，仅有美国、英国、俄罗斯、法国等少数国家拥有体系化的高温合金生产与研制体系，我国高温合金市场缺口较大，特别是高端领域进口依赖性较大，存在巨大的进口替代空间。

在此背景下，以医药和地产为主业的万泽集团股份有限公司（简称"万泽集团"）和万泽实业股份有限公司（简称"万泽股份"）洞察到了商机，便决定开启一场从医药、地产向高温合金高科技军工产业的转型之旅。

这场转型之旅究竟是"纸上谈兵"，还是"真枪实弹"？在发展道路上会遇到什么艰难险阻？又会收获什么？

事实证明，在这条转型之路上，万泽集团、万泽股份并不是喊喊口号而已。2013年，万泽集团与中南大学签署战略合作协议，向航空发动机、高温合金领域进军。2014年，万泽股份、中南大学、深圳市高新技术产业园区服务中心、深圳方略投资管理有限公司合作成立深圳市万泽中南研究院有限公司（简称"万泽中南研究院"），致力于解决长期制约我国航空发动机自主研制的高温合金"一盘两片"的技术瓶颈，实现先进航空发动机关键材料及零部件产业化。

而万泽中南研究院，这家从医药与地产行业智慧转型的产物，如何发挥万泽集团、万泽股份的产业化优势，凭借新的创新模式实现技术追赶？又如何在先进航空发动机高温合金材料上取得重大突破？在成功追赶超越后，万泽中南该如何提质增效，谋求更长远的发展？其成功之路，又能给其他企业类新型研发机构提供哪些经验和借鉴？

两个"门外汉"的入行之旅

为何要入行高温合金

飞机被誉为现代工业的"皇冠"。航空发动机作为飞机的"心脏"，制造成本占整架飞机的 20%—30%，工业技术含量极高，是国家综合实力的重要标志之一。

先进航空发动机具有高温、高转速、高可靠性、长寿命、低油耗、低污染、低成本的技术特点，需要在高温、高速、高负荷的苛刻条件下反复工作，这种高温条件，几乎是很多普通钢材的熔点温度，非常考验现代工业技术极限。因此，制造航空发动机，需要一种能耐高温、耐高压，能在严苛环境下反复工作的特殊材料——高温合金。

所谓高温合金，即以铁、镍、钴为基，能在 600℃以上高温及一定应力作用下长期工作的一类合金。相比于传统金属，高温合金具有较高的高温强度、良好的抗高温氧化性和抗热腐蚀性，同时具备良好的抗疲劳性能、断裂韧性、良好的弹塑性等综合性能。高温合金材料凭借优异的抗氧化和抗热腐蚀性能在航空发动机、汽车发动机、燃气轮机、核电、石油化工等多个领域广泛应用，在航空航天领域占据最重要地位，是航空发动机性能突破的关键要素。

然而，在过去很长一段时间内，具备航空发动机这种生产制造能力的却仅有美国、英国、俄罗斯和法国等几个国家，我国不掌握这种技术，我国许多军用飞机都在使用俄罗斯制造的发动机，就连我国自主研发设计的客机也要依赖西方制造的发动机。

早在 2016 年 8 月，有机构预测，未来 20 年全球军用发动机需求约 1500 亿美元，民用航空发动机需求约 1.6 万亿美元，总市场规模约 1.75 万亿美元。对于我国来说，未来 20 年航空发动机、燃气轮机合计需求超过 3 万亿元。

与巨大市场需求形成鲜明对比的是，中国航空发动机研发水平与国际先进水平相比还有不少差距。毫不夸张地说，航空发动机已经成为制约中国航空产业健康发展的"心病"和"软肋"，打破欧美国家发动机生产上的垄断迫在眉睫。为此，数十年来，我国投入大量资金，成立了中国航空发动机集团有限公司，高度重视航空发动机产业发展，但一直无法生产出先进航空发动机。

为贯彻落实创新驱动发展战略，加快推进航空发动机产业创新发展，建设航空强国，我国实施"两机"重大专项，举全国之力突破航空发动机和燃气轮机技术及产品。作为高温合金行业的积极实践者，万泽集团与万泽股份也抓住了发展机遇，加大研发投入力度，希望取得一定突破。

以技术跨界融合为契机，实施创新转型

技术跨界融合在发达国家已有范例。早在 2013 年，万泽集团与万泽股份便具备战略性眼光，洞悉到了技术跨界融合商机，凭借自身技术优势、灵活的体制机制和管理优势进行抢先布局。

万泽集团诞生于 1995 年，坚持"智慧经营"理念，在我国改革开放、深圳经济特区设立的大背景下，不断成长壮大。在创始人林伟光先生的带领下，经过近 20 年的发展，万泽集团已经成为以医药、地产、高科技为核心业务的综合性集团企业。1999 年，万泽集团尝试资本运作，控股内蒙古双奇药业股份有限公司，全面打通药品研发、生产、销售等环节，创新链、产业链初步形成。三年后，万泽集团医药和地产业务板块开始全面拓展，整体上也朝着规模化经营快速前进。万泽集团继续走资本运作路线，2005 年，万泽集团与汕头电力开发公司签署股权转让协议，收购上市公司"汕电力 A"29%股权，成为其第一大股东，迈出了资本运作的第一步，也首次实现了集团业务的跨越式发展。2008 年，万泽集团与采纳品牌策划机构合作，成功推出新的品牌战略、品牌形象，成立万泽集团品牌管理委员会，品牌战略、品牌形象的整合和导入使得集团的发展方向更为明确，万泽集团的发展也进入一个崭新的阶段。2009 年，汕电力 A 更名为万泽实业股份有限公司，其重大资产重组获得中国证券监督管理委员会审核通过。2010 年以来，面对复杂多变的国际国内环境，万泽集团坚持"智慧经营"理念，不断加强集团管控能力和组织能力建设，也积极谋求转型升级，将目光投向了高科技领域。2012 年，

万泽股份完成重大资产重组，万泽集团持有万泽股份比例增加至57.29%，成为大股东。

在发展过程中，万泽集团早早便意识到国内航空发动机遭遇的技术瓶颈，也觉察到了航空发动机领域"壁垒门槛高、经济回报高"的显著特点，开始布局高新技术产业，不断谋求战略转型。事实证明，这种转型不是"纸上谈兵"，而是"真枪实弹"。

2013年，万泽集团与中南大学正式签订战略合作协议，双方共同致力于高温合金材料的研发和产业化，这为万泽中南研究院的诞生奠定了基础。万泽集团的战略构想与万泽股份的转型不谋而合，这进一步推动了万泽中南研究院的发展。

一方面，改革开放以来，我国的发展路径为速度优先型赶超战略，粗放特征非常明显，在诸多方面显示出"大而不强"的特征，推动经济转型和高质量发展已经成为全社会的共识。随着国内经济增速持续放缓，政府控制房价、调整住房供应结构、加强土地控制、信贷控制等一系列宏观调控政策陆续出台，房地产行业整体仍然面临供过于求的局面，这种复杂的行业形势，尤其对于中小房地产商不利，中小房企更应该谋求细分市场，注重品牌和核心竞争力的培育，主动积极寻找其他战略性新兴产业的业务发展、扩张的机会，实现自身主营业务的多元化，以此来提高抗风险能力和可持续发展能力。万泽股份牢牢把握国家经济宏观发展趋势，深知中小房地产商转型需求紧迫，更是积极响应国家鼓励经济转型的政策，顺应多元化经营的大趋势。

另一方面，万泽股份紧紧抓住高温合金行业发展战略机遇，提升公司盈利能力。万泽集团与万泽股份锚定了主要应用于泛发动机领域（航空发动机、航天发动机、燃气轮机）的高温合金材料，积极进行抢先布局。高温合金由于具有优良的耐高温、耐腐蚀等性能，在电力、汽车、冶金、玻璃制造、原子能等工业领域广泛应用，成为不可或缺的重要结构材料。国内高温合金市场需求增长空间和进口替代空间广阔，随着大飞机国产化、"两机"专项的实施等，未来我国军用、民用高温合金需求将出现持续性增长。而通过自主研发高性能结构材料及其构件制造技术，突破欧美发达国家技术封锁，改变我国先进航空发动机基本依靠进口的局面，是我国航空发动机国产化的迫切要求。我国出台多项政策助力高温合金产业发展，航空航天及高温合金材料行业相关重大科技项目已上升为国家战略，获得了地方政府诸多政策优惠及支持，政策红利明显。如深圳市政府在 2013 年公布的《深圳市未来产业发展政策》中，明确将"航空航天材料产业"列为深圳市未来重点发展的产业之一。

万泽中南研究院，为高温合金而生

在这样严峻的行业背景和集团战略转型背景下，2014 年 6 月由万泽股份子公司深圳市万泽中南投资有限公司与中南大学共同出资成立深圳市万泽中南研究院有限公司，注册资本 10 997.89 万元。万泽中南研究院由中南大学和万泽股份牵头共建，隶属于万泽股份，是万泽股份的基础技术研发平台，围绕产学研合作部署开展相关研究，致力于研究开发航空发动机高温合金新材料，攻克世界级技术难题。

中南大学作为牵头单位，协同北京航空航天大学等十家优势单位组建有色金属先进结构材料与制造协同创新中心、粉末冶金国家重点实验室、粉末冶金国家工程研究中心。万泽中南研究院与中南大学签署合作协议，引进汇聚国内外高端人才，共建高温合金材料与制造研究院，并依托中南大学现有平台建立了联合实验室，为万泽中南研究院提供研究基础和科研平台，完成基础研究与产品实验。万泽股份则为万泽中南研究院引进国内外高端人才队伍提供资金支持，为其提供成果转化所需的市场和渠道。同时，建设深圳研发中心，为万泽中南研究院提供应用研究与工程化的区域网络。

当然，万泽集团、万泽股份与万泽中南研究院，三者之间也有着密不可分的联系。从股权结构上看，万泽集团实际控股万泽中南研究院。深圳市万泽航空材料研究有限公司（简称"万泽航空"）直接持有万泽中南研究院 77% 的股份，是其大股东，而万泽股份通过其全资子公司深圳市万泽精密铸造科技有限公司（简称"深圳精密"）控股万泽航空（持有 90% 股份）进而控股万泽中南研究院（图 1）。在万泽股份的战略转型规划中，万泽中南研究院是先进高温合金材料及构件研发的创新平台，深圳精密是产业化实施主体，两者紧密合作形成"研发+市场"良性循环。

图1 万泽中南研究院股权结构图

在万泽中南研究院创建初期，万泽集团高度重视高温合金产业高层次人才的引进和培养，万泽股份董事长亲自在国内外反复寻找高温合金行业内的顶尖专家，为万泽中南研究院的创立和发展组建一支超级团队，积极攻克高温合金核心技术。在资金方面，为保障有足够的资金来支撑万泽中南研究院高温合金项目的顺利实施，万泽股份也采取了针对性的措施：一方面，通过出售部分地产业务来筹集资金，将盈利能力较差的地产业务先进行外售，同时保持对部分盈利能力较强的地产业务的控制能力；另一方面，万泽股份还进行了一系列资产重组、定向增发，为万泽中南研究院高温合金项目筹集资金。

总的来说，万泽中南研究院的成立和发展，离不开中南大学、万泽集团、万泽股份等主体的支持和参与，具有企业类新型研发机构的独特优势。从后续发展势头来看，正是因为在人才、资金和技术等方面的基础条件，万泽中南研究院才能克服各种困难，不断发展壮大（图2）。

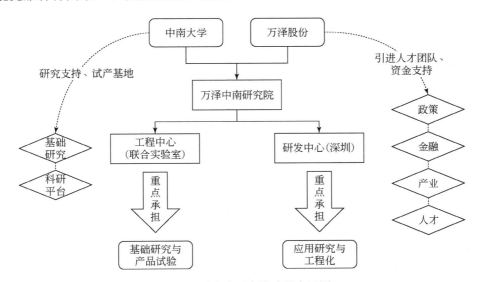

图2 万泽中南研究院建设布局图

图片来源：深圳市万泽中南研究院有限公司《推动技术创新，走军民融合之路，助力国之重器》，2017年12月26日。

这家企业类新型研发机构，产生于高温合金项目，它以航空发动机高压涡轮材料（单晶和多晶母合金）和"一盘两片"批量制备为主线，实行强项目牵引、强流程管理，逐步建立起较为完整的方法、准则和工具，形成了一流的人才团队、一流的尖端技术、一流的设备仪表、一流的科学做法和一流的管理模式，践行了六西格玛的经营管理理念。

由于高温合金领域研发门槛高、周期长、风险大，遭到欧美国家多年的技术封锁，几年前，几乎没有多少人相信以医药、地产为主业的万泽会进入航空发动机关键高温合金材料这个高端制造业。在万泽集团人力和万泽股份财力的双重支持下，万泽中南研究院高温合金项目快速步入正轨。目前，万泽中南研究院深圳研发中心，历经多年的奋战，已悄然攻克高温合金材料及关键构件在研制与生产中的诸多难题，为研究院发展探索出一条成功路径。

"4+1"发展战略，从入行到顶尖

万泽中南研究院在万泽集团与万泽股份两个"门外汉"的带领下诞生，那这所"门外汉"研究院又是如何发挥高校和企业的优势，并在入行后快速崛起的呢？

这得益于万泽中南研究院独特的"4+1"发展战略，"4"是"一流的科学管理、一流的人才团队、一流的科研平台、一流的尖端技术"，这是发展的思路和路径。"1"是"一流的新型研发机构"，这是万泽中南研究院发展的目标与愿景。

一流的科学管理

万泽中南研究院在体制机制创新上大胆探索和实践，有效整合政府、高校、科研院所和企业多方力量，不断建立健全专家住房、股权激励、自主决策的全方位保障机制，已经取得较好成效。

在体制机制创新上，万泽中南研究院采用了扁平化的组织架构，尽量减少中间管理层级，以"中心"为基本单位实行柔性化管理。这种扁平化的组织架构以项目模块为中心，直接面向客户、面向市场，能顺应现代企业管理发展趋势，具有灵活性、目标性、高效性等特点。在激励方面，万泽中南研究院实施了有竞争力的绩效薪酬体系，对核心技术骨干进行股权激励。

在治理机制上，万泽中南研究院采用董事会领导下的院长负责制，在院长领导下设立技术委员会、总工程师、财务副总监以及运营副总监，分工明确、各司其职，保障万泽中南研究院的研发和生产。其中，技术委员会由各领域国内外顶尖或知名专家组成，主要负责把控研究院总体研究方向，为高温合金领域攻关项目中基础性、共性技术难题提供咨询服务；总工程师则负责研究院整体研发规划及运行监督。

在企业文化上，万泽中南研究院形成了以"创新、进取、和谐"为核心的文化理念。在这种文化熏陶下，每个科研人员的个人创造价值能得到极大尊重，能较大地激发个人创新潜力。为保护个人创新成果，鼓励原始创新，万泽中南研究院积极做好知识产权的保护和管理，形成"专利池"，最大限度地维护员工个人权益。

一流的人才团队

要攻克关键核心技术，必先念好"人才经"。万泽中南研究院要完成高温合金项目建设材料设计与制备、关键工艺研究、关键部件精密铸造、产品产业化等工作，要推动高温合金关键技术的产业化，离不开顶尖人才的支撑。为此，万泽中南研究院面向国内外招揽全球高科技人才，引进了高温合金研发以及精密铸造领域的顶尖级主任工程师，团队创新能力达到世界先进水平。

万泽中南研究院这支专业互补、结构合理、梯队配置的一流人才团队，以快速响应需求、高效解决问题作为团队建设原则，搭建了具备专业性和科学性、涵盖高温合金材料与关键部件研制的全过程系统框架。不仅发挥万泽中南研究院在人员聘用、管理、考核、激励、培训方面的优势，也充分发挥多方力量的补充作用，大胆引进吸收各领域顶尖人才，实现投入成本少、质量效益高、实施见效快的目的。

2015年，万泽中南研究院"先进航空发动机高温合金及叶片研发和产业化团队"被评为广东省级创新创业团队。这个团队由国家级高端人才、市级高端人才、中高级工程师组成，团队成员涵盖模拟仿真、精密铸造、材料冶金、机械加工及物理化学分析等多个领域，立足先进航空发动机高温合金材料及核心部件的研制及产业化，推动我国航空发动机制造领域实现新的突破。

一流的科研平台

搭建人才发展平台，才能充分释放人才创造活力。为充分释放人才团队的创造活力，助力突破高温合金技术瓶颈，万泽中南研究院非常重视科研创新平台的搭建，已斥资逾 2 亿元推动各类型创新平台建设和运营。短短数年，万泽中南研究院已经建立了相对完善的高温合金研发制造产业链，形成了材料研发、模拟仿真、母合金熔炼、粉末冶金、精密铸造、检测评估、失效分析等相对完整的科研平台体系，是国内为数不多具备精密铸造和粉末高温合金材料全产业链研发能力的民营企业。

在万泽中南研究院，各个平台各具特色，各有优势，共同为研发和生产提供助力。生产设备在高温合金的生产工艺中十分重要，设备对应的加工条件影响最终材料的微观结构。可以说，材料越是尖端、先进，越是如此，对设备的操作熟练度也十分关键。高温合金的生产设备众多，如真空感应炉、真空电弧炉、真空自耗炉、电渣炉、水压机、精锻机等，国内外设备先进程度存在不小差距。

自成立以来，万泽中南研究院一直在不断加大对设备的研发与投入，从国外引进了一批前沿、先进的研发工程检测试验设备，具备世界一流水平。建设高温合金材料工程中心，能对超低硫高纯净度母合金进行熔炼，初步具备全链条的高温合金材料研发能力。建立了万泽中南研究院检测中心，获得中国合格评定国家认可委员会认证许可。建立了叶片精密铸造中心，配备了一批精密铸造试产线和检测设备，构建了一套叶片精密铸造工艺体系，为万泽中南研究院实现多种叶片研制和小批量生产提供平台基础。建立了粉末冶金涡轮盘研究中心，为万泽中南研究院提供粉末制备及检测、坯料样件成型、样件样品试验、盘件可行制备工艺、全尺寸盘件毛坯制备生产等作用。

一流的尖端技术

由于高温合金熔炼、铸造、热处理等生产制备工艺较为复杂，且生产流程及工艺的稳定对高温合金材料的力学性能产生直接影响，在过去很长一段时间内，我国高温合金在研制与性能方面，与发达国家存在较大差距。一方面体现在总体规划层面，具体表现在基础理论、生产工艺、供需匹配等方面；另一方面体现在生产流程控制及产品技术层面，具体表现为技术水平落后国外导致的产品质量问题。在此背景下，国家高度重视高温合金行业发展，陆续出台一系列支持政策，鼓励相关企业做大做强。尤其是随着"两机"专项的持续推进，高温合金材料领域得到专项政策和资金的支持。

万泽中南研究院抓住发展机遇，瞄准高温合金材料成分、工艺、组织、性能精准控制等关键技术难点，创新技术路线，加大研发投入，研发具有自主知识产权的航空发动机先进镍基高温合金，突破涡轮叶片及粉末冶金涡轮盘工程化和制造核心技术，为破解我国先进航空发动机高温合金材料行业共性难题、抢占未来航空产业经济制高点贡献力量。

在高温合金材料研发方面，万泽中南研究院基于自主开发的高温合金高通量计算与表征一体化技术，利用模拟计算与小坯料试验相结合的方法，可快速高效地开展材料成分优选工作，探索不同合金元素的影响规律，从性能上而非成分上对标国际商业合金，成功研发出具有完全自主知识产权的12种高温合金材料。包括2种定向高温合金材料、4种第二代单晶高温合金材料、1种单晶高温合金材料WZ-30、1种850℃使用温度3D打印粉末合金材料WZ-850。成功研制3种第三代粉末高温合金材料，其中WZ-30合金材料首次在长江1000A项目上应用，实现国产化替代。同时，万泽中南研究院研制储备了第五代单晶高温合金材料WZ-50，其高温蠕变性能处于国际先进水平。

在母合金熔炼制备方面，万泽中南研究院研发团队通过研究高温合金母合金熔炼过程中的杂质元素的控制机理，掌握了非金属夹杂形成机制及控制方法，形成高纯母合金熔炼工业化生产的成熟技术——母合金熔炼及制备技术，能够生产包括等轴晶、定向凝固、单向合金在内的几十种牌号的母合金，适用于650—1100℃温度环境，所生产的超低杂质高温合金母合金中有害杂质S元素的含量降低到2ppm以下，O、N、H元素含量控制在10ppm以下，达到国际先进水平。

在盘件的可靠性方面，万泽中南研究院研究俄制盘件技术、剖析盘件失效模式，克服俄制涡轮盘低周疲劳寿命低、早期失效故障频发问题。借鉴欧美粉末盘工艺技术，提出"细粉+细晶粒"粉末盘件制备工艺路线，突破了原有技术路线低周疲劳寿命限制，提高了盘件可靠性。

在精密铸造技术方面，万泽中南研究院加大高温合金单晶定向叶片关键技术研发，率先发明三维引晶技术，实现纵、横向同时引晶，率先制备出单晶导向叶片，缓解了我国在这个领域的"卡脖子"困境。在此基础上，连续产出双联、三联和四联的单晶导向叶片，满足了国产大飞机及工业燃机制造的燃眉之急，确立了该领域国内领先地位。

通过多年技术攻关，万泽中南研究院在高温合金关键技术方面取得一系列成果，其中全链条的高温合金材料及部件关键技术、超低硫高纯净度母合金熔炼技术、涡轮叶片延寿技术、高性能长寿命粉末冶金涡轮盘生产核心技术、高温合金材料加工全流程仿真技术达到国际先进水平，气冷却空心叶片生产核心技术达到国内领先水平。

一流的新型研发机构

万泽中南研究院从一开始便有着非常明晰的发展规划，也有着明确的发展目标。在高温合金产需缺口持续扩大、供不应求的背景下，万泽中南研究院抓住机遇，以"一流的科学管理""一流的人才团队""一流的科研平台""一流的尖端技术"来构建"一流的新型研发机构"，肩负起高温合金关键材料的研发和产业化重担，为突破我国先进航空发动机技术瓶颈贡献力量。

成果丰硕，撕下"门外汉"标签

从 2014 年成立至今不到十年，万泽中南研究院已经彻底完成了从"门外汉"到"行家里手"的蜕变，撕下了"门外汉"的标签，与万泽股份一并在高温合金重点公司中占据一席之地，行业影响力不断提升。

形成了"研发+产业化"成果转化体系

随着万泽中南研究院的技术突破和快速发展，万泽集团、万泽股份对万泽中南研究院的重视也与日俱增，在研发和产业化上也给予大力支持，逐渐形成了以万泽中南研究院为研究实验中心，以深圳市万泽航空科技有限责任公司（简称"万泽航空科技"）、深圳精密、深圳市深汕特别合作区万泽精密股份有限公司（简称"深汕精密"）等为技术应用主导的成果转化体系。

从股权结构上来看，深汕精密是深圳精密的全资子公司，深圳精密是上海万泽精密铸造有限公司（简称"上海精密"）、万泽航空的大股东，持有上海精密42.59%、万泽航空90%的股份。而万泽航空持有万泽中南研究院77%的股份，是其控股股东。万泽航空科技是万泽中南研究院全资子公司。

　　从研发及产业化层面来看，万泽中南研究院借助万泽集团的人力、物力、财力获得支持，通过投资设立或控股、持股子公司的方式，来满足万泽中南研究院研发产品的产业化，协助其打造"研发+产业化"自主创新模式，助力万泽中南研究院走好航空发动机技术融合之路（图3）。

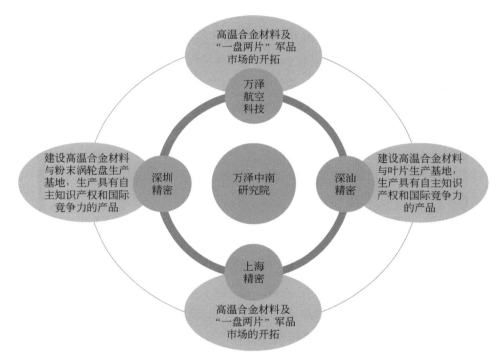

图3　万泽中南研究院"研发+产业化"成果转化体系

　　在这个体系中，深汕精密为深圳精密全资子公司，为万泽中南研究院提供产业化支持，定位为高温合金母合金、高温合金粉末、精密铸造叶片的产业化生产，主要面向航空发动机及燃气轮机等中高端市场。

　　万泽航空科技属于万泽中南研究院全资子公司，现已获得军工相关资质，具备承担武器装备科研生产、试验和维修的能力，在高压和低压涡轮转子叶片研制、粉末冶金高压涡轮盘研制等方面基础优势明显，客户群体不断壮大。

　　上海精密是深圳精密控股子公司，主要负责产品的对外销售，主要客户包括博马科技、Addqual、Wabtec 运输、福鞍股份、上海电气、无锡透平以及上海和兰透平等国内外高温合金相关行业知名企业。

受到政府的高度关注和支持

2015 年，万泽中南研究院成功获批广东省新型研发机构，同年国家粉末冶金工程中心深圳分中心落户万泽中南研究院。

自此，万泽中南研究院一路快速发展，迅速崛起。2016 年 5 月获得博士后创新实践基地（市级）资质，2017 年 8 月获得国家高新技术企业证书，2017 年 9 月成立广东省航空发动机高温合金材料与部件工程技术研究中心，2018 年 1 月成立国家地方联合工程研究中心，成为国家及广东省重要科技研发平台。

2016 年 3 月，深圳市委常委、统战部部长林洁莅临万泽中研究院考察调研，对万泽集团积极向高科技领域转型升级表示肯定。她指出，万泽中南项目符合国家战略规划，同时具有人才、设备、产业化等众多优势，未来发展可期。万泽中南项目利国利民，统战部有义务和责任更好地支持项目的发展，积极协调各方资源促进万泽中南项目的落地。

2016 年 6 月，致公党中央副主席曹鸿鸣对万泽中南研究院取得的突破性成果表示充分肯定，赞扬万泽中南研究院在国家科技创新发展中发挥了积极作用。希望万泽中南研究院高温合金及构件项目早日实现产业化，为国家重大战略发展做出积极贡献。

2016 年 8 月，深圳市委统战部副部长、市工商联党组书记、市非公党委书记蔡立前往万泽集团调研，对万泽中南项目表示高度肯定，认为万泽中南高温合金和构件项目符合国家战略发展的需要，不仅是企业的转型升级，对深圳高新技术产业的发展和国家航空航天产业的发展都有非常重要的意义。"勇者胜人，智者胜己"，真正的智者要敢于不断超越自己。她强调企业应该更多地承担社会责任。万泽管理团队要依法依规经营，不断成长、成熟。

2017 年 4 月，中共中央政治局委员、广东省委书记胡春华赴汕尾考察调研，到深汕特别合作区考察了解产业共建项目进展、中心城区扩容提质、企业生产经营等情况。胡春华书记对万泽集团向高科技转型的产业创新模式表示高度认可，充分肯定了万泽集团的创新力和带头示范精神；勉励公司坚定信心发展实体经济，抓住发展机遇，加快产业共建项目建设进度，争取项目早投产早见效。

2020 年 8 月，深圳市福田区委常委、统战部部长刘俊琳带队走访调研万泽中南研究院，刘俊琳对万泽中南研究院在国际先进航空发动机高温合金材料及关键部件研发、生产中所取得的不凡成绩表示肯定，认为研究院抓住技术跨界融合机遇、将科研成果转化为运营项目有广阔发展前景。

近年来，万泽中南研究院承载着我们的中国梦，在航空发动机技术跨界融合领域，不断突破自我，渐行渐远，以己之力，助推国之重器！

大事记

2014 年 11 月，万泽中南研究院作为深圳市"高端创新资源项目"与福田区政府签约，正式落户福田区。

2015 年，万泽中南研究院被评为广东省新型研发机构。粉末冶金国家工程研究中心深圳分中心落户万泽中南研究院，"先进航空发动机高温合金及叶片研发和产业化团队"被评为广东省级创新创业团队。

2016 年 5 月，万泽中南研究院获博士后创新实践基地（市级）资质。

2017 年 9 月，万泽中南研究院成立广东省航空发动机高温合金材料与部件工程技术研究中心。

2018 年 1 月，万泽中南研究院成立国家地方联合工程研究中心，成为国家及广东省重要科技研发平台。

2019 年，万泽中南研究院获得中国合格评定国家认可委员会实验室认可证书、3 项发明专利授权。

2024 年 4 月，万泽中南研究院顺利通过 ISO9001 质量管理体系年审，在质量管理本系已达到规范化、标准化、科学化的现代企业管理标准要求。

案例小结

视角	维度	机构特征
二元	过程	万泽中南研究院成立于 2014 年，聚焦高温合金技术领域，探索研发新路径，其发展可分为三个阶段。 ①建设阶段（2014—2016 年）：2014 年，万泽中南研究院作为深圳市"高端创新资源项目"与福田区政府签约，正式落户福田区；2015 年，万泽中南研究院被评为广东省新型研发机构，粉末冶金国家工程研究中心深圳分中心落户万泽中南研究院。

续表

视角	维度	机构特征
二元	过程	②成长阶段（2017—2020 年）：万泽中南研究院成立广东省航空发动机高温合金材料与部件工程技术研究中心、国家地方联合工程研究中心，成为国家及广东省重要科技研发平台。 ③发展阶段（2021 年至今）：万泽中南研究院在"涡轮叶片的陶瓷型芯收缩率测试模具及测试方法"等技术研发方面取得积极进展。
	状态	万泽中南研究院聚焦解决制约先进航空发动机自主研制的高温合金"一盘两片"的技术瓶颈，致力于先进航空发动机关键材料及部件研发和产业化。
三层	组织架构	万泽中南研究院实行董事会领导下的院长负责制，总工程师直接管理研发中心及各个实验室。
	体制机制	体制机制灵活，以人才团队为核心，以技术创新为导向，集合政产学研多方力量，联合行业内上、下游企业，建立全方位保障机制。
	运营模式	万泽中南研究院采用"企业化运作、政产学研一体化"运营模式，利用政策支持，面向高温合金领域，依托创新资源、企业、高校的力量，致力于先进航空发动机关键材料及部件研发和产业化。
四维	主体	万泽中南研究院由万泽股份、中南大学、深圳市高新技术产业园区服务中心、深圳方略资本管理有限公司共同投资建立。
	制度	万泽中南研究院施行现代企业管理制度，践行了六西格玛的经营管理理念和使用相应的工具把控研制质量、进度和成本，减少业务流程的变异，提高过程的能力和稳定性，提高过程或产品的稳健性，降低成本。
	技术	万泽中南研究院围绕先进航空发动机自主研制的高温合金"一盘两片"的关键核心技术开展研发和攻关。
	人才	万泽中南研究院面向国内外招揽全球高科技人才，引进了高温合金研发以及精密铸造领域的顶尖级主任工程师，团队创新能力达到世界先进水平。

参 考 文 献

[1] 2021 年 1 月 3 日 现代工业皇冠上的明珠——航空发动机（一）. 钱惠宥的雪球专栏，https://xueqiu.com/1293568248/167454323，2021 年 1 月 3 日.

[2] 航空发动机命脉：高温合金. 设计世界. https://rrh.rongrong.cn/rr/29118.html，2019 年 12 月 18 日.

[3] 孙秋霞. 打造强劲"中国心"：记中国航空发动机集团有限公司成立 [J]. 中国科技奖励，2016（9）：20-21.

[4] 剥离地产转型航空材料　万泽股份新业务获进展. 证券时报，https://m.hexun.com/hz/qtt/2016-03-02/182515332.html，2016 年 3 月 2 日.

[5] 【行业新闻】高温合金行业研究报告：军民领域应用前景广阔，行业需求缺口扩大. 两机动力

控制公众号，https://mp.weixin.qq.com/s/dS3x21kTU80msy Lsk3 wxog，2022 年 5 月 7 日.

［6］万泽股份：加速高温合金产业化 航空发动机新材量产在望. 每日经济新闻，https://finance. eastmoney.com/news/13492018120399738649l.html，2018 年 12 月 3 日.

［7］深圳市委常委、统战部部长林洁考察调研万泽中南研究院. 万泽集团公众号， https://mp.weixin.qq.com/s/JCo8MRmuxzeaLe972HnYfA，2016 年 3 月 18 日.

［8］致公党中央副主席曹鸿鸣一行考察万泽中南研究院. 万泽集团公众号，https:// mp.weixin. qq.com/s/Qc8dBdSycf9vAN4JXMzlig，2016 年 6 月 8 日.

［9］深圳市委统战部副部长、市工商联党组书记、市非公党委书记蔡立莅临万泽集团调研. 万 泽集团公众号，https://mp.weixin.qq.com/s/gqfkQkfmYMr6W9 ST5x9 MQw，2016 年 8 月 12 日.

［10］中国发展论坛·2016 隆重召开 万钢部长考察万泽中南项目展位. 万泽集团公众号，https:// mp.weixin.qq.com/s/BswGPwOmvcwlIQJtHG5YSQ，2016 年 11 月 22 日.

［11］中央政治局委员、广东省委书记胡春华考察调研深汕特别合作区万泽中南精密铸造产业 化基地. 万泽集团公众号，https://mp.weixin.qq.com/s/N4MDp 5nurgQaqAA_NJynTQ，2017 年 4 月 11 日.

［12］【基层动态】福田区委常委调研万泽中南研究院. 深圳市工商联（总商会）公众号，https:// mp.weixin.qq.com/s/4kfPLZ4HgqVEYoJl6sV4zw，2020 年 8 月 20 日.

第四篇

科技领军人才引培：新型研发机构打造人才集聚强磁场

深圳市中光工业技术研究院：
打造高层次创新人才集聚地

摘要：深圳市中光工业技术研究院成立于 2016 年 11 月，是一家开展激光照明等工业技术研发和产业化的民办非企业单位。研究院引进 2014 年诺贝尔物理学奖得主中村修二为理事会荣誉理事兼学术委员会主席，成立了中村修二激光照明实验室。在诺奖科学家的强磁场吸引下，来自国内外的多名激光领域高精尖学者纷纷加入，组建了一支高水平研发团队，开展激光技术在照明、显示等领域的技术研发。本案例研究以诺奖科学家为领衔的新型研发机构在发展中所具有的突出优势，总结深圳市引进诺奖科学家成立新型研发机构的经验，为其他地区引才聚才、建立高水平研发机构提供模式参考。

关键词：诺奖实验室；中村修二；激光照明；产业化

不久的未来，LED 技术终会因受制于其发光效率的物理极限，而被激光所取代，激光或许将成为未来显示产业的一个发展趋势，在帮助人类提高生活质量方面，将会有非常广阔的应用前景。

——中村修二

众所周知，发光二极管（light emitting diode，LED）是半导体固态照明的基础之一，在全球照明领域占据着十分重要的位置，LED 照明始于 20 世纪 60 年代，随着技术的快速进步，LED 的发光效率超过了荧光灯，照明应用领域越来越广。21 世纪初，依托国内的庞大市场，我国在 LED 领域的国际地位持续上升。广东作为全国乃至全球最大的 LED 产业聚集地之一，产业配套十分成熟，仅珠三角地区就拥有近 4000 亿元的照明产业市场。

中国 LED 领域的企业虽然产能高，但在高附加值产品方面却很不乐观，主要贡献的还是中低端产品，其原因之一便是专利壁垒。在 LED 专利方面，20 世纪末的美国、日本等国家已对 LED 技术前景做出积极预测，并提前布局 LED 的知识产权，掌握着绝大部分 LED 照明技术的核心专利，例如白光、高效持久的荧光粉等，这严重限制我国相关产业发展。目前中国 LED 通用照明的渗透率已经达到高位，半导体照明行业也从高速增长开始迈进中低速增长区间。2015—2022 年，中国 LED 照明行业整体产值规模呈现先上升触顶，而后波动震荡的趋势。整个 LED 产业面临产能过剩、同质化竞争激烈、利润不断下降的困境。

然而，随着照明技术发展，LED 照明陷入颓势，激光照明技术"横空出世"，开始动摇 LED 在照明领域的绝对地位。激光照明相较于 LED 照明，具有效率高、更省电、亮度高、成本低等优势。在一些学者看来，激光照明将会成为照明行业的下一个风口。"蓝光之父"中村修二也曾经多次在公开演讲时预言，LED 技术将来很可能会因为受到其发光效率物理极限的限制，而被激光技术代替。据此可以大胆预言，我国突破 LED 专利壁垒局限，在激光照明技术领域率先布局，有"弯道超车"的机会。若我国能够抢滩激光照明蓝海，抓住机遇带头布局，获得更多核心知识产权，发挥好中国制造业的成本优势，推动激光照明替代 LED 照明技术变革，将有机会抢占行业制高点和话语权，获取大多数的全球照明市场份额。

不容忽视的是，在激光产业方面，我国也存在着研究基础薄弱、人才匮乏的问题。产业所需芯片的核心技术完全被国外公司所把控，关键芯片严重依赖进口，我国有能力制造出先进的高功率激光二极管的供应商也十分稀缺，这些问题严重制约我国激光产业发展。彼时，蓝色发光二极管以及蓝色激光二极管的发明人中村修二也在为激光照明技术如何大规模应用及产业化苦恼，期望能够利用中国这一庞大市场推进激光照明技术的产业化发展。在同为高亮度半导体光源领域专家的李屹博士的牵线下，中村修二多次前往深圳，围绕建设激光产业研究院、布局激光照明产业链等事项与深圳市政府进行座谈，最终深圳市决定引进这名具备顶尖研究能力与出色技术转化能力的诺贝尔物理学奖获奖者及其团队，建立诺奖实验室，旨在推动我国激光领域科研成果产业化，突破我国激光产业高尖端人才缺乏及技术发展瓶颈。

我国未曾有过外籍人士担任科研机构法定代表人的先例，过去的诺奖实验室一般是将牌子依托于高校，以校级实体科研机构的形式进行管理。为激发创新活力，深圳市决定采取"一套人马、两块牌子"的发展模式，在管理体制上大胆创新。就这样，深圳市中光工业技术研究院（简称"中光研究院"）暨中村修二激光照明实验室于2016年11月成立（下文"研究院"与"实验室"为表述同一机构），中光研究院的院长一职由李屹博士担任，中村修二激光照明实验室的主任一职则由中村修二担任，该机构为非营利性民办非企业单位身份，主要开展激光技术在照明行业的技术研发与产业化。中光研究院还引进了一批国内外激光领域高层次人才，组建了一支高水平研发团队。

诺奖科学家领衔，创建激光照明领域新型研发机构

为何说激光照明是下一代照明技术

什么是激光照明技术？首先，我们先了解LED照明，LED照明是一种采用固体半导体芯片作为发光材料的照明技术，在半导体中通过载流子复合放出过剩的能量而引起光子发射，进而添加不同的荧光粉来制造不同颜色的光，但LED照明存在发光效率的物理极限，难以避免高耗能的问题。相比之下，激光照明技术则基于激光二极管（laser diode，LD），与荧光粉技术结合，使激光光束集中到荧光粉上的微小点上并转化为白光，输出高度准直的白光，从而实现安全高效的照

明效果。此外还会通过微小的光学透镜和反光装置控制光的传输和反射，从而产生出更加理想的照明效果。总的来说，LD 与 LED 的主要区别在于 LD 的单色性很好，LED 的光谱则相对较广，在显示屏、照明等方面有较为成熟的表现。在亮度方面，由于激光是直线光，方向性很强，如不经过处理，LD 亮度会远大于 LED 亮度。相较于 LED，激光器不会出现"光效下降"的情况，因此激光器与 LED 相比，可以实现非常高的效率。此外，激光器的结构更加紧凑、体积更小，不仅能够增加照明的投射距离和提高安全性，还能够节省能源、提高亮度和降低成本。总的来说，激光器在照明领域具有明显的优势和更广阔的应用前景。

"激光照明的效率是 LED 的上千倍。一个用 50 盏 LED 灯照明的会议室，用激光照明的话，只需要 1 盏灯，整栋大楼的照明也只需要一个激光发射器。"2016 年 10 月，广东省委副书记、深圳市委书记马兴瑞询问激光照明的节能原理时，中村修二如此回答。随着技术的迅速发展，LED 在经历了一段短暂的爆发期后，面临产能过剩等问题，激光照明的产业前景反而更加广阔。中村修二也在多次演讲中预测，在不久的将来，LED 技术会因为受制于其发光效率的物理极限，最终被激光取代。

相对于 LED 照明，激光照明是更加先进的下一代照明技术，在照明领域和其他多个领域都具有广泛的应用前景，例如应用于投影机、数字院线、电视、舞台灯、大屏拼接、汽车等，因此激光技术不仅会给照明市场带来颠覆性的影响，还可能形成万亿级的产业规模。汽车大灯是激光技术替代 LED 照明的典型例子，中村修二认为，激光照明的发光面积更小、发光效率更高，感官上更容易聚焦且照射距离更远，可以广泛应用于汽车车头灯及其他领域。根据测试结果，激光大灯可以通过镜片控制激光光束的方向，实现更加灵活的照明效果，且激光光束发散性极小，因此照射距离也大大提升，可以从 250 米提升至 500 米以上。因此激光技术不仅拥有 LED 的响应快、寿命长、能耗低等优点，还拥有激光独有的定向发光、照射距离长、亮度极高的优点。早在 2011 年，宝马就已经率先将激光照明技术应用于汽车大灯上，并在量产车 i8 上装备了激光大灯，如今激光大灯已在部分品牌的中高端车型上形成一定规模的应用。

另外，近年来激光照明技术在激光投影、激光电视等领域的应用中也逐渐兴起。例如在李屹博士所在的光峰光电公司，其团队在蓝色激光的基础上开发了 ALPD 激光荧光技术，该技术最终成功在激光投影机、数字院线、激光电视、大屏拼接等多个领域实现应用，因此光峰光电公司也成为世界上率先实现了激光显示光源产业化的企业。该技术突破了激光显示技术在光源效率、可靠性、成本和寿命等方面的瓶颈，被业界视为下一代理想光源。如今，在电影放映技术领域，光峰光电的 ALPD 激光技术已经成功应用在多个电影院线中，如中影影院、CGV 影院等，为激光电影放映开启了全新时代。光峰光电还在 2013 年推出全球首款基于公司自有技术的 100 寸激光电视，并由韩国 LG 公司代工生产，开创了电视领域的"中国创造、国际制造"先河。

激光可见光通信（light fidelity，Li-Fi）也是中村修二极其重视的激光照明技术应用领域。据了解，Li-Fi 不需要使用 Wi-Fi 信号，而是通过将灯光转换成网络信号进行数据传输，可以实现高带宽、节能、高安全性的传输，传输速度可以达到传统 Wi-Fi 的 100 倍速度。而激光 Li-Fi 相较于 LED Li-Fi，则能达到更高的传输速度。但 Li-Fi 技术目前也存在局限性，即当墙体阻挡灯光等干扰情况发生时，网络信号就会被切断。对此，中村修二期望能够通过物联网与激光 Li-Fi 技术的结合，在特定场景例如医院、交通与工业自动化上实现广泛应用，使传输速度获得大幅度提升。

"未来大家都会走上蓝光之路。"中村修二说。

当然，并非所有人都认同激光照明必将取代 LED 照明，在车灯和显示技术领域，部分业内人士表示激光照明有可能替代 LED 照明，但对于普通的照明领域，一些人则对激光照明在未来十年内取代 LED 照明的说法表示怀疑。尽管在激光照明场景应用上存在不同的声音，但是持续跟踪并加大研发，才是抢抓发展机遇的前提条件。

"蓝光之父"中村修二挑战不可能

中村修二是美国加利福尼亚大学圣芭芭拉分校材料系的教授，也是蓝色发光二极管和蓝色激光二极管的发明者。1993 年，中村修二开发出高亮度蓝色发光二极管，这项发明使人类能够利用三原色 LED 组合发出足够亮的白光。白光 LED 的发明开启了全球固态照明时代，并促进了各种 LED 显示器件的发展。2014 年 10 月，中村修二因为他的"高效蓝光发光二极管"发明获得了诺贝尔物理学奖。他也被誉为"21 世纪的爱迪生"。瑞典皇家科学院在诺贝尔奖授奖声明中指出："目前全世界有超过 15 亿人处于缺少电能的状态，而 LED 光源有望改善他们的生活质量，其较低的电力需求可以由当地廉价的太阳能加以满足；蓝色发光二极管的发明距今只有 20 年的历史，但是它已经帮助人们以一种全新的方式研发出了白色光源，从而造福了全人类。"从超大屏的电视墙到彩色屏幕的手机，这一切，都离不开中村修二的研究成果。而在 1993 年发明蓝色发光二极管之后，中村修二也于 1995 年成功发明蓝色激光二极管，从此，中村修二被业界尊称为"蓝光之父"。

中村修二，1954 年 5 月出生于日本四国岛爱媛县的濑户村。父亲是当地电力公司的员工，母亲是一个普通的家庭妇女，家里一共有四个子女，家庭条件较为拮据。在这样贫寒艰苦的环境中，中村从小就培养起极强的好胜心及绝不轻易服输的坚韧品格。中村并非少年天才，他的反应和记忆能力并不突出，且极不擅长语文、英语和历史等文科类课程，这导致他难以考上东京大学这样的名牌学府。对此，中村倒也没有多少奢望，在专业选择上，他对物理学充满兴趣，老师则建议他选择更加实用的工程类专业。于是中村修二报考了并不知名的德岛大学电子工程学专业并被成功录取。在大三时期，他偶然听了一门足以改变其人生方向的材料物理学课程，这门课程激发了他对注重实际应用的固态物理学的兴趣，从此他踏上了材料物理的科研之路。本科毕业后，他留校跟随电子工程系的助理教授多田修，继续攻读本专业的硕士学位。

1979 年，中村修二硕士毕业后进入日亚化学工业公司工作。那时世界上已经开发了红色和绿色发光二极管，但蓝色发光二极管还未被攻克，许多科学家都还处于研究的初期阶段。若蓝色发光二极管能研发成功，就能够获得可用于照明的白色二极管光源，并在电子显示屏领域中呈现各种丰富的色彩。因此，蓝色发光二极管是当时世界上被公认为最热门，同时也最具挑战性的科研项目之一。

此时的中村修二在工作上表现平平，却迫切希望用成就证明自己，因此他决定挑战这一被认为不可能完成的项目——高亮度蓝色发光二极管。对于他的想法，周围的人并未当真，以为他是异想天开。但中村修二不愿意放弃，而是着手研究制造蓝色发光二极管所需要的装置。

首先，蓝色发光二极管的单晶膜开发便是挑战的第一步。1988 年，为学习相关的结晶生长技术，中村修二前往美国进修学习一年，后回到日本开始制造装置。当时大部分研究蓝色发光二极管的学者使用氧化锌、硒化锌作为发光材料，但中村修二选择了氮化镓，他认为需要独辟蹊径才能突破难题。但氮化镓作为发光材料的问题在于制造氮化镓的原料气体 NH_3 具有腐蚀性，当时世界上缺乏能够耐高温同时又耐腐蚀的加热器，每次实验都会导致加热器很快被腐蚀，实验被迫中止，薄膜也无法完成生长。在困难面前，中村修二将自己封闭在实验室中，几乎不与人交流，一遍又一遍地重复实验，在经历多次失败和不断摸索后，他终于制造出耐高温又耐腐蚀的加热器，保证实验能够顺利进行。随后他又投入蓝色发光二极管的双异质结构研究。终于，在 1993 年，日亚公司的地下室发出耀眼的蓝光，蓝色发光二极管的研制难题被中村修二成功破解。作为一名追求严谨的科学家，在研制蓝色发光二极管的过程中，中村修二对全流程的知识进行深入研究，还围绕 LED 外延、芯片和封装三个差别较大的技术知识体系，做了一本全流程的作业指导书，其中外延芯片的工艺流程指导至今仍具重要的参考价值。这项高效蓝色发光二极管的发明为世界带来了新型节能光源，中村修二也因此获得了 2014 年的诺贝尔物理学奖，在发表获奖感想时，他深切地说："青年时代的磨炼，比黄金还要贵重。初出茅庐的年轻人需要有勇气，不将他人的鄙视放在心里，才能坚定自己的意志，并把研究继续做下去。只要不怕吃苦头，就能够创造奇迹。"

　　在荣誉之外，中村修二与原东家日亚公司的关系也经历了不少波折。当年的日本为提升企业经营利润，推出了《产业活力再生特别措施法》。这种政策敦促企业放弃一些不盈利或者消耗大的项目，将有限的资源集中到优势项目中。政策的实施使许多日本企业的研发能力、员工的工匠精神都受到了严重的打击，企业对产出慢的研究人员需求量大幅减少，研究人员夜以继日产出的成果也不能得到应有的重视，甚至有些企业过河拆桥，出现掠夺成果后抛弃研究者的丑闻。在中村修二研究蓝色发光二极管时期，日亚公司并不重视这一研究项目，只注重产品的利润价值，这让中村修二在研究过程中承受了巨大的压力。在这家以产品销售为主导的小型企业中，技术人员中村在科研上持续取得进展，却由于公司老板的傲慢而未能得到足够重视，他经常被领导挖苦，称他为"吃白饭的人"。"上司每次见到我都会说，你怎么还没有辞职？把我气得发抖。"中村回忆道。新上任的社长甚至要求他中止对于 LED 的相关研究，将研究重心转移到应对电子元件。但中村不愿放弃自己的心血，只能瞒着公司继续研究，并在获得关键性进展时决定投稿论文。直到中村修二这项研究成果产生了一定影响力，公司才开始重视这一成果，并以"职务发明"为由迅速申请并占有了这项专利，这也让公司获得了百亿美元的收益，成了行业巨头，但日亚公司竟然只给了发明者中村修二 2 万日元"奖励"

（折合人民币不到 1000 元）。日亚公司对技术人员的吝啬让中村修二非常寒心与失望。2000 年，中村修二决定辞职前往美国工作。当办理辞职手续时，公司要求他签署一份合同以承诺未来三年不会从事蓝光二极管基础技术的研究。由于他拒绝签署，因此未能拿到退职金。当中村在美国开展研究工作时，他的前雇主日亚竟然以涉嫌泄露企业机密为由向中村提起诉讼。中村忍无可忍，终于在 2001 年起诉日亚公司，要求日亚返还专利所有权并支付 200 亿日元的赔偿金。在二审期间，双方最终达成和解，中村获得了 8.4 亿日元的赔偿金。

中村修二在后来的演讲中，多次抨击日本科研环境对于科研人员的不友好，"研究者们整天为一点屈指可数的研究经费焦头烂额，买不起房子，生活清苦，体制要求他们只满足于名誉和地位"。在这样的科研环境下，不少日本科学家选择前往国外进行研究，中村修二也不例外。近年来，我国对科技创新的重视程度不断提高，为各类科研项目提供专项资金。虽然我国能够提供给外籍科学家的薪酬不算很高，但可以提供充足的项目预算，让科研人员更加自由地开展研究；对于足够真诚、专注学术的外籍科学家，我国也敞开怀抱给予优待，例如藤岛昭在入驻上海理工大学后，出于对他科研精神的尊重，在当时条件落后的情况下也为他配备了代步汽车，藤岛昭也为我国培养了约 38 位化学领域专业人才，其中有 3 位后来成为院士。中国科研环境的不断进步，也让中村修二刷新了对中国的认识，开始将发展的目光转向中国。

深圳首家激光照明领域的诺奖实验室成功落地

2012 年，中村修二与深圳光峰光电创始人李屹博士会面，这次会面也让中村修二与深圳结缘。由于发明高亮度蓝色发光二极管，中村修二成了固态照明时代的开启者，开始了蓝色激光二极管研发和产业化道路。当他遇到李屹博士，了解到光峰光电激光显示技术在深圳的产业布局，马上对来深圳进行产业化提起了兴趣。

"能否让激光成为下一代照明的新光源，并且依靠这项技术发明开拓一个全新的产业？如果这一全新光源得到推广普及，其意义不亚于获得另一个诺贝尔奖。"这个充满激情的愿景激发中村修二的雄心壮志，同时也让李屹感到兴奋。一项发明在一般情况下需要花费二十年的时间才能走到应用的层面，中村修二已经六十岁了，如果他还希望赢得诺贝尔奖，就需要有能够推进激光技术产业化的加速器。

而李屹所在的深圳不仅是一片能吸引全球人才汇聚的科技创新热土，也恰好是中国最大的 LED 照明产业基地和重要的激光产业聚集地。2015 年深圳 LED 照明产业规模突破 500 亿元，周边城市也已经形成成熟的照明产业生态链。"周围围绕着近 4000 亿元的照明产业市场"，中村修二如此判断。另外，广东省拥有有利于创新创业的文化氛围和人才储备，这也为未来的激光照明产业带来了许多可能性。"想再获一次诺奖吗？来广东吧，让深圳速度给你加速！"李屹的话在中村修二心中埋下了种子。

2016 年 2 月，李屹博士邀请中村修二来到深圳，感受这片热爱创新的土壤。当中村修二参观李屹所创立的光峰光电公司时，竟然看到自己发明的蓝色激光被大量应用在了激光投影机、数字院线、激光电视以及大屏拼接等多个领域，并拥有非常出色的效果。在蓝色激光的基础之上，光峰光电还通过自主研发，攻克了激光显示在性价比、效率和可靠性方面最根本的技术难关，推出了 ALPD 激光荧光显示技术，已然成了激光产业的先行者和创造者。这令中村修二十分惊喜，可以看到，激光技术在显示领域已经形成了较大程度的规模，那么，激光技术在照明领域的产业化也必将踏上轨道，中村修二对此充满信心。"我是 1995 年发明的蓝色激光，早期只是很少的应用，市场很小，大部分是做蓝光的 DVD，现在因为光峰光电革命性的产品应用，比如用于电视、投影及照明，使得这个技术的前景变得非常广阔，我非常开心。"光峰光电在技术研发及产业化上的丰硕成果，使中村修二看到了"中国创造"的希望，且中国在政策上对于创新的大力支持也令中村修二开始思考将推进激光照明产业化的研发机构设在中国深圳。"我买过很多中国制造的产品。和我以前了解的不同，现在的中国制造已经有了高质量的制造和原创性技术的创新。"中村修二欣慰地感叹道。

在来访期间，中村修二也受到了深圳市政府的热情接待，为了能够推动该项目加快落地，时任广东省委副书记、深圳市委书记马兴瑞表示，深圳将加大在新型研究机构设立、人才引进、研发资金投入等方面的支持力度，鼓励和支持包括激光产业在内的战略性新兴产业和未来产业发展；深圳市南山区和深圳市科创委则专门为中光研究院建设成立专项工作小组。在 2016 年 10 月的座谈中，马书记一行再次诚挚表示，深圳市委市政府将会为中村修二教授及其团队来深创建激光照明技术研究及成果转化平台提供积极的支持，并希望该团队能够在诺奖得主的带领下，充分发挥自身在研发及产业化等方面的优势，推动深圳激光照明产业做大做强，政府也将该项目纳入 2017 年深圳市重大项目目录。

2016 年 12 月，深圳中光工业技术研究院暨中村修二激光照明实验室在深圳南山落户，全力打造具有国际影响力的激光照明领域技术研究基地和高端研发人才培养基地，这意味着深圳在激光照明领域跻身世界前列方面迈出了实质性的一步。这家由诺奖得主领衔的实验室，在激光照明产业化过程中扮演"大脑"和"智库"的角色，成为技术和人才的"宝库"。

"产业母港"抢滩激光照明蓝海，以制度创新激发人才活力

深圳为激光照明产业化搭建"光速跑道"

深圳中光工业技术研究院暨中村修二激光照明实验室，既是"民办官助"新型研发机构（民办非企业单位），也是深圳市重点支持建设的十大诺奖实验室之一——中村修二激光照明实验室（简称"实验室"）的项目载体。

作为"产业母港"，深圳依靠企业推动和产学研制度创新，充分挖掘和释放科技成果转化带来的红利。但是，随着企业需求逐渐向创新链上游攀升，缺乏大院大所和重大基础研究设施的深圳，面临着基础创新能力后劲不足的困局。对此，深圳期望能够建设以诺奖实验室为代表的重大创新平台，发挥平台增强源头创新能力作用。

为发挥诺奖实验室这一重大创新平台作用，深圳市为诺奖实验室提供了高额资助，在《深圳市科技计划管理改革方案》中，明确对诺奖实验室等平台实施关键节点"里程碑式"管理，建立灵活的"分类管理、动态调整、绩效评估、稳定支持"机制，充分激发创新创业活力。中村修二激光照明实验室项目被列为深圳市 2017 年重大项目，并于 2018 年取得深圳市科技类民办非企业单位进口科学研究和教学用品免税资格。在政府的支持下，诺奖实验室的科研人员充分感受到科研环境的自由。"深圳是鼓励创新的，你即使做失败了，我们也接受，没有那么功利。"一位市领导对中村修二说。

除了对诺奖实验室的支持，深圳对"民办官助"新型研发机构同样也有一套扶持政策。参考"台湾工研院模式"，深圳先后组建并资助了深圳光启高等理工研究院、深圳国创新能源研究院、圆梦精密制造研究院等"民办官助"新型研发机

构。台湾工研院是台湾最大的产业技术研发机构，为台湾研发出许多前瞻性、关键性技术，并孕育了联电、台积电等多家世界知名的科技企业，培育了一批又一批科技人才。在实际发展当中，该机构的创办资金主要来自政府和社会资助，主要收入来源是签订合同的研发和技术服务。基于对先进发展模式的学习，深圳结合地方产业发展需求，推动新型研发机构从科技成果转化和产业化着手，创新人才培育、评价体制和运行机制，运用新兴技术来催生新兴产业，形成科技与产业相结合的发展道路，成为深圳创新的"引擎"。深圳新型研发机构所形成的宽松科研氛围，不断吸引海内外优秀创业团队来深创业。中村修二来深成立诺奖实验室及研究院便是一个生动的例子。"我们将借鉴台湾工研院的经验，结合深圳创建新型研发机构的实践，在深圳建立激光照明实验室，孵化、催生产业公司，通过打造激光照明的核心器件、核心模组，孵化、带动产业链的上下游企业，同时拉动产业基金，形成人才、专利和市场的集聚。"李屹博士说。

除了深圳市政府的支持，深圳活跃的创新创业氛围、完善的 LED 及激光产业配套环境，也为激光照明产业化提供了良好的发展环境和基础条件。在 LED 照明产业，深圳近年来凭借技术优势、地理优势、人才优势、资本优势等，已形成覆盖上游芯片、中游封装、下游应用的 LED 照明产业链，培育出全国最大的 LED 照明产业链关联 A 股上市公司集群。据统计，截至 2023 年 2 月，深圳共拥有 26 家 LED 照明产业链关联 A 股上市公司，成为我国 LED 照明产业最具活力及创新力的地区。中村修二认为，在改革"土壤"和创新"基因"的双重叠加下，深圳一定会搭建起一条"光速跑道"，为未来激光照明产业发展和新能源发展带来巨大变革。

深圳作为中国乃至世界半导体产业聚集地，诺奖科学家实验室的落地，也释放出了强烈的信号，即深圳将把以激光照明为代表的下一代照明技术作为发展重点，实现激光照明技术真正的大规模应用和转化。

以体制机制创新打造产业化特色载体

中光研究院是一家"民办官助"性质的新型研发机构，其独特的运营模式在推动产业需求与科研成果对接、灵活配置产业链资源、激发科研人才活力等方面发挥了重要作用，成为推进激光照明产业化的生力军。新型研发机构是深圳科技创新的一大特色，它们既是主导科研工作的研究院，也是直面市场、参与技术成果市场化的有限公司。它们既是科学发现、技术发明的生力军，更是推动产业发展的"中间体"。截至 2022 年 3 月，深圳已建成省级新型研发机构 44 家，它们集科学发现、技术发明、产业发展"三发"于一体，为深圳各个领域的技术创新及产业化提供了一站式平台；这些新型研发机构十分重视产学研合作，能在技术与市场之间充当桥梁，畅通成果转化通道。由于体制机制优势，这些机构在创新过程中没有过多羁绊，能够打破科研与市场之间的隔阂，推动科研成果快速推向市场。

在运营模式方面，中光研究院作为民办非企业性质的非营利性机构，采取民间自筹资金的投资模式，投管分离、独立核算、自负盈亏，以市场需求为导向，与高校主导的校地共建型、科研机构主导的院地共建型新型研发机构相比，在发展模式上具有较大差异：一是以科技成果产业化为导向，以推进科技成果转化、产业化和商业化为目的；二是采用市场化运营模式，根据市场需求选择技术路线和项目；三是以企业化模式运行，即组织架构与盈利模式完全采用企业化运作模式。

自成立之初，中光研究院就坚持运营模式创新，聚焦产业化导向，按照"三发"联动、"四位一体"、双轮驱动的体制机制，创新"双向推动"研发模式，即以研发引领市场需求、以市场需求倒逼研发，有目标地把科学家研发的产品推向市场，以源头性技术研发带动新产业，推进产业升级和技术换代。在经费保障上，中光研究院专门设立激光照明产业基金，通过整合上下游产业链资源、拓展渠道，建立产业科技良性循环机制，带动整个激光照明产业发展。

在体制机制方面，中光研究院跳出传统的行政管理和事业单位管理模式，既参照企业管理方式，又保持非营利性的定位，特别是充分借鉴美国硅谷研发机构和台湾工研院的成功经验，不断创新新型研发机构的现代化管理体制。

第一，决策体制上，实行投管分离。出资人作为捐助人，不能享受分红和收益，由出资人推举理事会成员来进行决策管理，理事会决策按照一人一票表决而非按出资比例表决。第二，管理机制上，实行理事会领导下的院长负责制。理事会按照市场化规则聘任院长，院长用企业化方式处理日常事务。第三，人员编制上，不定编不定人，所有研究人员统一采用聘用制，按照市场化规则选贤任能、优胜劣汰。第四，激励机制上，更加灵活多样。采取动态考核、末位淘汰、股权激励等方式，集聚和培养起一批具有原创精神和源头创新能力的青年科研人员。第五，经费保障上，充分整合政府资助、社会捐助、风险投资、技术服务、成果转化等多种资金来源。一方面积极创新配套资金的新模式，即通过募集产业基金，按照"产业基金→投向激光照明孵化企业→投向研究院（实验室）定向研发→研发成果交付企业"的路径实现资金配套；另一方面通过成果孵化，由技术转让、孵化企业回购、捐助等方式，实现研发投入回流，保持研究院非营利性、公益性和共享性，实现研发资金投入的良性循环，开创"科学发现—技术发明—产业发展"一体化推进。

在科研管理方面，实行项目经理负责制，聘请学术界的专家代表作为学术委员会成员，指导项目的实施过程；建立结构化的项目立项、过程控制、项目验收和成果转化流程；广泛开展与国际国内一流研发机构以及团队的交流合作，构建本领域领先的知识共享体系和网络；开展政产学研金用合作交流，促进创新链与产业链的交叉融合，培育颠覆式创新和跨界融合创新。中光研究院重视研发管理的制度建设，制定了《研发项目管理办法》和《研发资金管理办法》等科研管理制度，确保研发项目规范化、有序化进行。这些制度涵盖了项目的立项、跟踪、检查和验收等各个环节，旨在建立一个高效、有序和创新的研发管理体制。

在科研人员激励方面，中光研究院以较高薪酬水平吸引国内外高端创新人才，充分调动科研人员研发的积极性。采取动态考核、末位淘汰、股权激励等管理制度，对各个项目进行阶段性评价，评估结果与个人待遇挂钩。完善包括基于项目的成本核算、基于知识产权的成果交易等技术人员绩效评估体系，努力使研发人员的贡献看得见、可度量、可分享，实现基础研究、应用开发和成果转化的闭环管理。制定并实施《高级专业人才管理办法》《科技成果管理和转化制度》《研发项目考核和奖金分配制度》等制度，以成果、绩效作为考核标准，奖罚分明，充分调动项目参与人员的主动性和创造性。以顶尖科学家吸引、聚集人才创新创业，创新成果转化和企业孵化机制。真正实现高端人才既是现在的专家也很可能是将来的企业家，既是现在的核心员工也很有机会成为将来的创业团队成员。

诺奖实验室产生品牌效应，成为激光照明产业化"试验田"

集聚顶尖人才，打造产业化"大脑"与"智库"

按照深圳市对诺奖实验室的管理办法，诺奖实验室可获高额资助，但是门槛条件十分严格：科学家本人要求活跃在科研一线，每年在实验室工作不少于 30 日；实验室必须是其在国内的唯一固定机构，首个协议期原则上应为 5 年；人才引进不仅要有明确的核心团队，而且从市外新引进的高水平核心成员不少于 5 人。中村修二激光照明实验室的建成，意味着中村修二教授每年至少在深圳工作 30 日，同时也会带来顶尖人才团队。中村修二激光照明实验室核心团队由中村修二教授亲自带队，配备史蒂文·登巴斯（Steven DenBaars）教授等来自世界各地经验丰富的专业人士，并吸引了大量本土高端研发人员加入，形成具有强大实力的国际化研发团队。实验室执行主任史蒂文·登巴斯目前是美国知名学府加利福尼亚大学圣芭芭拉分校的材料学教授，美国国家工程院院士，也是该校固态照明和能源中心的主任，2005 年曾受聘代表三菱化工出任"固态照明和显示中心"的主席。史蒂文·登巴斯教授团队的具体研究工作包括宽能带隙半导体的外延生长（GaN 基板）及其在蓝色发光二极管和蓝色激光二极管中的应用，相关研究结果也促成了美国大学第一个 GaN 蓝色激光二极管的诞生。在实验室中负责开展激光照明数字芯片开发工作的王雷博士毕业于美国明尼苏达大学，先后在 AMD、Intel 公司从事了十多年芯片研发工作。负责实验室组建和设备采购工作的是越南裔美籍科学家陈长安博士，由中村修二教授亲自推荐，陈博士曾创办两家上市公司，在氮化镓材料和氮化镓系列发光二极体设备领域工作了二十余年。

当中村修二来到深圳建设诺奖实验室的消息见诸报端后，诺奖科学家对于一流人才团队独有的吸引力立即呈现，不少国外高校与科研组织的学者主动联系，希望能够加入中村修二的团队，共同承担项目研发工作。例如，2016 年 12 月 18 日，来自英国巴斯大学的一名研究纳米复合材料的化学博士在看到新闻报道后，随即写了一封邮件传到中光研究院，希望能够以其激光器的发明专利在深圳寻求产业化机会。

随着深圳建设诺奖实验室的步伐稳步前行，诺奖实验室也逐步显现出诺奖科学家所带来的品牌效应。在研究团队的推动下，诺奖实验室将深化与各高校院所的合作，计划与美国、俄罗斯、英国、日本等国家和地区的高校、科研机构开展合作，共同培养人才，打造激光照明领域人才培养基地。

如今，依托中村修二激光照明实验室的平台和影响力，中光研究院已经与美国伯克利大学、清华海峡研究院等院校和研发机构初步达成合作意向。研究院核心研发团队和管理团队由诺贝尔物理学奖获得者、国家重大人才工程专家牵头，其中，学术委员会主席及实验室主任由诺贝尔物理学奖获得者担任，院长由国家重大人才工程、高亮度半导体光源领域专家担任，执行院长由全球著名 GaN 材料专家、MOCVD 设计和制造专家担任。

中光研究院在建设初期计划投入 2 亿元资金（其中 5000 万元用于高功率激光器基础研究平台建设），引进诺贝尔物理学奖得主，吸引美国国家工程院院士、国际知名材料专家等核心管理人员 3—4 位，引进培养核心技术人才 30 名、其他高端技术人才 50 名，构建集多学科前沿技术研发、以产业化为目标的国际化研发平台，打造成为省级、国家级科研平台。

目前，激光照明仍然处于技术萌芽阶段，研发上还存在一些技术瓶颈，尚未形成成熟的产业链，虽然研发及产业化的进程上存在重重困难，但作为中光研究院的决策者及带头人，中村修二教授不仅具备顶尖的科研能力，还有出众的技术转化能力。在中村教授的带领下，中光研究院有望在科研技术攻关上实现突破，也有能力成为科技成果转化的加速器。李屹博士表示："中村教授此前长期在企业任职，主导企业技术的研发，还创办了自己的公司。他对科技应用和产业化有着切身的体会。这种科研和从业背景是市政府与合作方所赏识的。"中村实验室里产出的前沿科技成果，应用在深圳这片重要的半导体产业聚集地上，将会产生巨大的产业效应。截至 2023 年 6 月，中光研究院共有 58 件公开专利，发明公开及授权专利达 45 件。研究院的重点产品主要是光源装置、半导体激光器、半导体激光器芯片、手电筒、投影设备等。

广泛交流合作，全力探索激光前沿技术领域

自成立以来，中光研究院努力成为集多学科前沿技术研发、以产业化为目标的国际化平台，除了和清华大学、美国加利福尼亚大学圣芭芭拉分校等高校开展合作外，还与其他激光技术相关的科研机构、学术组织、上下游产业链企业建立广泛的联系和合作，集聚该领域顶尖创新资源，实现协同创新。

在合作交流方面，中光研究院与高校、科研机构、政府以及企业广泛开展交流及合作。2017 年 5 月，美国加利福尼亚大学圣芭芭拉分校同意该校两名顶尖学者以学术假期方式来中光研究院工作，参与共建激光照明实验室。2017 年 12 月，中光研究院访问了南方科技大学，与校长陈十一、副校长汤涛等校领导和相关院系及部门负责人进行座谈，参观了学校检测中心、量子点先进显示与照明实验室以及深圳格拉布斯研究院，对双方在半导体、电子工程、材料学等领域的产学研

合作进行了深入交流。2018 年 7 月，中光研究院举办"激光照明技术和产业交流会"，并邀请深圳市有关部门领导，相关上下游半导体产业、照明产业代表公司以及深圳市创新投资集团，深圳市、南山区引导基金等有关投资机构，共同探讨项目的产业化方向和市场前景，切实推动"高端引领＋产业落地"的深圳激光照明产业全球布局。深圳市科创委党组书记、副主任邱宣代表市科创委参会，并对中村实验室科学发现、技术发明、产业发展的"三发"联动模式给予充分肯定，鼓励中村实验室要成为深圳诺奖实验室的标杆和榜样。此外，中光研究院还先后走访华为、比亚迪、广汽、北汽、大族激光、联赢激光、中电照明等行业上下游企业，对可见光通信、大功率工业激光器、汽车照明、特种照明等场景应用进行深入研讨交流。

在科技金融方面，在深圳市金融办的大力支持下，中光研究院于 2017 年 8 月成立了深圳市中光工业技术研究院股权投资基金管理有限公司，12 月通过中国证券投资基金业协会备案，这是研究院发起并控股的激光照明产业金融支持的主要平台之一，有利于拓展民办非营利性科研机构配套资金渠道，形成"基础研究＋技术创新＋产业转化＋金融支持"的"四位一体"全链条创新体系。中光研究院募资成立了激光照明产业基金，计划主要投资于研究院（实验室）衍生或孵化出来的企业，加快技术市场化。

在新的发展阶段，中光研究院期望以汽车激光照明大灯为市场切入口，踏上激光照明产业化快车道，"卤素灯非常耗能，LED 灯亮度又不够理想，兼具节能和亮度的激光将是最好的选择"。中光研究院院长李屹博士对于汽车激光大灯的市场推广充满希望，他认为，若激光生产成本能够降至低位，激光大灯将会以其巨大的优势迅速占领汽车照明市场。因此，中光研究院积极推进以车用激光照明为代表的新一代照明技术产业发展，使激光照明早日实现大规模应用，真正实现照明产业颠覆性技术创新，推动深圳在国际激光照明领域再创辉煌。

大事记

2016 年 12 月，深圳市中光工业技术研究院暨中村修二激光照明实验室正式挂牌成立。

2017 年 8 月，深圳市中光工业技术研究院股权投资基金管理有限公司成立。

2017 年 12 月，中村修二激光照明实验室获批深圳市诺贝尔奖科学家实验室组建项目。

2019 年 1 月，中光研究院获广东省新型研发机构认定。

2022 年 3 月，中光研究院获批南山区自主创新产业发展专项资金［新型研发机构建设支持计划（省配套类）资助项目］。

2023 年 4 月，中光研究院通过广东省 2023 年新型研发机构动态评估。

案例小结

视角	维度	机构特征
二元	过程	深圳市中光工业技术研究成立于 2016 年，以诺奖科学家为机构牵头人，以诺奖实验室吸引人才，形成高层次人才的聚合器。目前处于成长阶段。
	状态	深圳市中光工业技术研究院是一家民办非企业性质的新型研发机构，建有一所诺奖实验室，主要开展激光技术在照明行业的技术研发与产业化，目前集聚了一支以诺奖科学家为首的一流人才队伍，构建了"基础研究+技术创新+产业转化+金融支持"的"四位一体"全链条创新体系。
三层	组织架构	实行理事会领导下的院长负责制。理事会按照市场化规则聘任院长，学术委员会由学术界专家组成，负责科研项目的组织和实施。
	体制机制	激励机制上灵活多样，采取动态考核、末位淘汰、股权激励等方式，培养研究人员的原创精神和源头创新能力。决策体制上实行投管分离。人员编制上不定编不定人。经费保障上充分整合政府及社会等多种资金来源，通过募集产业基金、成果孵化获益等方式使研发投入回流，实现资金良性循环。
	运营模式	管理运营上，院长用企业化方式处理日常事务；科研管理上，实行项目经理负责制，建立结构化的项目流程，包括项目立项、过程控制、项目验收和成果转化等。
四维	主体	由李屹博士与诺贝尔物理学奖得主中村修二牵头成立，深圳市政府提供资助与支持。
	制度	采用企业管理化管理制度，又保持非营利性的定位，充分借鉴美国硅谷研发机构和台湾工研院的成功经验，不断创新新型研发机构的现代化管理体制。
	技术	推动激光技术在照明等领域的技术研发与产业化，涉及光源装置、半导体激光器、半导体激光器芯片、手电筒、投影设备等。
	人才	由诺贝尔物理学奖获得者、国家重大人才工程专家牵头，其中，学术委员会主席及实验室主任由诺贝尔物理学奖获得者担任，院长由国家重大人才工程、高亮度半导体光源领域专家担任，执行院长由全球著名 GaN 材料专家、MOCVD 设计和制造专家担任。

参 考 文 献

［1］照明领域掀起革命　LED 占据行业高地. 投资快报，https://www.alighting.cn/news/20150828/132164.htm，2015 年 8 月 28 日.

［2］预见 2023：《中国 LED 照明行业全景图谱》（附市场规模、竞争格局和发展前景等）. 前

瞻产业研究院，https://www.sohu.com/a/668842628_473133，2023 年 4 月 21 日.

[3] 激光照明和 LED 照明即将到来的争夺之战. 激光制造网，https://www.laserfair.com/yingyong/201608/18/64834.html，2016 年 8 月 18 日.

[4] 中村修二为何在深建激光照明实验室？竟终为一句话所动. LED 在线，https://www.ledinside.cn/news/20170223-40759.html，2017 年 2 月 23 日.

[5] 与蓝色 LED 的奇妙相遇 中村修二畅谈光明历程. 高工 LED 报道，https://www.gg-led.com/asdisp2-65b095fb-60115-.html，2015 年 9 月 6 日.

[6] "蓝光之父"中村修二：将蓝色激光照进现实. 深圳商报，http://www.opticsky.cn/index-htm-m-cms-q-view-id-6141-page-2.html，2018 年 11 月 17 日.

[7] 杨兴文. 蓝光 LED 发明人：中村修二 [J]. 现代班组，2021（12）：53.

[8] 沈楠，徐飞. 蓝光 LED 之父中村修二：小人物的大奇迹 [J]. 自然辩证法通讯，2019，41（6）：118-126.

[9] 中村修二. 我生命里的光 [M]. 安素，译. 成都：四川文艺出版社，2016.

[10] GDP 位列广东第一! 藏龙卧虎的深圳, 到底有多少家 LED 照明上市公司？大照明网易号，https://www.163.com/dy/article/HT9HC0A90520C1UI.html，2023 年 2 月 11 日.

"预知优化"：东莞材料基因高等理工研究院拓展大科学装置应用之路

摘要： 本案例研究东莞材料基因高等理工研究院如何采用"预知优化"方法与理论来拓展大科学装置——中国散裂中子源的应用；如何构建一套覆盖材料制造全过程、全流程，具备"系统寻优、定量预测"的技术能力来探究材料"基因"；又是如何通过改变"基因"来优化材料与装备制造工艺，提高材料性能与质量，缩短材料与装备制造周期，彻底改变我国材料与装备制造"循环试错式"方法，使得材料与装备制造技术实现革命性突破。

关键词： 材料基因；散裂中子源；预知优化；大科学装置

　　中国散裂中子源坐落在广东省东莞市大朗镇，是国家"十一五"期间重点建设的大科学装置，是国际前沿的高科技多学科应用的大型研究平台。中国散裂中子源一期工程于 2012 年始建，2017 年竣工验收，总投资约为 7.25 亿元。中国散裂中子源和美国散裂中子源、日本散裂中子源以及英国散裂中子源一起构成世界四大高功率脉冲式散裂中子源，它的建成有效填补了我国脉冲中子源及应用领域的空白，为国内物质科学、生命科学、资源环境、新能源等方面的基础研究和高新技术研发提供了强有力的研究平台，对满足国家重大战略需求、解决前沿科学问题和瓶颈具有重要意义。

　　中国散裂中子源就像一台超级显微镜，为材料部件内部微观结构的观测打开了一扇门，让我们得以窥探到材料的"基因"。中子散射、透射既让我们"看到"结构材料深部晶体所受的"应力"，还可以"看清"该处反映材料被加工的"结构"，甚至"看见"结构材料深部的制造缺陷或者服役过程中产生的破坏缺陷等。国家、广东省、东莞市都高度关注中国散裂中子源的应用问题，闲置谱仪和创新平台的建设成为亟待解决的问题。在这个背景下，东莞材料基因高等理工研究院（简称"材料基因研究院"）的建设被提上日程。

　　材料基因研究院是一家从事从新材料发现，到材料研发、设备制造工艺、服役性能评价等全寿期系统研究的省级新型研发机构，是东莞市着力打造的、拓展国家大科学装置应用的第一家新型科技创新平台，旨在利用中国散裂中子源资源建成具有"全球七大首创技术"的国际一流水平的散裂中子工程材料衍射谱仪；结合中子技术以及轮廓法应力测量、数值模拟等成套科研设施，形成完整的应力工程技术研发手段，形成"六大结合"的研发能力和具有测量方法最多、测量样件最大和测量深度最深的"国际三最"的应力测试能力。能发挥材料基因研究院科研设施的独特性和应力工程技术的先进性优势，突破我国材料与装备制造的技术瓶颈，推动我国核电、航空等领域的材料研发、装备制造的发展。

　　在"2016 浦江创新论坛"期间，在时任科技部部长万钢和英国大学与科学国务大臣乔·约翰逊共同见证下，材料基因研究院与英国科学与技术设施理事会、英国公开大学签署"中英合作共建国际应力工程中心"合作协议，该协议明确了中英双方分别在英国哈威尔园区和中国东莞共同建立姊妹国际应力工程中心的合作意向和推进模式；提出要充分利用英国的技术、人员和经验资源，构建多方法、多维度的应力测量研究体系，引领我国应力工程基础科学和应用技术研究，为材料与装备制造提供技术和设施支持。

由于材料基因研究院的科技创新主要面向企业需求，多家企业和材料基因研究院建立了深入的合作。例如，中广核与研究院签署了共建"核电应力工程技术研发中心"合作协议，在核电材料研发、核电站延寿管理、核电设备服役性能研究、焊接工艺研究和低辐射材料性能检测方面开展应用研究。又如，钢铁研究总院负责人及中国航发沈阳黎明航空发动机有限责任公司总工程师提出："由张书彦研究员带领团队创建的国际应力工程中心为解决中国航空发动机目前的技术难题提供有力的工具和手段，将会为中国研发先进航空发动机起到促进作用。"除了核电、航空等国家战略领域外，材料基因研究院与广东省地方产业也进行了深度对接。与建筑陶瓷领域的龙头企业唯美陶瓷集团共建"陶瓷材料应力测试及数值模拟工程技术研究中心"，共同开展新材料研发与生产工艺优化合作。与东莞智能自动化装备龙头企业长江股份共建智能制造工程技术研发中心，并签署智能装备联合研制项目"发动机叶片磨抛工作站"，定向将双方产业及技术向航空领域拓展。

扎根湾区，卢瑟福实验室首席科学家立志"科技报国"

高端科学装置需求旺盛，自给化愿望强烈

从谱仪的应用前景看，在国际上，美国、日本以及英国的散裂中子源都建设有工程材料谱仪，欧洲散裂中子源也要建设工程材料谱仪。由于工业领域、科研机构、高等院校对这种高端科学装置的需求旺盛，总体上呈现供不应求的局面。从市场应用上看，英国散裂中子源张书彦研究员团队在国外期间，曾为中国钢铁研究总院、沈阳航空发动机有限公司、中航商发等提供过技术支持服务，在解决中国航空发动机技术难题过程中发挥了卓有成效的作用。国内企业对这些先进技术和工具手段需求迫切，希望能在国内实现自给自足。

目前，全球范围内，对材料与装备构件的应力测量分析和工艺评定，各大机构基本上是采用单一或简单技术组合的方式，还没有任何一家机构具备完整系统的研发手段，也还没有形成多方法、多维度、多层次、多学科、多专业协调的研发方法与技术体系。按照国际最新动态，国际上应力工程产业的发展尚处于孕育

阶段，国内尚没有这样的产业模式，发展应力工程产业，在国内是首创，具有非常广泛的应用空间。张书彦研究员看准这一机会，在国内较早提出国际应力工程产业理念，并致力于在国内进行研发实践。

英国散裂中子源首席科学家张书彦的奋斗人生

张书彦——英国卢瑟福实验室百年以来第一位女性华人首席科学家，现任材料基因研究院院长。

出生于1982年的张书彦从小在深圳长大，十多岁就到英国留学。之后，她的人生就像"开挂"一样。2008年，张书彦从牛津大学博士毕业后进入了英国卢瑟福实验室的散裂中子源开始博士后工作，年仅27岁便成为博士生导师；4年后便成为英国散裂中子源首席科学家，成为英国散裂中子源"30年以来第一位华人首席科学家"。从博士后到首席科学家，一般人平均需要用10—15年才能完成的提升，张书彦仅用了4年。此外，张书彦还是欧洲散裂中子源科技委员会委员、英国和日本散裂中子源项目评委，是该领域的顶级科学家，曾参与过2项国际标准的制定。

这样一位"女神"，又是为何放下英国散裂中子源首席科学家的职位，来到东莞呢？

2011年10月，中国散裂中子源大科学装置在东莞市大朗镇开工建设，这也是张书彦决定回国工作的重要原因。

"其实有的时候，我也不太喜欢自己身上的一些标签，会让别人觉得似乎是很厉害的一个人，但其实比我厉害的科学家实在是太多太多了。"张书彦曾吐露自己的真实感受。

"至今我还记得，自己在卢瑟福实验室负责的第一个实验，和同事一起工作到凌晨四五点，后来变成整个实验室加班最多、离开最晚的人。其实我始终相信一句话：机会是留给有准备的人的。"

"所以当时你其实在英国已经发展很好了，为什么还决定回国？"有人曾这样问张书彦。

"当时知道国内要建散裂中子源的时候，我也想过，我可不可以为它做一些什么事？其实粤港澳大湾区建设给了我们一个很好的机遇，这几年不管深圳也好、东莞也好，在科技创新上的投入都非常大，也营造了一个非常好的科技创新氛围。"

张书彦记得，自己回国没多久，中国科学院院士曹春晓送给她一本书。她曾直言，上面的"科技报国"的寄语便是她坚定回国做研究的动力。

随着中国散裂中子源的建设，如何进一步拓展中国散裂中子源的应用领域，最大限度发挥大科学装置在助力科技创新、促进技术进步、带动产业发展中的作用，是目前国家、广东省、东莞市、中国科学院等各级各方的共同关注。

2015年9月，国务院副总理刘延东在英国出席了"中英科技创新座谈会"，提出中英双方应深入推进中英科技创新合作，积极构建中英创新合作伙伴关系，深化两国在大型基础科研装置等方面的合作与交流。其间，在时任英国卢瑟福实验室散裂中子源首席科学家张书彦研究员的陪同下，刘延东副总理参观了英国卢瑟福实验室，并题字"合作实现共赢，科学创造未来"。刘延东副总理与张书彦研究员进行了深入的交流，对年纪轻轻就获得如此巨大的学术成就和至高学术地位的张书彦给予了高度赞誉，希望张书彦研究员能通过加强与国内有关机构的合作，为提升祖国的基础科学技术研究水平和能力做出贡献。

2015年10月，东莞市委常委、常务副市长张科率团赴英国考察了散裂中子源装置的建设与应用情况，特别是就如何推动地方经济社会发展开展了专题调研。其间，东莞市领导积极邀请张书彦回国在东莞市建设与英国卢瑟福实验室散裂中子源相似的研究机构。考察团回国后，在调查报告中提出了积极对接张书彦团队在东莞共建应力实验室等前沿科学研究机构，展开散裂中子源延伸应用的工作建议。

在经过广泛的国际调研和论证评估后，广东省和东莞市决定邀请张书彦研究员回国创建研发机构，建设中国第一台散裂中子工程材料衍射谱仪以及相关的配套科研设施，拓展中国散裂中子源在材料与装备制造领域的应用与研究，发展先进材料科学与应力工程产业。

在地方政府的高度重视和诚挚邀请下，在"科技报国"的驱使下，张书彦最终决定于2016年3月回归祖国，扎根东莞，创建材料基因研究院，建设我国第一台散裂中子工程材料衍射谱仪及成套科研设施，开展我国材料与装备制造应力工程技术研发及其产业化应用，发挥大科学装置对地方新材料产业的带动作用。

材料基因研究院落户东莞

2015年11月，张书彦研究员与广东省和东莞市有关部门就在东莞市建设散裂中子源延伸应用研究机构等相关事宜进行了交流与磋商，相关领导和部门也为张书彦研究员提出了项目实施的具体操作路径。

首先，由张书彦研究员领衔的科研团队，以拓展中国散裂中子源的应用为核心，组建材料科学技术研究机构。该研究机构定位为民办非企业单位，是具有独立法人资格并具有独立组织机构和固定工作场所的新型基础科学技术研究机构，按照创新性的组织体制、运行规则和管理章程独立运行，探索大科学装置拓展应用和产业发展道路。

其次，研究机构由广东省政府和东莞市政府共同资助建设，包括材料基因研究院的全部建设费用和为期五年、每年 5000 万元的运行费用。五年以后，该研究机构具备运营能力后，自负盈亏。

最后，在资金保障方面，广东省科技厅也指出，张书彦研究员团队与拟创建的材料基因研究院，还可以通过广东省重大人才工程引进创新创业团队、广东省新型研发机构、广东省重大科技项目等项目渠道申请项目经费支持。

与此同时，张书彦研究员团队也对我国国民经济与国防建设领域实际需求、我国中子应用技术和工程应力技术研究现状和水平、东莞市内的类似研究机构的组建与运行机制等情况进行深入调研。经分析评估后认为，利用中国散裂中子源，以散裂中子应用技术研究为核心，采用集合轮廓法、X 射线衍射法、高温性能研究、数值模拟技术研究等多种方法手段，在东莞建设材料基因研究院是可行的。在东莞市发改局、东莞市科技局和松山湖（生态园）管委会协助张书彦研究员团队完成材料基因研究院注册并制订好运作方案后，由东莞市财政局预拨 1 亿元作为项目的筹建资金，省里给予配套资金资助。东莞市政府以高效的行政服务，推进了材料基因研究院建设项目的初步确立。

随后，张书彦研究员团队与东莞市发改局沟通了工作推进步骤，东莞市发改局提出，以快速落实项目建设为指导精神，由项目团队提出材料基因研究院建设投入的初步方案，明确资金投入、运作模式、隶属关系、实施步骤等，并尽快报东莞市发改局审批。

2016 年 2 月 4 日，项目团队完成了材料基因研究院组建方案与建设计划，同时提出了材料基因研究院注册登记、经费预拨、人才政策、办公场所、人才住房、省级配套资金、与中国科学院高能物理研究所合作等方面的建设思路，以及需要东莞市政府解决的问题与诉求事项，并连同《关于尽快落实材料基因研究院建设项目启动资金的申请》，一并上报东莞市发改局。

2016 年 2 月 19 日，东莞市政府主持召开协调会，专题研究了材料基因研究院项目落地建设问题，并以"市政府工作会议纪要"方式进行明确。由市科技局牵头对接材料基因研究院项目落地建设工作，市发改局等部门全力协助配合。市财政局先拨付 2000 万元项目筹建资金，并根据项目筹建实际需要，在 1 亿元额度内核定拨付。由市科技局牵头会商材料基因研究院，尽快制定材料基因研究院项目筹建工作方案，明确具体的工作进度和项目需求。

按照东莞市政府的工作部署，在相关部门的支持下，材料基因研究院于 2016 年 3 月完成注册登记，名称确定为"东莞材料基因高等理工研究院"，启动筹建工作，并围绕搭建材料基因研究院基本架构，配置基础条件，启动并保持现阶段材料基因研究院运转的基本需要、高端科技人才的引进、材料基因研究院建设方案的论证、材料基因研究院建设与发展资源准备、国际应力工程中心建设布局等多个方面。自此之后，材料基因研究院从无到有，基本运行体系已见雏形并开始试运行，项目建设的目标与内容基本确定，发展方向与运行模式已基本明确，科技资源对产业的带动与发展方式已基本清晰，这为材料基因研究院项目建设方案的成形和项目进入实质性建设阶段奠定了坚实的基础。

同时，为了协助广东省和东莞市进一步了解和掌握国际大科学装置对产业发展的支撑和引领作用，材料基因研究院于 2016 年 5—10 月，与广东省科技厅等部门一同前往英国散裂中子源考察；东莞市政府也对美国橡树岭国家实验室中子散射中心、日本中子源、上海同步辐射光源等进行考察调研活动。这些考察调研对材料基因研究院拟建设的中国散裂中子工程材料衍射谱仪的技术方案论证，研究制定材料基因研究院科研设施的应用推广模式，提供了积极的帮助。

如今的材料基因研究院，是一家从事材料设计、先进制造、服役性能管理的新型研发机构，通过与中国科学院散裂中子源科学中心合作，共同建设散裂中子工程材料衍射谱仪，同时在材料设计与加工工艺优化、质量安全检测等领域，为企业创新提供专业咨询服务。

"作为新型研发机构，我们材料基因研究院的发展定位是介于大学和产业中间，开展偏应用型的基础研究。"张书彦介绍，比如材料基因研究院主导推进的高端模具钢国产化应用项目，就是依托广东省重点领域研发计划专项，针对先进制造业发展需求开展的应用基础研究。目前，材料基因研究院已获批多项国家级和省部级以上的基础研究和高新技术产业项目，申请多项专利，发表多篇高水平学术论文，不仅取得了丰硕成果，也探索出了成果转化的有效路径。目前，材料基因研究院下设中子技术应用研究所、材料研究所、应力测量技术研究所、结构完整性研究中心、增材制造中心、实验中心和培训中心。实验中心作为重要组成部分，根据重点研究方向下设中子技术应用实验室、残余应力实验室、微纳力学实验室、力学性能实验室、微观结构表征实验室和增材制造实验室。

"预知优化"，拓展大科学装置的应用范围

材料基因研究院作为一家从事新材料全寿期系统研究的新型研发机构，利用中国散裂中子源创新平台，以应力工程科学研究与应用技术研发为核心，在中子技术应用研究、应力测量技术研究、材料性能研究、结构完整性研究、数值仿真技术研究、增材制造研究等方向，开展基础科学和应用技术研究，拓展散裂中子源的应用领域，为材料与装备制造提供优化材料性能、改良生产工艺、技术解决方案和专业资源服务。

构建完整的应力工程技术研发与服务手段

工程结构和装备是现代物质文明存在的基础，材料科学是现代工程结构和复杂装备发展的支柱，制造科学是连接材料与工程结构和装备的桥梁。传统的材料研究方法是通过大规模的工艺与性能实验，以大量的材料制备和被动的性能表征为中心，通过不断的循环试错来获得需要的性能，强调的是经验积累和实验寻优。但这种研究方法会导致工艺稳定性和命中率较低，资源和能源耗费量较大，研制周期较长，性能持续改进提高较难，产品升级换代速度较慢。进一步探究可知，材料开发与研究方法落后、缺乏支撑实施先进材料研发方法的手段、过度看重工程技术而疏于基础科学理论研究与积累等均是导致上述问题发生的原因。

工程构件的设计、制造与使用，以构件的尺寸精度、应力状态和材料微结构的精确控制为基本前提，对高端化制造提出更高要求。工程构件及材料深部应力及其材料微结构的表征能力，体现了现代材料研究和高端制造的前沿水平。材料基因研究院结合国家重大工程发展需要，利用中子衍射及配套应力技术，解决工程构件深部应力场及其材料微结构的综合表征这一重要科学技术问题。研制的工

程材料谱仪及轮廓法设备和数值仿真平台，将在新型功能材料的微观结构测量与应力结构分析、先进制造工艺的发展与改良、重要工程部件的无损检测与寿命评估等领域发挥重要作用。

采用中子衍射技术，可确定大型复杂构件在制备和使用条件下内部应力的产生、发展与演变，为工程构件的残余应力调控、提高尺寸精度和安全性提供基础。残余应力是材料及其构件在制备和机械加工过程中产生的平衡于材料和构件内部的一种不稳定的应力状态，当材料或构件受到外力作用或进行机械加工时，作用应力与残余应力相互作用，内应力重新分配。当外力作用去除后，整个物体将发生形变。构件中残余应力的大小和分布是一个重大不确定性的来源，它也能影响后续加工以及寿命预测和结构评估的可靠性。

残余应力是一种弹性应力，局部不均匀的塑性变形是产生残余应力普遍的原因。分析残余应力的产生机理，探究构件载荷下深部应力的有效测试手段与改善构件中的应力状况对发展新材料、制造新构件具有非常重大的意义。

我国是制造大国，但不是制造强国。与世界先进水平相比，我国制造业在自主创新能力、新技术新方法应用等方面仍存在明显差距，一些工业领域的关键材料和装备、核心技术和装备仍需通过国外购买。例如，我国首架总装下线的 C919 大型客机，最关键的发动机却来自于国外。究其原因，材料是根本，制造工艺是关键。例如，发动机的高温合金在加工成涡轮盘后，由于内部残余应力导致变形，致使成品达不到设计的精度和要求。因此，材料的基本性能、加工后残余应力等决定了材料的使用性能，如何通过检测找到问题的根源，从而改良生产工艺和优化材料性能是一个重要的课题。一方面，以关键的应力测量为例，目前国内的应力测量技术只能测量静态应力，不能测量动态应力，没有掌握多方法分析材料机理和性能评价的系统性方法，进而找不到影响材料基本性能、加工性能和服役性能的微观症结，致使关键材料和设备的制造工艺难以满足实际使用性能要求。另一方面，按照实验力学的标准验证方法，为了获得可靠的数据结果，通常需要采用不同原理的测试方法对同一试样进行测试研究。如英国核电行业标准 R6 中就明确规定应力测量必须采用两种以上不同原理的测试方法进行分析和确认。

针对上述问题，材料基因研究院将基于先进的"预知优化"方法研究体系与理论，通过研制具有国际先进水平的工程材料谱仪，同时配备轮廓法残余应力测量分析和数值仿真平台等基础手段，开展多专业学科融合、数据技术、计算技术和实验技术的集成应用研究，构建一套覆盖材料从知识库到材料设计、材料制备、性能表征、材料与装备加工、服役行为全流程，采用多方法、多维度、多层次、多学科、多专业协同分析评价，具备"系统寻优"和"定量预测"能力的先进技术方法，在材料研发与制备、材料加工与装备制造、设备服役行为评价等方面开展应用研究，不断优化材料与装备制造工艺，提高材料性能与质量，大幅度缩短材料与装备制造周期，彻底摒除我国材料与装备制造"循环试错式"方法存在的弊端。

建立先进材料全生命周期创新体系

材料基因研究院以散裂中子工程材料衍射谱仪、轮廓法等高端应力与性能测量分析仪器设备、先进的数值仿真模拟技术等研发手段为支撑，致力于国际新型尖端交叉科技研发，采用国际领先的科研创新视角和世界前沿的多学科交叉融合创新模式，将国际先进的"预知优化"方法研究体系与理论在我国推广应用，通过多专业学科的高度融合、先进的数据技术、计算技术和实验技术的集成应用、基础科学研究与工程应用开发的密切结合，专注于材料与装备制造领域的原始创新和集成创新，构建新型的应力工程科学与研发技术体系，形成覆盖先进材料从知识库到材料设计、材料制备、性能表征、材料与装备加工、服役行为的全生命周期创新体系。

材料基因研究院开发了以集成计算与软件技术为核心的数值模拟技术，用"模拟设计、模拟制造、模拟样机"来支撑实体材料研发，实现从事材料计算的"模拟技术"与从事实体材料研发的"实体技术"紧密结合，聚焦于解决实体材料研发急需解决的关键问题，扩大模拟技术在实体材料研发中的范围。

在先进工程材料的设计和开发、设备加工制造、服役性能评价这三个产业链环节，材料基因研究院开展了应力工程技术的应用研究，为相应的实际应用提供理论依据和技术支持，并在航空航天、核电等高端行业重点开展示范应用，为高端科研设施与应力工程技术相关产业应用推广积累经验。

上述创新性研发技术体系产生的技术、方法与结果，具有高等的技术完备等级，可提高所研发产品的技术成熟度。这种研发思路代表着国际材料与装备制造应力工程技术发展的潮流，极有可能成为国际先进的成套应力工程技术。

建设中国散裂中子工程材料衍射谱仪

当今社会几乎所有的重大进步，如交通和制造业的巨大革新、超级运算和互联网产品的更新换代、人类平均寿命的日益增长，都起源于人们对材料物理化学性质的不懈探究。现代材料的科学研究目标就是通过了解物质微观原子尺度上的属性，来优化材料的宏观性能或开发新型材料。中子散射实验依托于大科学装置专用仪器，利用强流中子束对材料进行照射，分析收集到的信号，从而获得材料内部分子层次的微观结构信息，这些信息与日常生活中材料的物理和化学性质直接相关。中子散射研究不仅蕴含着令科学家神往的新科学，也为工业界难题的解决指明了一个发展方向，对现代生活的诸多领域均有重大影响，如清洁能源、环境、健康、纳米技术、材料工程、信息科技等。中子散射以不可替代的独特优势，在当今材料科学的研究中占有重要一席，在解决全球重大挑战问题中发挥着重要作用。

正因为中子散射技术的特点和优势，近些年，日本、美国、欧洲等发达国家或地区均投入巨资兴建大型中子源装置。以美国为例，早在 2002 年美国科技政策办公室的分析报告中就指出"现代科学的最重要工具之一就是中子散射。无论是在探索新科学前沿还是在国家科技众多领域的竞争力和领先性，中子散射都发挥着重要作用"。为了争夺中子散射技术的领先地位，美国政府投资 14 亿美元于 2006年完成了散裂中子源的建造。2007 年 8 月，美国散裂中子源达到 183W·h，新闻发布会提到"新的世界纪录将提供给科研人员前所未有的分析和理解形成优异材料的分子结构和动态行为，帮助美国工业界造出更轻、更省油的飞机和更耐疲劳、更抗压的桥梁"。日本紧随美国之后投资约 18 亿美元用于散裂中子源建设。欧洲不甘落后，13 个欧盟成员国出资约 18 亿欧元，于 2014 年秋季在瑞典隆德市动工建设欧洲散裂中子源，期望夺回该领域的领先地位。不难看出，中子散射在材料科学和工程领域所起的重要作用早已引起了发达经济体的重视。

然而，我国研究型中子源的发展相对滞后，高水平中子散射设施缺乏，技术发展缓慢，许多科学家转向国际合作，到国外的中子散射装置上做实验。为适应我国科技创新实际需求，增强我国基础科学的原始创新能力，尽快建设我国的散裂中子源和相应的中子散射实验室势在必行。散裂中子源为众多学科前沿领域的研究提供了一种最先进的、不可替代的研究工具，在能源、环境、生物、新材料和国防等诸多领域有着广泛的应用。

随着中国散裂中子源建成，根据散裂中子谱仪设计与建设制定的"一次设计，分步实现"指导原则，广东省、东莞市、中国科学院等各方均在积极推进中国散裂中子源资源的产业利用，发挥大科学装置在带动地方经济社会发展、促进科技创新与技术进步、加强产业化应用与发展等方面的作用，"物尽其用"，使其能够真正实现效益最大化。

材料基因研究院参与建设了中国散裂中子工程材料衍射谱仪。一方面，材料基因研究院可以基于该谱仪开展先进材料科学基础研究、先进材料与装备技术研发创新、技术产业化应用研究与推广，以拓展散裂中子源在先进材料与高端装备制造领域的应用。另一方面，从国际散裂中子谱仪的应用来看，大多数谱仪均是从事基础科学研究，而工程材料谱仪是为数不多的既可开展基础研究又可实现产业化应用的谱仪类型之一。材料基因研究院是除中国散裂中子源依托单位中国科学院外，第一家开展中国散裂中子源资源应用以及建设中子谱仪的科研机构，同时也是中国科学院按照国家关于大科学装置开放共享的要求，将中国散裂中子源资源面向社会进行共享合作的首家社会组织。材料基因研究院参与建设的中国散裂中子工程材料衍射谱仪，也是第一台由国有单位提供中子源、民营机构负责谱仪建设管理与运营的基础科研装置。

以市场需求为导向，聚天下英才而用之

国内行业对中国散裂中子源、材料基因研究院工程材料谱仪及应力工程技术的需求是客观存在的，通过搭建东莞先进材料科学园平台，把这些需求资源挖掘出来，足以支撑起东莞市先进材料科学高端化发展。通过材料基因研究院的前期研究，孕育出新技术新产品，也是必然的，而这些技术的产业化，也需要先进材料科学园这样的载体来实现。通过科学园的建设与发展，预计可逐步形成年产值近百亿元规模的高新技术产业集群，每年为地方财政带来上亿元的税收，为我国以及东莞市发展带来可观的经济社会效益和产业效益。

广东省和东莞市引进张书彦研究员，资助并创建材料基因研究院，主要目的有三个：一是拓展中国散裂中子源在材料与装备制造领域的应用，创新并建立发挥大科学装置效益的示范；二是建设中国散裂中子工程材料衍射谱仪以及轮廓法

应力测量等成套科研设施，形成完整的应力工程技术研发与服务手段；三是借鉴国外成功经验，通过高端科研设施和高端科技人才的带动，吸纳科技人才和项目，促进地方先进材料与装备制造产业的发展。

产学研用协同创新发展

散裂中子工程材料衍射谱仪是建设基础。牢牢抓住散裂中子工程材料衍射谱仪的应用特性和发展潜力，把大科学装置和专业知识的有机协同结合起来，确定具有材料基因研究院技术特色、发展优势和可持续发展能力的科研方向与行业定位。

应力工程科学与技术的研究与应用是核心。根据国家战略需求和导向，按照"国内缺什么就做什么、国内什么弱就补什么"的原则，对我国在材料和装备制造与服役性能基础科学研究领域的缺项，把应力工程科学研究与应用技术研发作为材料基因研究院的主要科研方向，形成具有竞争力的、可产业化推广应用的核心技术，确保材料基因研究院的长期可持续发展。

材料与装备应用和性能测试分析手段是关键。工欲善其事，必先利其器。按照多专业、多学科交叉协同融合的科学研究规律，以满足应力工程科学研究与应用技术研发需要为基本原则，建设散裂中子工程材料衍射谱仪，构建多元化的材料与装备应力与性能测试与研究分析手段。

材料基因研究院依托中国散裂中子源，与中国科学院散裂中子源科学中心共同建设散裂中子工程材料衍射谱仪，并配套完整的材料研发、制备、表征和检测评价等仪器设施，解决材料设计与加工工艺优化、质量安全检测、结构服役安全评估、延寿分析等问题，开展多尺度理论模拟和多方法实验测量研究，为工业领域的材料与装备制造提供一站式技术解决方案和专业咨询服务。

材料基因研究院 2019 年被认定为广东省新型研发机构，主持参与了国家重点研发计划、国家自然科学基金项目、中国科学院战略性先导科技专项、广东省自然科学基金项目、广东省基础与应用基础研究重大项目、广东省重点领域研发计划等多个项目。材料基因研究院立足东莞，辐射粤港澳大湾区，面向全国，全面深入与行业对接，特别是在增材制造、核电安全、航空航天、高端装备、海洋工程、先进制造以及高端陶瓷等战略性新兴产业领域，围绕产业需求，与国内外多家科研机构、高校及企业进行合作。

材料基因研究院以市场需求为导向，通过产学研用"四位一体"协同创新发展模式，提供前沿技术研发、技术咨询、专业检测、技术培训、高新技术孵化以及技术项目投资六大科技服务，各项服务相互作用、相互促进、相互转化，形成独具特色的技术生态闭环。同时，聚焦关键核心技术"卡脖子"问题，为航空航天、核能、轨道交通、海洋工程、智能装备制造等领域在役设备运行性能与寿命评价提供一流的技术解决方案。

近几年，材料基因研究院抓住国家、省、市发展战略机遇期，赶上了东莞科技创新发展的"高速列车"，在人才引进、科学研究与成果转化工作方面取得了显著成效。截至 2022 年 1 月 24 日，材料基因研究院累计获省级以上科技项目 28 项；发表论文 180 余篇，其中被 SCI 收录 110 余篇；申请专利 82 件、科技软件著作权 35 项；主持和参与国际标准 3 项、国家标准 8 项、团体标准 1 项以及企业标准 1 项。同时，材料基因研究院重点对接国内先进制造、航空航天、轨道交通、石油天然气及核电等关键领域，积极开展成果转化与产业服务，已累计与中车、中石油、中广核等逾 100 家单位和机构合作。

"开门建设"，博采众长

材料基因研究院开展的是拓展国内散裂中子工程材料衍射谱仪研制及其应用研究工作，由于国内缺乏掌握关键技术的专业人才，材料基因研究院根据建设和发展需要，在全球范围内有针对性地引进相关专业的技术带头人，组成了以张书彦研究员为带头人的技术核心团队。

比如，温树文教授，他是塔塔钢铁集团英国 Swinden 技术研发中心首席科学家、国际知名材料与装备制造数值模拟技术研究专家，负责数值模拟研究所的团队建设和专业发展建设。马艳玲教授原来是英国卢瑟福实验室研究员、工程师，长期从事散裂中子源及工程材料谱仪的设计、建设与应用，现在是材料基因研究院中子技术应用研究所资深研究员、中国散裂中子工程材料衍射谱仪研制机械类技术负责人，负责工程材料谱仪的总体技术方案、工程设计以及建设、安装与调试。高建波研究员原来是中国原子能科学材料基因研究院粒子物理与原子核物理理学博士，长期从事反应堆中子谱仪研制，目前担任材料基因研究院中子技术应用研究所所长、中国散裂中子工程材料衍射谱仪研制关键工艺技术攻关负责人，负责工程材料谱仪的整体设计优化、关键部件研制、整体安装调试和实验。

材料基因研究院在张书彦研究员的领导下，借鉴国际惯例，采取"开门建设"思路，博采众家之长，吸纳应用经验，聘请国际顶尖技术专家作为技术顾问，保证研制建设工作的顺利开展。这些国际专家资源的积极参与和有效利用，将为材料基因研究院项目的建设，尤其是为中国散裂中子工程材料衍射谱仪的建设，提供坚强的技术支持保障。

但是不可否认，在高端人才引进中，也存在一定的挑战：一是材料基因研究院作为新成立的民办科研机构，与国有企事业单位、高等院校及其他已经成熟稳定的同类机构相比，在知名度、影响力、竞争力等方面处于劣势，引进人才难度较大；二是材料基因研究院需要的高端专业人才，在国内严重匮乏，引进国际高端人才和国内相近的学科带头人极其困难，需要个性化、全面化的人才服务保障；三是材料基因研究院按照东莞市政府提出的"高级人才引进建议参照东莞理工学院标准"原则给出的薪酬和待遇，不具备足够的吸引力和竞争力。

实施材料基因工程，自主创新能力不断提升

2015 年，科技部设立"材料基因工程关键技术与支撑平台"重点专项，构建支撑材料基因工程研究和协同创新发展的高效计算、高通量实验和数据库三类示范平台，研发材料高效计算方法与软件、高通量制备与表征技术等四大关键技术，在能源材料、生物医用材料、稀土功能材料等五类材料上开展验证性应用示范，推动材料基因工程新方法和新技术的研发和应用。材料基因研究院紧紧抓住国家重点专项研究任务，应用薄膜材料制备、3D 打印、扩散多元节、连续定向凝固、梯度热处理等技术，开发出适合不同形态（薄膜、粉体、块体）材料的高通量制备技术和装置，目前已初见成效。

从无到有，3D 打印高导热模具钢材料中试生产

材料基因研究院增材制造中心位于先进材料科学园的中试研发区，是推进产学研科技成果转化的重要平台。

从无到有，从概念到实物落地，材料基因研究院增材制造中心花费 2 年时间攻关，成功自主研发出了一种新型 3D 打印高导热模具钢粉末材料，目前已实现了中试生产。这款材料的研发依托广东省基础与应用基础研究重大项目，面向航

空航天、汽车和工业模具等高端领域行业需求，未来有望在消费电子、医疗和汽车模具等领域展开应用，降本增效，加速东莞模具制造的转型升级。

那么，这款高导热新材料究竟是如何研发的呢？

"这些设备花费 2000 多万元，为新材料开发提供了必要的条件。"增材制造中心主任李相伟表示，要研发、制备出符合工业生产需要的高导热粉末材料，需要解决材料硬度、耐腐蚀、高导热性能匹配问题，以及满足大批量生产面临的成本要求。这就需要从材料成分设计出发，借助专业的研发设备，优化制备工艺，改善材料内部的微观组织，提升材料的力学性能。

从 2019 年开始，10 多人的团队，经过 3 年多的研发，终于使高导热粉末材料进入中试阶段。"目前，高导热粉末材料完成数百公斤生产，并与广东某龙头企业合作，采用金属 3D 打印技术，实现高热导随形冷却模具的制备和验证。"李相伟表示。

模具素有"工业之母"的美誉，在工业生产中具有重要作用。模具温度不仅影响产品缺陷，而且零件冷却耗时长，占到整个注塑成型周期的 60%—70%。

增材制造中心的高导热材料研发，将促进东莞模具行业转型升级。"高导热3D 打印随形冷却模具，改善模具温度平衡，降低注塑周期，提高生产效率，显著提升产品品质和模具的使用寿命。"李相伟表示。

谁掌握了材料，谁就掌握了未来。进入中试阶段后，随着新材料量的大幅增加，增材制造中心的技术成果落地将加速推进，助力松山湖科学城构建全链条全过程全要素科创生态体系。

在李相伟看来，新材料进入中试阶段，在东莞找到匹配的应用场景是研发工作的重要一部分。增材制造中心的愿景仍然在更远处——在航空航天和汽车等高端领域，加速新材料研发和技术落地。

从 2010 年开始，李相伟从事航空发动机高温合金材料研发至今，已有超过10 年之久，对于行业发展知之甚深。

在金属 3D 打印领域，2013 年左右以国外进口设备和材料为主，近年来，随着国产设备和粉末材料技术的成熟，逐渐在手板加工、模具制造和航空航天等领域实现国产化替代。未来随着产业链成本的进一步降低，金属 3D 打印将逐步从原型制造向批量生产转变。

但批量生产过程中还会涉及新型材料的开发、残余应力引起的零件变形控制和高效低成本打印工艺等问题，这些都会推迟批量生产时代的到来，也是增材制造行业面临的挑战。这也成为增材制造中心未来要打破的行业困局。

"当前，针对航空航天、汽车和工业模具等高端领域的需求，采用高通量计算，结合机器学习方法，全力推进高导热模具钢、高温合金、高强铝合金和高韧钛合金等新型金属增材制造专用材料的研发。"李相伟表示。

该中心承担国家重点研发计划、广东省重大基础项目和粤莞联合基金项目等科研项目多项。尤其是由材料基因研究院增材制造中心牵头，联合国内金属增材制造领域重点院校北京航空航天大学王华明院士团队、国家增材制造创新中心东莞分中心东莞理工学院卢秉恒院士团队以及国际一流院校香港大学颜庆云院士团队，针对长期制约金属构件增材制造发展应用的共性基础科学问题，分别开展熔池冶金动力学行为及内部缺陷形成机理研究、增材制造内应力形成及调控和新型高性能增材制造材料开发等方面的研究。

"未来要持续加大研发，承担一名科研工作者的使命和担当，推进高端金属粉末的研发，加速 3D 打印批量生产时代的到来。"李相伟表示。

增强科技创新实力，应用前景广阔

材料基因研究院的建设和发展，对东莞市乃至广东省的发展具有重要作用，主要体现在以下三方面。

一是有力支撑"科技东莞工程"实施，丰富"科技东莞"内涵，增强东莞市科技创新的内在实力，创生东莞应力工程产业经济。

随着中国散裂中子源的建成，拓展散裂中子源的应用领域、发挥散裂中子源在东莞经济社会发展中的应有作用、打造东莞"散裂中子源经济"，成为东莞市实施"科技东莞工程"的重要内容。在中国散裂中子源已有的 3 条谱仪接口上，材料基因研究院是第一家建设工程应用谱仪的单位，建设材料基因研究院，正是基于对散裂中子源的拓展应用。材料基因研究院以中子应用技术研究为核心，建设国际先进的成套科研设施，开展材料与装备制造工艺机理研究和工程应用技术研究，有效填补了国内科研空白。

材料基因研究院拟建设的工程测量衍射谱仪及相关设施，既是开展中子应用技术研究的一个基础科学研究平台，更是可以直接为相关行业提供中子应用技术服务和解决方案的专业机构，其建成后，将是国内一个与各工业行业应用结合最为紧密的、实用性最强的工程应用技术研究平台。

材料基因研究院作为中子应用技术研究平台，其技术和设施具有行业应用覆盖面广、介入产业链的长度长及深度深、应用与服务发展空间巨大的特点。材料基因研究院发展可充分利用和发挥广东省东莞市大科学装置独一无二的科技资源优势，构筑"优势资源近距离聚集"的发展模式，云集高端创新创业人才，吸纳相关企业、高校和科研院所开展合作研究，设立分支研究机构，扩大东莞科学技术研究涉及的领域与范畴，提升东莞市科研水平，进一步深化和丰富"科技东莞"的内涵。

二是产业前景和应用领域广阔，具有巨大的社会效益和经济效益，科技成果产业化潜力巨大。

材料基因研究院研发的技术成果可以广泛应用于新材料、航空航天装备制造、轨道交通装备制造、海洋工程装备制造、智能装备制造、新能源装备制造、新能源汽车制造以及在役设备运行性能与寿命评价等众多行业领域，可以服务于从原材料、设备制造到装备运行管理的全过程产业链，可以提供各行业基础科学和应用技术研究的共用性设施。

以张书彦研究员在主持英国散裂中子源 ENGIN-X 谱仪及相关科研设施期间的应用为例，多年来一直为劳斯莱斯、波音公司、空中客车、美国空军等航空航天领域企业，阿海珐公司、英国电网、英国石油、巴西石油等核工业和能源领域企业，西门子公司、红牛车队等运输领域企业，塔塔钢铁、美国铝业公司、意大利钢厂等金属材料领域企业提供技术支持和设施支持。

三是实现散裂中子工程材料衍射谱仪高端科研装置的自给，填补我国散裂中子源工程应用技术研究的空白，提升我国科学研究水平和科技创新能力。

借助中子散射、透射的特性，人们不仅可以"看到"结构材料深部晶体所受的"应力"，还可以"看清"该处反映材料被加工的"结构"，也可以"看见"结构材料深部的制造缺陷或者服役过程中产生的破坏缺陷等。这种独特的优势让它在材料科学研究中具有不可替代的独特优势，在解决全球重大挑战问题中发挥着重要作用。

正因为散裂中子源上的衍射谱仪在工程领域具有独特的优势，因此，非常有必要在中国散裂中子源上设计、建造专用的散裂中子工程材料衍射谱仪。从前沿科学研究的角度来看，散裂源只是提供了一种相当于光源的"中子源"，必须配备具有多种物理性质测试功能的中子散射谱仪，这就相当于显微镜，只有光源和显微镜作为一个整体同时具备，才能成为一个功能强大的重大科学装置平台。在我国，过去因为缺少专业技术人员和管理政策与机制等，大型科研设备的建造中注重源的建设，使得重大设施真正应用于前沿科学研究应配备测量设备的建设滞后，从而导致国家花费巨资建造的重大科研设施，最终因为配套的尖端测量系统跟不上，而无法转化为基础研究与应用研究所必需的先进平台，难以为我国的科技、社会与经济发展做出应有的贡献。然而，目前中国散裂中子源已经具备了研制各类科研用中子散射谱仪的应用基础，通过建设高端谱仪，将避免过去的类似缺憾重演，有效促进科研水平的提高。

由于我国缺乏依托于散裂中子源的研究型科研设施，相关科研工作和技术应用尚处于起步阶段，在国际期刊杂志发表的相关领域文章数量很少，在国际学术界的知名度和影响力较低，研究水平与国际上还有不小差距，与中国的大国地位极不相称。通过材料基因研究院的建设，利用中国散裂中子源的中子资源，建设具有国际先进水平的工程材料谱仪及成套科研设施，实现我国高端科研仪器设施的自给化，开展材料与装备制造工艺机理和服役性能研究，将会较快地改变我国在中子应力测量研究领域的落后状态。通过开展国家重大科技项目和国际重大科学研究计划，将会在该领域产生大量具有国际领先水平的科学研究成果，培养大量的高端专业科技人才甚至国际领军科学家，吸引国际同行到广东东莞开展科学研究工作，提高我国在中子应用技术研究领域的国际学术地位。

大事记

2016 年 3 月，材料基因研究院注册登记成立，开始筹建。

2016 年 10 月，材料基因研究院被认定为广东省第二批新型研发机构。

2018 年，材料基因研究院建设项目被列为 2018 年广东省重点建设项目。

2018 年，成功认定东莞市材料加工制造与服役性能数值模拟重点实验室。

2018 年 12 月，材料基因研究院获批广东省博士工作站。

2021 年 4 月，材料基因研究院获批设立国家级博士后科研工作站分站。

2021 年 5 月，以材料基因研究院为核心的先进材料科学园项目一期举行了盛大的封顶仪式。

2022 年 6 月，由材料基因研究院与广东光大集团联合打造的光大 We 谷·溥彦科技园正式开放。

2022 年 8 月，由材料基因研究院组建的东莞市残余应力工程技术研究中心和东莞市微尺度材料力学重点实验室成功通过东莞市科技局认定。

2022 年 9 月，材料基因研究院增材制造中心成功开发了一种新型 3D 打印高导热模具钢粉末材料并实现中试生产。

2022 年，材料基因研究院获批设立广东省残余应力工程技术研究中心。

2024 年 6 月，材料基因研究院获批设立国家级博士后科研工作站。

案例小结

视角	维度	机构特征
二元	过程	材料基因研究院成立于 2016 年，采用"预知优化"方法与理论来拓展大科学装置的应用范围，其发展可分为三个阶段。 ①建设阶段（2016—2017 年）：材料基因研究院正式成立，同年入选广东省第二批新型研发机构。 ②成长阶段（2018—2021 年）：材料基因研究院建设项目被列为 2018 年广东省重点建设项目，获批广东省博士工作站、东莞市材料加工制造与服役性能数值模拟重点实验室；获批设立国家级博士后科研工作站分站。 ③发展阶段（2022 年至今）：获选松山湖高新区"2022 年度先进科研机构"，获广东省特种设备安全科技协同创新中心成员单位授牌；获批设立国家级博士后科研工作站。
二元	状态	材料基因研究院是一家从事从新材料发现，到材料研发、设备制造工艺、服役性能评价等全寿期系统研究的省级新型研发机构，是东莞市着力打造的、拓展国家大科学装置应用的第一家新型科技创新平台，旨在利用中国散裂中子源资源建成具有"全球七大首创技术"的国际一流水平的散裂中子工程材料衍射谱仪；结合中子技术以及轮廓法应力测量、数值模拟等成套科研设施，形成完整的应力工程技术研发手段，形成"六大结合"的研发能力和具有测量方法最多、测量样件最大和测量深度最深的"国际三最"的应力测试能力。
三层	组织架构	材料基因研究院下设中子技术应用研究所、材料研究所、应力测量技术研究所、结构完整性研究中心、增材制造中心、实验中心和培训中心。其中，实验中心根据重点研究方向设有六个实验室，包括：中子技术应用实验室、残余应力实验室、微纳力学实验室、力学性能实验室、微观结构表征实验室和增材制造实验室。
	体制机制	材料基因研究院采用产学研用"四位一体"、协同创新的体制机制：牢牢抓住散裂中子工程材料衍射谱仪的应用特性和发展潜力，把大科学装置和基于专业知识与协同机制的先进技术和方法有机结合起来，确定具有材料基因研究院技术特色、发展优势和可持续发展能力的科研方向与行业定位。
	运营模式	材料基因研究院采用"市场化运作、政府资助"的运营模式，以项目课题为单元实行研发经费专款专用、独立核算；以学术价值水平和成果应用前景分别考量基础科学研究人员和应用技术研究人员的薪酬待遇与发展通道。

续表

视角	维度	机构特征
四维	主体	材料基因研究院由广东省和东莞市政府共同邀请英国卢瑟福实验室首席科学家张书彦教授建设。
	制度	在研究院的建设与运行过程中，逐步制订和完善各项管理制度，秉承"管理企业化、激励市场化、创新一体化、环境人性化"的管理理念，通过科研设施、科研团队与科研项目的高度结合，培育科技人才自主创新的文化与环境。
四维	技术	材料基因研究院聚焦关键核心技术"卡脖子"问题，为航空航天、核能、轨道交通、海洋工程、智能装备制造等领域在役设备运行性能与寿命评价提供一流的技术解决方案。
	人才	英国卢瑟福实验室首席科学家张书彦教授；塔塔钢铁集团英国 Swinden 技术研发中心首席科学家、国际知名材料与装备制造数值模拟技术研究专家温树文教授；英国卢瑟福实验室研究员、工程师，长期从事散裂中子源及工程材料谱仪的设计、建设与应用的马艳玲教授等。

参 考 文 献

[1] 中国散裂中子源（CSNS）一期工程：国家"十一五"期间重点建设的十二大科学装置之首. 广东建工控股公众号, https://mp.weixin.qq.com/s/8O8OIRI9KXZ03VCb8ls8kA, 2022 年 10 月 13 日.

[2] "深圳 95 后说唱歌手：听我的说唱版《春天的故事》. 奥一新闻, https://www.oeeee.com/html/202204/18/1222123.html, 2022 年 4 月 18 日.

[3] "东莞材料基因高等理工材料基因研究院建设方案论证报告", 广东（东莞）材料基因高等理工材料基因研究院, 2017 年 3 月.

[4] "东莞材料基因高等理工材料基因研究院", 东莞松山湖高新技术产业开发区官方网站, http://ssl.dg.gov.cn/dgssh/tzpd/cystq/swjs/content/post_3199020.html, 2020 年 7 月 8 日.

[5] 新起点! 新征程! CEAM 再荣获"年度先进新型研发机构"表彰. 东莞材料基因高等理工研究院官方网站, http://www.ceamat.com/cn/news/info_21.aspx?itemid=578, 2022 年 1 月 26 日.

[6] 中国材料基因工程：特色与愿景|Engineering. 中国工程院院刊公众号, https://mp.weixin.qq.com/s/3R5A9Jikcc1mJQytmj9fog, 2022 年 7 月 28 日.

[7] 东莞材料基因高等理工研究院：加速国产替代! 3D 打印高导热模具钢材料"中试生产". CMC 模具增材制造公众号, https://mp.weixin.qq.com/s/7v0nipnxHGIylkfXdQSJKg, 2022 年 9 月 10 日.

附录　理论依据

微创新生态系统理论

"国家创新生态系统理论"概念最早提出于美国竞争力委员会 2004 年研究报告《创新美国：在挑战和变化世界中保持繁荣》。传统创新生态系统理论主要关注创新系统要素构成，之后学术界研究热点转移到创新要素之间、要素与环境之间的关系，并认为良好的创新生态能够决定创新系统整体效能。

微创新生态系统理论对传统创新生态系统理论进行深化，赋予国家创新体系及区域创新体系新的内涵。"微创新生态体系"是新型研发机构为推动创新资源和要素合理流动所建，以科研为核心，推动教育、产业、资本相结合，实现"四位一体"发展，促进创新链、产业链和资金链的相互融合与紧密连接，大幅提高新型研发机构科研产出和成果转化效益。

以中国科学院深圳先进技术研究院为代表的"四位一体"微创新生态系统，旨在构建覆盖上游源头创新与下游产业化的全产业链创新体系，真正解决传统创新链条各自孤立、极易断裂的弊端，确保科技成果产业化全链条的真正贯通，实现产业发展对科研的利益反哺。

战略性基础研究理论

战略性基础研究重点在于"战略性"，侧重于基础研究的战略性作用，强调基础研究满足国家战略需求，服务于国家、经济社会发展目标，满足国家战略发展需求。战略性基础研究以国家战略科技力量为依托，以解决国家重大需求的关键科学问题、战略性发展难题为目标，发挥大科学基础设施平台作用，形成全社会共同推动基础研究的格局。

战略性基础研究从布局和组织实施来看也可分为两种方式：一种是国家发挥

新型举国体制优势，以有实力的研发机构为主体，体系化布局与支持研发力量；另一种是通过布局竞争性项目的方式进行资助。其范畴主要为能够体现国家战略需求、资金体量较大、周期相对较长的研究项目，代表性项目为国家重点研发计划、重大专项等。对战略性基础研究除政府项目资助外，还有稳定拨款等渠道。从现阶段我国对基础研究的需求来看，不仅需要加强对自由探索类基础研究的资助，更需要加强对战略性基础研究的资助。

新型研发机构作为国家战略科技力量培育的后备军，由多主体共同投资建设，涉及产学研多个领域，能依托各方力量实现有组织的战略性基础研究，为新质生产力发展提供根本动力。

联合创新模式理论

联合创新模式是一种源自企业界的开放式创新模式，是指新型研发机构充分整合全社会的智力资源进行产品研发和商业化活动，并基于一定的风险分担和利益分配机制，与外部创新主体实现互利共赢。联合创新主要体现在技术协同创新、人才联合培养、科技成果转化等方面，是一种从技术到产业的全生态合作，有利于加速技术的产业化应用。

新型研发机构的联合创新主要体现为四个方面：文化创新、机制创新、功能创新以及目标创新。在文化创新方面，新型研发机构一方面作为高校衍生机构发扬了大学的校风和传统，另一方面也区别于传统的大学，选择融入了科技型企业文化。在机制创新方面，新型研发机构虽然是事业单位，但是区别于政府机关，运用的是企业化管理模式，实行全员劳动合同制。在功能创新方面，新型研发机构虽然是研究机构，但是区别于传统的科研院所，将科研、投资、咨询以及人才培养等多种功能融为一体。在目标创新方面，新型研发机构是企业的孵化基地，它致力于孵化高新技术企业，发展目标兼具经济性和社会性，与传统的研究所有较大的区别。

学院派创业生态系统

产业生态系统是按生态经济学原理和知识经济规律组织起来的网络化生态经济系统，即建立一种生态与经济相结合的新型管理模式，将环境的生态投入转变为产业产出，以谋求生态资产与经济资产、生态基础设施与生产基础设施、生态服务功能与社会服务功能平衡发展的系统。通过调整产业系统内部诸要素以及产业系统与环境的消耗关系，创业生态系统所特有的资源汇聚机制使得各个不同的外部组织所提供的资源能够以一个系统化整体出现，并且充分服务于创业成长，实现产业生态系统与环境的协调发展。创业活动的成长助力来自外部支持要素所提供的各类资源。

学院派创业生态系统是产业生态系统的一种特殊形态，是一群具有学院派性格的老师或学生本着严谨、钻研、务实、兴趣的理念，为推动个人学术成果实现社会价值，通过网络式、交互式、共生式的创新关系，形成的一种新型产学研创业生态。该系统由东莞松山湖国际机器人研究院有限公司的李泽湘教授提出与实践，旨在打造一个从供应链、技术、导师、人才培养到资金支持的服务体系。当引进有创业意愿的优秀学生时，该体系能为他们提供人才培养、创业孵化、硬件设施、创业基金等多方面的支持。

有意义的创新

有意义的创新将创新的意义纳入管理决策和创新过程，强调企业应积极关注以社会需求和人的发展为中心的创新意义。意义创新是科学哲学意义理论的现代演进在社会经济领域的具体体现，是企业创新活动向人类发展和社会进步意义的汇聚和回归。

改革开放以来，中国企业实现了"学习—追赶—竞争—超越"的跨越式发展。新时代，创新需要有意义的指导，企业需要有意义的创新战略。一方面，随着社会的发展，人类进步的多样性、紧迫性和多变性在传统管理框架下无法得到有效应对；另一方面，在日益激烈的国际竞争和快速变化的环境冲击下，市场具有很大的不确定性，"黑天鹅"事件频频发生，创新型企业增加了研发风险，传统的创新范式已经难以支撑优秀企业的创新战略，决策者不得不将注意力转向更深层次的社会意义和发展趋势。因此，有意义的创新作为一种新的创新范式正在出现。当科技发展依靠自身逻辑在既有路径上狂奔而失去约束时，企业需要的是以"意义"为核心的哲学思维和人文思想的引领。很多新型研发机构承担了公益职能，具有较强的社会性质，需要以经济社会发展需求为导向，开展面向未来的有意义的创新。

"三链"融合理论

"三链"融合指的是创新链、产业链、资金链的融通对接，是各种要素以交叉互动方式推动创新系统协调发展的过程。"三链"融合理论深层次反映了以科技创新推动产业创新，以科技金融促进产业发展的演化过程，主要包括三个方面，三者呈现相互促进、聚变发展之势。

创新链与产业链的高效协同。实现创新链与产业链的协同发展，需要利用创新技术，针对产业链上的薄弱环节进行改进，最终实现产业链升级，需要运用创新技术优化配置产业链，推动创新系统和产业系统协同发展。产业链和创新链高效协同有利于促进企业发挥科技创新驱动力作用，推动企业产业链条提档升级，产生产业聚集效应。

创新链和资金链的相互对接。以创新链为锚点建立资金链，主要手段包括众筹资金、天使资金和政府投资资金等，体现为在创新链上为创新产品提供技术研发服务、产品技术定型、技术应用拓展等。资金链和创新链相互衔接，对于增强企业创新能力、构建企业核心竞争力至关重要。

资金链和产业链的互动共生。与产业链相匹配的资金链主要包括产业基金、私募基金、政府产业引导资金、企业上市融资、发行债券和各类民间借贷资金，通过投资于初级创新成果的试生产和商业化生产，进而在市场推广和市场营销有力推动下，完成商品的扩大再生产与技术产品的升级。

在市场运行机制发挥作用的前提下，如果创新链、产业链和资金链所获取的收益回报率较为合理均衡时，"三链"就会处于良性循环发展的态势。一旦收益回报率分配不均导致"三链"动态发展失衡，"三链"融合之势会随之土崩瓦解。如果技术创新的优势没有被充分利用，就无法实现创新产品产业化生产销售；当融资渠道被阻塞时，企业的产业链无法实现升级，就没有了技术优势，产品生产销售也会面临巨大阻碍。围绕产业链嵌入资金链和创新链，消除技术创新中的"独岛"现象，完成科技创新成果向生产力的现实转化，并通过利益协调均衡机制使创新链、资金链、产业链的关联方获取应有的利益回报，才能真正意义上激发各个链环的活力和"三链"融合的深度与广度。

组织学习理论

组织学习这一概念首先由 March 和 Simon 于 1958 年提出。March 和 Simon 建立了"探索学习—开发学习"的理论模型，揭示了组织学习的内部机制和过程，并广泛应用于组织理论和管理经济学等各个领域。在此基础上，Lane、Koka 和 Pathak 等提出了"探索—转化—开发"的组织学习过程模型。其中探索学习包括企业搜索、发现、实验、冒险和创新等探索行为，这些行为主导了新技术和机会的发现和实验过程。转化学习强调通过技术的选择、维护和重新激活与综合三个方面将现有资源与未来发展相联系，维持和构建企业的竞争优势。开发学习包括优化、选择、制造、执行和实施等行为，这些行为主导了企业对于技术和机会的利用过程。

"探索—转化—开发"三个步骤对应新型研发机构自组织学习的三个阶段。首先，在开放式创新的背景下，新型研发机构通过内部研发、技术引进、合作联盟等多种策略创造和获取技术优势，承担一定风险。其次，在获得技术优势之后，新型研发机构需要通过法律手段保护知识产权，确保技术作为其资产的一部分创造最大价值。最后，通过技术创新、技术优化、生产制造等形式将知识产权融入业务循环中，实现新型研发机构发展目标和内在价值。

后　　记

　　本书是国家自然科学基金面上项目"粤港澳大湾区引进国际创新资源的动因、影响因素及其路径选择"（72173034）、国家自然科学基金青年科学基金项目"新型研发机构体制机制'空转'与市场化驱动改革的'离合'效应研究：理论模型和实证检验"（72303043）的研究成果，新型研发机构作为区域创新体系的重要组成部分，具备新质生产力的发展特征，是推动粤港澳大湾区创新资源流动和产学研合作的重要桥梁。本书主要作者曾出版了《解密新业态：新型研发机构的理论与实践》，在理论研究方面做了探索，初步构建了新型研发机构理论体系。为进一步深化新型研发机构管理实践研究，本书以典型的新型研发机构为研究对象，选取案例从发展历程、发展现状、建设模式和体制机制等方面进行分析，总结成功经验和路径，为其他新型研发机构创新发展提供经验参考。

　　本书在写作过程中，受到深圳清华大学研究院、广东华中科技大学工业技术研究院、深圳华大生命科学研究院、广州工业技术研究院、中国科学院深圳先进技术研究院、广州市香港科大霍英东研究院、东莞松山湖国际机器人研究院有限公司、中国科学院广州生物医药与健康研究院、北京理工大学深圳汽车研究院、广东粤港澳大湾区国家纳米科技创新研究院、广东大湾区空天信息研究院、深圳市万泽中南研究院有限公司、深圳市中光工业技术研究院、东莞材料基因高等理工研究院的大力支持，它们为我们提供了丰富的研究素材，给予我们很多修改完善的建议，让我们在起草过程中能有的放矢、精益求精。为了不辜负读者的期望，本书力争在学术性和科普性上取得平衡，既保持学术研究的深刻性和洞察力，又能在可读性和生动性上做较大改变，摆脱学术性研究刻板、脱离大众的印象。为了尽可能地还原每个案例发展的历程，凸显各自的发展特色和亮点，本书作者采取线上和线下相结合的方式采访了新型研发机构的代表，通过各种渠道搜集了最新的学术文献、研究报告和新闻资料等，切实提高了本书的写作意义和实践价值。

　　本书是作者龙云凤在北京大学材料科学与工程学院就读博士期间的研究成果，本书的完成离不开北京大学材料科学与工程学院、广东省科技创新监测研究中心和广东省科学技术情报研究所的大力支持，在此一并表示感谢！

龙云凤

2024 年 10 月